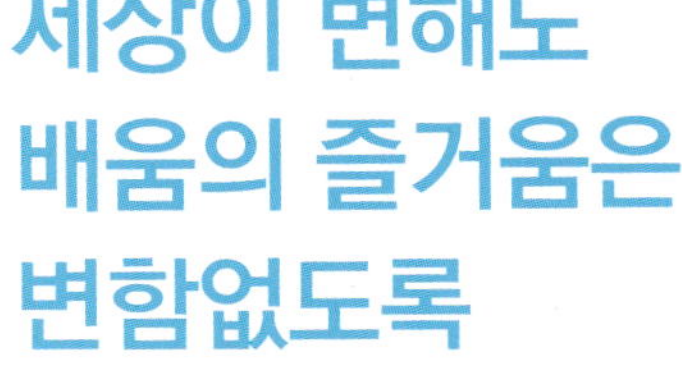

세상이 변해도
배움의 즐거움은
변함없도록

시대는 빠르게 변해도
배움의 즐거움은
변함없어야 하기에

어제의 비상은
남다른 교재부터
결이 다른 콘텐츠
전에 없던 교육 플랫폼까지

변함없는 혁신으로
교육 문화 환경의 새로운 전형을
실현해왔습니다.

비상은 오늘, 다시 한번
새로운 교육 문화 환경을 실현하기 위한
또 하나의 혁신을 시작합니다.

오늘의 내가 어제의 나를 초월하고
오늘의 교육이 어제의 교육을 초월하여
배움의 즐거움을 지속하는 혁신,

바로, 메타인지 기반 완전 학습을.

상상을 실현하는 교육 문화 기업 비상

메타인지 기반 완전 학습

초월을 뜻하는 meta와 생각을 뜻하는 인지가 결합한 메타인지는
자신이 알고 모르는 것을 스스로 구분하고 학습계획을 세우도록 하는
궁극의 학습 능력입니다. 비상의 메타인지 기반 완전 학습 시스템은
잠들어 있는 메타인지를 깨워 공부를 100% 내 것으로 만들도록 합니다.

수학의 신

수학의 신 구성과 특징

개념 학습 — 핵심 개념 확인 학습

CORE CONCEPTS
핵심 개념

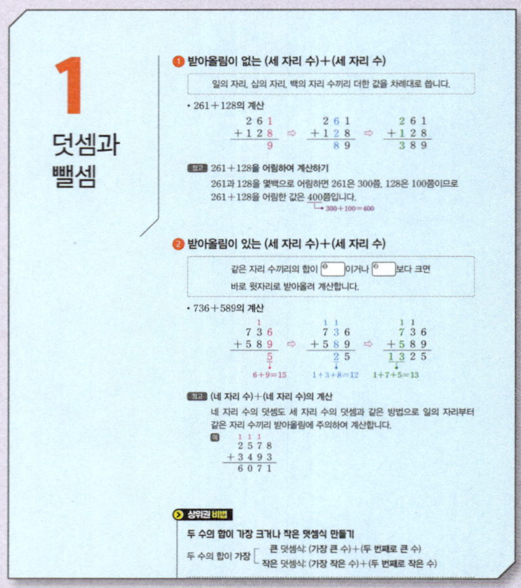

- 문제 풀이에 필요한 핵심 개념과 실전 개념만 모아 책 앞에 수록
- 연계된 상위 개념과 심화 문제 해결에 필요한 상위권 비법을 제시

CHECK
핵심 문제

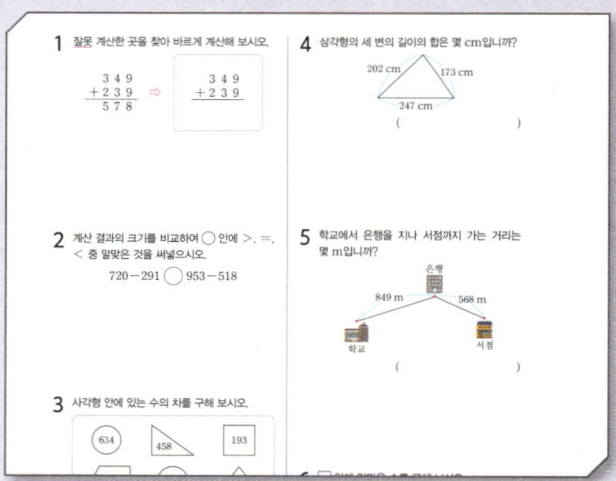

- 개념 이해를 점검할 수 있는 핵심 문제로 구성

문제 학습 — 최상위 실력 정복을 위한 심화 문제 학습

STEP 1 — PRACTICE 심화 문제

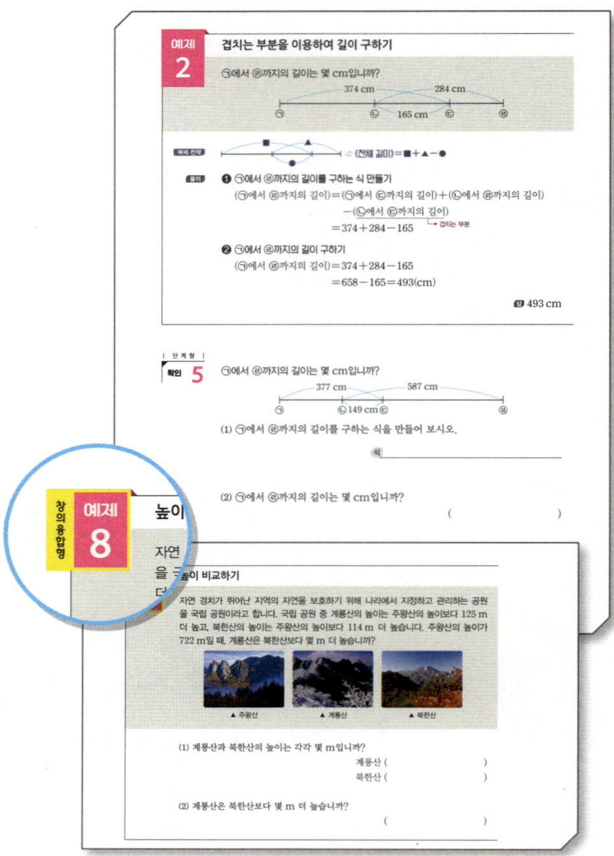

- **예제**
  단원별 대표 심화 문제 학습

- **창의 융합형 예제**
  타 과목과 융합된 문제로 수학적 사고력 확장

- **확인**
  단계형 → 소재 변형 → 조건 변형 → 조건 추가의 4단계 학습으로 심화 예제 완벽 연습

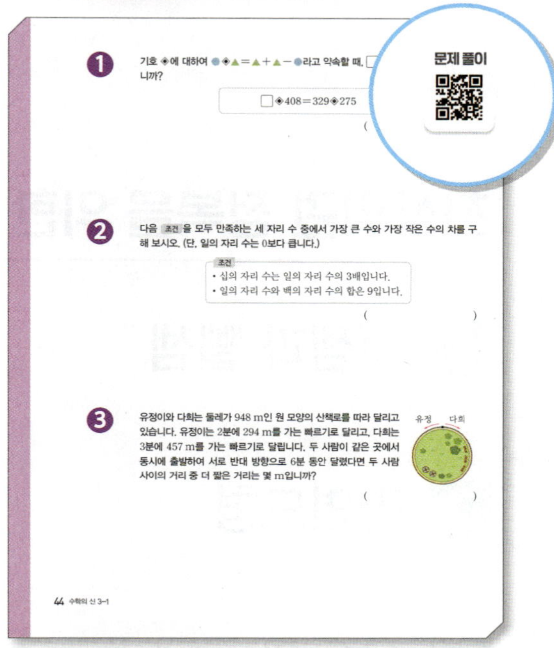

- 종합적 사고력을 기를 수 있는 문제로 구성

- 최상위권을 정복할 수 있는 최고수준 문제로 구성

- QR로 문제 풀이 동영상 강의 제공

- 심화 문제를 잘 익혔는지 확인할 수 있는 심화 변형 문제와 잘 익혀서 풀 수 있는 응용 문제로 구성

- 신유형
  교내외 경시대회에 출제되는 새로운 유형 문제로 구성

핵심 개념

❶ 받아올림이 없는 (세 자리 수)＋(세 자리 수)

> 일의 자리, 십의 자리, 백의 자리 수끼리 더한 값을 차례대로 씁니다.

- 261＋128의 계산

$$
\begin{array}{r} 2\ 6\ 1 \\ +\ 1\ 2\ 8 \\ \hline 9 \end{array}
\Rightarrow
\begin{array}{r} 2\ 6\ 1 \\ +\ 1\ 2\ 8 \\ \hline 8\ 9 \end{array}
\Rightarrow
\begin{array}{r} 2\ 6\ 1 \\ +\ 1\ 2\ 8 \\ \hline 3\ 8\ 9 \end{array}
$$

참고 261＋128을 어림하여 계산하기

261과 128을 몇백으로 어림하면 261은 300쯤, 128은 100쯤이므로 261＋128을 어림한 값은 400쯤입니다.
└• 300＋100＝400

❷ 받아올림이 있는 (세 자리 수)＋(세 자리 수)

> 같은 자리 수끼리의 합이 ❶[ ]이거나 ❷[ ]보다 크면 바로 윗자리로 받아올려 계산합니다.

- 736＋589의 계산

$$
\begin{array}{r} {}^{1}\ \ \\ 7\ 3\ 6 \\ +\ 5\ 8\ 9 \\ \hline 5 \end{array}
\Rightarrow
\begin{array}{r} {}^{1}\ {}^{1}\ \\ 7\ 3\ 6 \\ +\ 5\ 8\ 9 \\ \hline 2\ 5 \end{array}
\Rightarrow
\begin{array}{r} {}^{1}\ {}^{1}\ \\ 7\ 3\ 6 \\ +\ 5\ 8\ 9 \\ \hline 1\ 3\ 2\ 5 \end{array}
$$

6＋9＝15   1＋3＋8＝12   1＋7＋5＝13

참고 (네 자리 수)＋(네 자리 수)의 계산

네 자리 수의 덧셈도 세 자리 수의 덧셈과 같은 방법으로 일의 자리부터 같은 자리 수끼리 받아올림에 주의하여 계산합니다.

예
$$
\begin{array}{r} 1\ 1\ 1\ \ \\ 2\ 5\ 7\ 8 \\ +\ 3\ 4\ 9\ 3 \\ \hline 6\ 0\ 7\ 1 \end{array}
$$

▶ 상위권 비법

두 수의 합이 가장 크거나 작은 덧셈식 만들기

두 수의 합이 가장 ⎡ 큰 덧셈식: (가장 큰 수)＋(두 번째로 큰 수)
　　　　　　　　⎣ 작은 덧셈식: (가장 작은 수)＋(두 번째로 작은 수)

예 두 수를 골라 합이 가장 큰 덧셈식과 가장 작은 덧셈식 만들기

| 245 | 587 | 756 |

- 두 수의 합이 가장 큰 덧셈식: 756＋587＝1343
- 두 수의 합이 가장 작은 덧셈식: 245＋587＝832

★ 소수의 덧셈과 뺄셈
받아올림과 받아내림에 주의
하여 같은 자리 수끼리 계산
합니다.

$$\begin{array}{r} \overset{1}{} \\ 0.2\,7 \\ +\ 0.5\,6 \\ \hline 0.8\,3 \end{array}$$

$$\begin{array}{r} \overset{1}{}\ \overset{10}{} \\ 2.4\,9 \\ -\ 0.8\,2 \\ \hline 1.6\,7 \end{array}$$

❸ 받아내림이 없는 (세 자리 수)−(세 자리 수)

> 일의 자리, 십의 자리, 백의 자리 수끼리 뺀 값을 차례대로 씁니다.

• 578−462의 계산

$$\begin{array}{r} 5\ 7\ 8 \\ -\ 4\ 6\ 2 \\ \hline 6 \end{array} \Rightarrow \begin{array}{r} 5\ 7\ 8 \\ -\ 4\ 6\ 2 \\ \hline 1\ 6 \end{array} \Rightarrow \begin{array}{r} 5\ 7\ 8 \\ -\ 4\ 6\ 2 \\ \hline 1\ 1\ 6 \end{array}$$

참고 578−462를 어림하여 계산하기

578과 462를 몇백으로 어림하면 578은 600쯤, 462는 500쯤이므로
578−462를 어림한 값은 100쯤입니다.
$$\bullet\ 600-500=100$$

**★ 덧셈과 뺄셈이 섞여 있는
식의 계산**
• 덧셈과 뺄셈이 섞여 있는
식은 앞에서부터 차례대로
계산합니다.
$$754-172+296=878$$
582
878

• ( )가 있는 식은 ( ) 안을
먼저 계산합니다.
$$754-(172+296)=286$$
468
286

❹ 받아내림이 있는 (세 자리 수)−(세 자리 수)

> 같은 자리 수끼리 뺄 수 없으면 바로 윗자리에서 받아내려 계산합니다.

• 851−264의 계산

$$\begin{array}{r} \overset{4}{8}\ \overset{10}{5}\ 1 \\ -\ 2\ 6\ 4 \\ \hline 7 \end{array} \Rightarrow \begin{array}{r} \overset{7}{8}\ \overset{14}{5}\ \overset{10}{1} \\ -\ 2\ 6\ 4 \\ \hline 8\ 7 \end{array} \Rightarrow \begin{array}{r} \overset{7}{8}\ \overset{14}{5}\ \overset{10}{1} \\ -\ 2\ 6\ 4 \\ \hline 5\ 8\ 7 \end{array}$$

$$10+1-4=7 \qquad 14-6=8 \qquad 7-2=5$$

참고 (네 자리 수)−(네 자리 수)의 계산

네 자리 수의 뺄셈도 세 자리 수의 뺄셈과 같은 방법으로 일의 자리부터
같은 자리 수끼리 받아내림에 주의하여 계산합니다.

예
$$\begin{array}{r} \overset{3}{4}\ \overset{11}{2}\ \overset{16}{7}\ \overset{10}{1} \\ -\ 1\ 3\ 9\ 8 \\ \hline 2\ 8\ 7\ 3 \end{array}$$

▶ 상위권 비법

두 수의 차가 가장 큰 뺄셈식 만들기

두 수의 차가 가장 큰 뺄셈식: (가장 큰 수)−(가장 작은 수)

예 두 수를 골라 차가 가장 큰 뺄셈식 만들기

| 395 | 418 | 824 |

• 두 수의 차가 가장 큰 뺄셈식: $824-395=429$

참고 두 수의 차가 가장 작은 뺄셈식은 주어진 수를 두 수씩 짝 지어 차를 구한
다음 차가 가장 작은 경우를 찾아야 합니다.

답 ❶ 10 ❷ 10

2 평면도형

❶ 선분, 직선, 반직선

- **선분**: 두 점을 곧게 이은 선

  선분 ㄱㄴ 또는 선분 ㄴㄱ

- **직선**: 선분을 양쪽으로 끝없이 늘인 곧은 선

  직선 ㄱㄴ 또는 직선 ㄴㄱ

- **반직선**: 한 점에서 시작하여 한쪽으로 끝없이 늘인 곧은 선

  반직선 ㄱㄴ
  반직선 ㄴㄱ → 서로 다른 반직선입니다.

❷ 각, 직각 ▶▶▶

- **각**: 한 점에서 그은 두 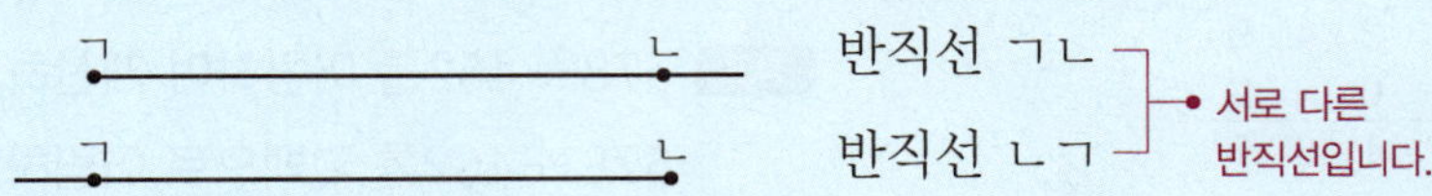(으)로 이루어진 도형

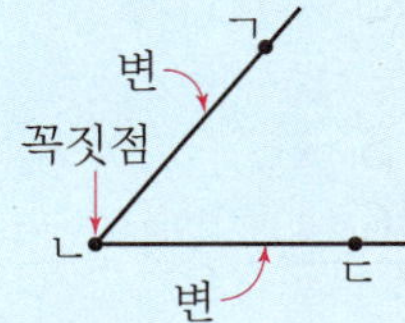

  - 각의 **꼭짓점**: 점 ㄴ
  - 각의 **변**: 변 ㄴㄱ, 변 ㄴㄷ → 꼭짓점부터 시작하는 반직선이므로 변 ㄴㄱ, 변 ㄴㄷ이라 합니다.
  - 각의 이름: **각 ㄱㄴㄷ** 또는 **각 ㄷㄴㄱ**

    각의 꼭짓점이 가운데에 오도록 읽거나 씁니다.

- **직각**: 종이를 반듯하게 두 번 접었을 때 생기는 각

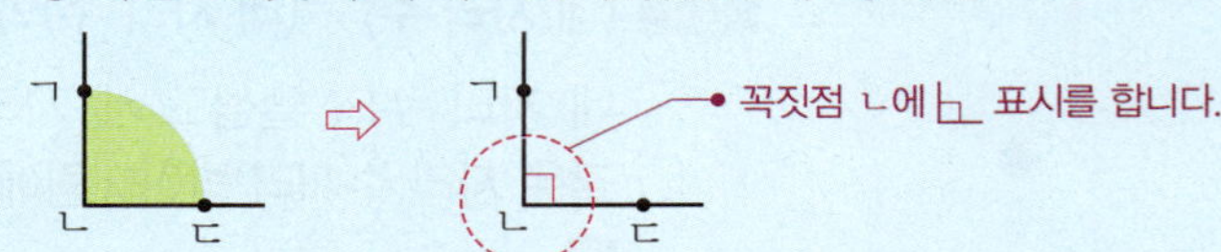

  → 꼭짓점 ㄴ에 ⌐ 표시를 합니다.

> **상위권 비법**

크고 작은 각의 수를 구하는 방법

작은 각 1개짜리, 2개짜리, 3개짜리, ...의 수를 각각 구하여 더합니다.

예 크고 작은 각의 수 구하기

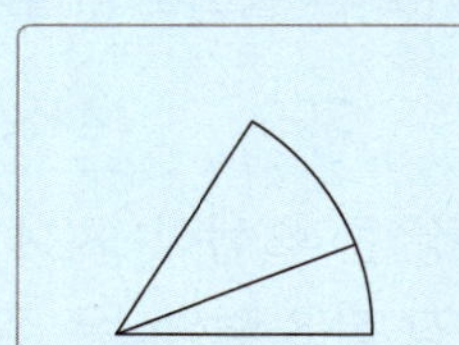

- 작은 각 1개짜리:
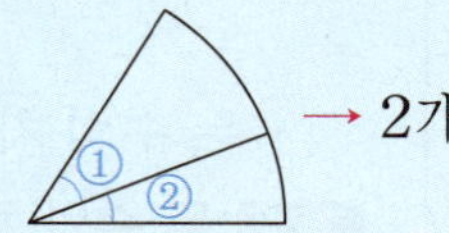
  → 2개

- 작은 각 2개짜리:
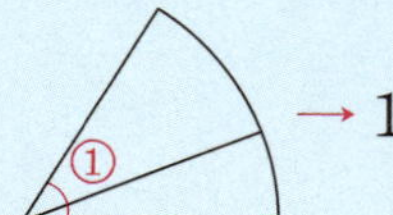
  → 1개

➡ 크고 작은 각의 수: $2+1=3$(개)

❸ 직각삼각형, 직사각형, 정사각형

- **직각삼각형**: ❷[ ] 각이 직각인 삼각형

- **직사각형**: 네 각이 모두 ❸[ ]인 사각형

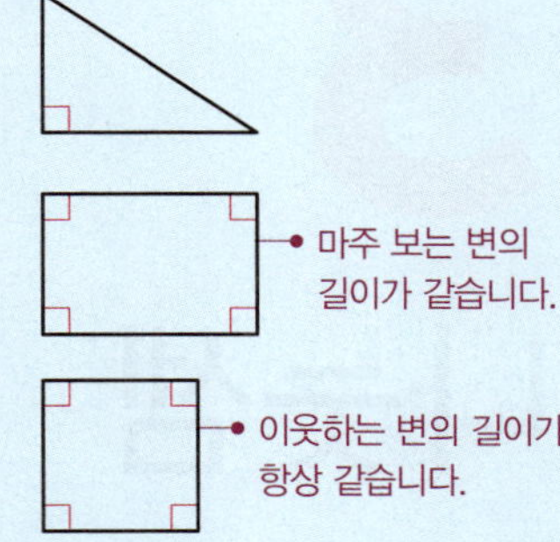

- **정사각형**: 네 각이 모두 직각이고 네 변의
  길이가 모두 같은 사각형

참고 직사각형과 정사각형의 관계

- 정사각형은 네 각이 모두 직각이므로 직사각형이라고 할 수 있습니다.
- 직사각형은 네 변의 길이가 모두 같지 않은 것이 있으므로 정사각형이라고 할 수 없습니다.

연계 초등 4학년

★ 여러 종류의 각

- **예각**: 각도가 0°보다 크고 직각보다 작은 각

- **직각**: 90°

- **둔각**: 각도가 직각보다 크고 180°보다 작은 각

---

❹ 직사각형과 정사각형의 네 변의 길이의 합

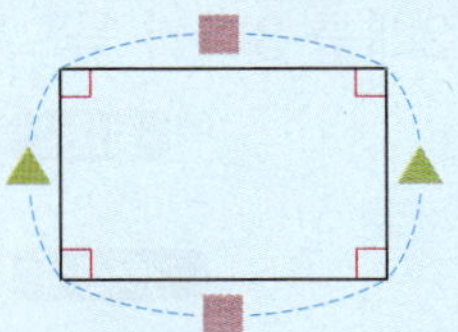

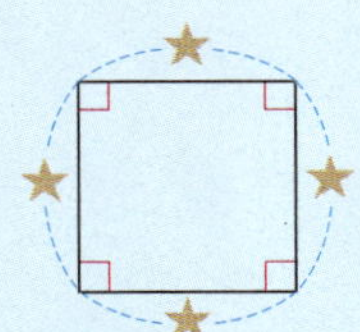

(직사각형의 네 변의 길이의 합)
$$= ■ + ▲ + ■ + ▲ = (■ + ▲) \times 2$$

(정사각형의 네 변의 길이의 합)
$$= ★ + ★ + ★ + ★ = ★ \times 4$$

> **상위권 비법**

도형을 둘러싼 굵은 선의 길이를 간단하게 구하는 방법

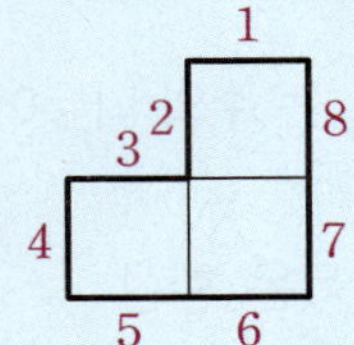

(도형을 둘러싼 굵은 선의 길이)
= (작은 정사각형의 변 8개의 길이의 합)

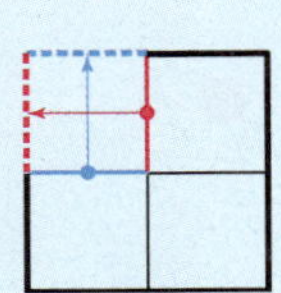

(도형을 둘러싼 굵은 선의 길이)
= (큰 정사각형의 네 변의 길이의 합)

크고 작은 도형의 수를 구하는 방법

작은 도형 1개짜리, 2개짜리, 3개짜리, …의 수를 각각 구하여 더합니다.

예 크고 작은 직사각형의 수 구하기

- 작은 직사각형 1개짜리: [① ②] → 2개
- 작은 직사각형 2개짜리: [①] → 1개
- ⇨ 크고 작은 직사각형의 수: 2 + 1 = 3(개)

답 ❶ 반직선 ❷ 한
 ❸ 직각

3 나눗셈

❶ 똑같이 나누기 ≫

- 바둑돌 6개를 2곳에 똑같이 나누기

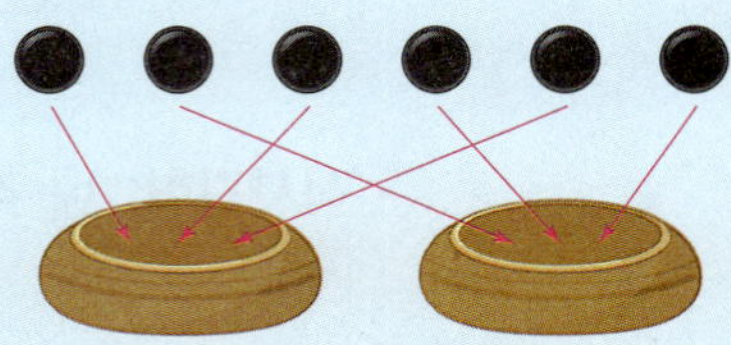

바둑돌 6개를 2통에 똑같이 나누면 한 통에 3개씩 담을 수 있습니다.

나눗셈식 $6 \div 2 = 3$

나누어지는 수　나누는 수　몫

읽기 6 나누기 2는 3과 같습니다

- 바둑돌 12개를 3개씩 나누기

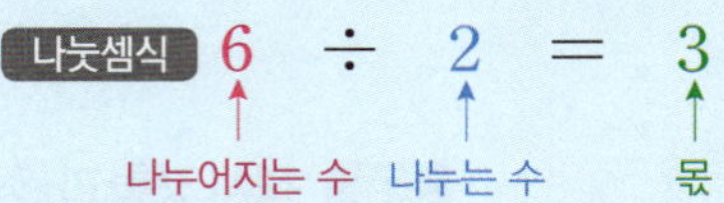

바둑돌 12개를 3개씩 묶으면 4묶음이 됩니다.

뺄셈식 $12 - 3 - 3 - 3 - 3 = 0$

└─ 4번 ─┘

나눗셈식 $12 \div 3 = 4$

참고 **나눗셈의 성질**

- 나누어지는 수가 같을 때와 나누는 수가 같을 때의 나눗셈의 몫

$6 \div 1 = 6$ $6 \div 2 = 3$ $6 \div 3 = 2$ $6 \div 6 = 1$	나누어지는 수가 같을 때에는 나누는 수가 커질수록 몫이 작아집니다.
$6 \div 3 = 2$ $9 \div 3 = 3$ $12 \div 3 = 4$ $15 \div 3 = 5$	나누는 수가 같을 때에는 나누어지는 수가 커질수록 몫이 커집니다.

- 나누는 수가 1일 때와 나누는 수와 나누어지는 수가 같을 때의 나눗셈의 몫

$2 \div 1 = 2$ $3 \div 1 = 3$ $\vdots$ $9 \div 1 = 9$	■ $\div 1$의 몫은 항상 ■입니다. ⇨ ■ $\div 1 =$ ■
$2 \div 2 = 1$ $3 \div 3 = 1$ $\vdots$ $9 \div 9 = 1$	■ $\div$ ■의 몫은 항상 1입니다. ⇨ ■ $\div$ ■ $= 1$

❷ 곱셈과 나눗셈의 관계

곱셈식을 나눗셈식 2개로, 나눗셈식을 곱셈식 2개로 나타낼 수 있습니다.

⟳ 연계 초등 3학년

★ 나눗셈의 몫과 나머지
23을 5로 나누면 몫은 4이
고, 3이 남습니다.
이때 3을 23÷5의 **나머지**라
고 합니다.

$23 \div 5 = 4 \cdots 3$
몫 ↰   ↳ 나머지

★ 나눗셈을 세로로 쓰는 방법
각 자리에 맞춰서 몫을 써야
합니다.

$40 \div 2 = 20 \Rightarrow$ 2)$\overline{40}$ ← 몫

몫

❸ 나눗셈의 몫 구하기

- 56÷8의 몫 구하기

  56÷8의 몫은 $8 \times 7 = 56$을 이용하여 구할 수 있습니다.

  $$56 \div 8 = \boxed{❷} \quad \Rightarrow \quad 8 \times \boxed{7} = 56$$

> **참고** 나눗셈에서 나누어지는 수 또는 나누는 수가 0인 경우 몫 구하기
> - 나누어지는 수가 0이면 몫은 항상 0입니다.
> $$0 \div 2 = (\text{몫}) \Rightarrow 2 \times (\text{몫}) = 0, (\text{몫}) = 0$$
> - 나누는 수가 0인 나눗셈은 없습니다.
> $$2 \div 0 = (\text{몫}) \Rightarrow 0 \times (\text{몫}) = 2$$를 만족하는 몫은 없습니다.

▶ 상위권 비법

네 변의 길이의 합이 주어진 직사각형의 가로와 세로의 합

$$(\text{가로}) + (\text{세로}) = (\text{직사각형의 네 변의 길이의 합}) \div 2$$

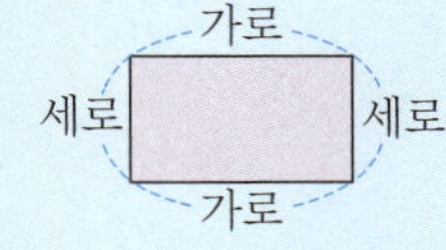

예 네 변의 길이의 합이 10 cm이고 가로가 3 cm인 직사각형의 세로 구하기

$\Rightarrow (\text{가로}) + (\text{세로}) = (\text{네 변의 길이의 합}) \div 2 = 10 \div 2 = 5(\text{cm})$
$(\text{세로}) = 5 - 3 = 2(\text{cm})$

통나무를 같은 길이로 자를 때, 도막 수와 자른 횟수의 관계

$$(\text{도막 수}) = (\text{자른 횟수}) + 1$$

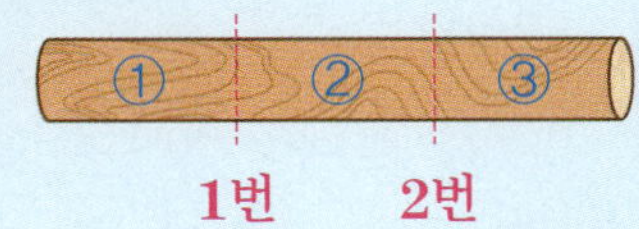

예 길이가 12 m인 통나무를 같은 길이로 2번 자를 때, 자른 통나무 한 도막의 길이 구하기

$\Rightarrow (\text{도막 수}) = (\text{자른 횟수}) + 1 = 2 + 1 = 3(\text{도막})$
$(\text{자른 통나무 한 도막의 길이}) = (\text{통나무 전체 길이}) \div (\text{도막 수})$
$= 12 \div 3 = 4(\text{m})$

도로의 한쪽에 처음부터 끝까지 일정한 간격으로 나무를 심을 때, 나무 수와 간격 수의 관계

$$(\text{나무 수}) = (\text{간격 수}) + 1$$

예 길이가 15 m이고, 곧게 뻗은 도로의 한쪽에 처음부터 끝까지 5 m 간격으로 나무를 심을 때, 나무의 수 구하기

$\Rightarrow (\text{간격 수}) = (\text{도로의 길이}) \div (\text{간격의 길이}) = 15 \div 5 = 3(\text{군데})$
$(\text{나무 수}) = (\text{간격 수}) + 1 = 3 + 1 = 4(\text{그루})$

답 ❶ 5 ❷ 7

4 곱셈

❶ (몇십)×(몇) »»»

> (몇)×(몇)의 계산에 **10배**를 합니다.

· 20×3의 계산

$$2\times3=6 \quad \Rightarrow \quad 20\times3=60$$

（10배, 10배）

❷ 올림이 없는 (몇십몇)×(몇) »»»

> 일의 자리의 곱은 일의 자리에 쓰고, 십의 자리의 곱은 ❶ 의 자리에 씁니다.

· 12×4의 계산

$$
\begin{array}{r}
1\,2 \\
\times \quad 4 \\
\hline
8 \quad \leftarrow 2\times4 \\
4\,0 \quad \leftarrow 10\times4 \\
\hline
4\,8
\end{array}
\quad \Rightarrow \quad
\begin{array}{r}
1\,2 \\
\times \quad 4 \\
\hline
4\,8
\end{array}
$$

> **상위권 비법**

☐가 있는 곱셈식의 활용

· ☐×3과 ☐의 합

⇨ (☐×3)+☐=(☐+☐+☐)+☐=☐×(3+1)=☐×4

· ☐×4와 ☐의 차

⇨ (☐×4)−☐=(☐+☐+☐+☐)−☐=☐×(4−1)=☐×3

곱이 가장 크거나 작은 (몇십몇)×(몇)

세 수의 크기가 0<①<②<③일 때

· 곱이 가장 큰 (몇십몇)×(몇)

②① 큰 수부터 ↰의
× ③ 순서로 수를 씁니다.

예 1, 2, 4를 한 번씩만 사용하여 곱이 가장 큰 (몇십몇)×(몇) 만들기

$$
\begin{array}{r}
2\,1 \\
\times \quad 4 \\
\hline
8\,4
\end{array}
$$

· 곱이 가장 작은 (몇십몇)×(몇)

②③ 작은 수부터 ↰의
× ① 순서로 수를 씁니다.

예 1, 2, 4를 한 번씩만 사용하여 곱이 가장 작은 (몇십몇)×(몇) 만들기

$$
\begin{array}{r}
2\,4 \\
\times \quad 1 \\
\hline
2\,4
\end{array}
$$

❸ 올림이 있는 (몇십몇)×(몇)

> 일의 자리에서 올림한 수는 십의 자리의 곱에 더하고,
> 십의 자리에서 올림한 수는 ❷ 의 자리에 씁니다.

• 62×3의 **계산** → 십의 자리에서 올림이 있는 경우

$$
\begin{array}{r}
6\ 2 \\
\times\quad 3 \\
\hline
6 \leftarrow 2 \times 3 \\
1\ 8\ 0 \leftarrow 60 \times 3 \\
\hline
1\ 8\ 6
\end{array}
\Rightarrow
\begin{array}{r}
6\ 2 \\
\times\quad 3 \\
\hline
1\ 8\ 6
\end{array}
$$

• 17×3의 **계산** → 일의 자리에서 올림이 있는 경우

$$
\begin{array}{r}
1\ 7 \\
\times\quad 3 \\
\hline
2\ 1 \leftarrow 7 \times 3 \\
3\ 0 \leftarrow 10 \times 3 \\
\hline
5\ 1
\end{array}
\Rightarrow
\begin{array}{r}
^2 \\
1\ 7 \\
\times\quad 3 \\
\hline
5\ 1
\end{array}
$$

$\quad\quad\quad\quad\quad\quad\quad\quad\quad\quad$ └ $1 \times 3 = 3,\ 3+2 = 5$

• 36×4의 **계산** → 십, 일의 자리에서 올림이 있는 경우

$$
\begin{array}{r}
3\ 6 \\
\times\quad 4 \\
\hline
2\ 4 \leftarrow 6 \times 4 \\
1\ 2\ 0 \leftarrow 30 \times 4 \\
\hline
1\ 4\ 4
\end{array}
\Rightarrow
\begin{array}{r}
^2 \\
3\ 6 \\
\times\quad 4 \\
\hline
1\ 4\ 4
\end{array}
$$

$\quad\quad\quad\quad\quad\quad\quad\quad\quad\quad$ └ $3 \times 4 = 12,\ 12+2 = 14$

▶ 상위권 비법

간격의 길이가 일정한 연못의 둘레 구하기

> (간격 수)=(나무 수)

예 원 모양의 연못 둘레에 나무 6그루를 15 m 간격으로 심었을 때, 연못의 둘레 구하기
$\Rightarrow$ (간격 수)=(나무 수)=6군데
(연못의 둘레)=(간격의 길이)×(간격 수)=$15 \times 6 = 90$(m)

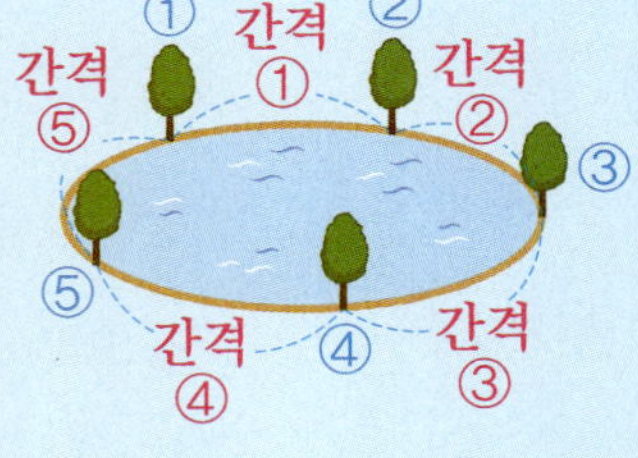

간격의 길이가 일정한 도로의 길이 구하기

> (간격 수)=(나무 수)-1

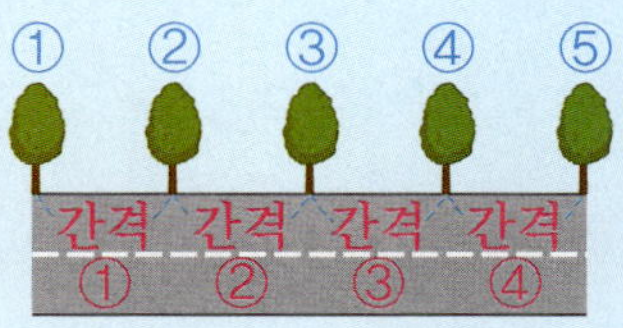

예 곧게 뻗은 도로의 한쪽에 나무 8그루를 34 m 간격으로 심었을 때, 도로의 길이 구하기
$\Rightarrow$ (간격 수)=(나무 수)-1=$8-1=7$(군데)
(도로의 길이)=(간격의 길이)×(간격 수)=$34 \times 7 = 238$(m)

답 ❶ 십 ❷ 백

5 길이와 시간

① cm보다 작은 단위

- **1 mm(1 밀리미터)**: 1 cm를 ▣ 칸으로 똑같이 나누었을 때 작은 눈금 한 칸의 길이

$$1\,mm \qquad \boxed{1\ cm = 10\ mm}$$

- **3 cm 5 mm(3 센티미터 5 밀리미터)**: 3 cm보다 5 mm 더 긴 길이

$$\boxed{3\ cm\ \ 5\ mm = 35\ mm}$$

② m보다 큰 단위 »»

- **1 km(1 킬로미터)**: 1000 m의 길이

$$1\,km \qquad \boxed{1000\ m = 1\ km}$$

- **6 km 200 m(6 킬로미터 200 미터)**: 6 km보다 200 m 더 긴 길이

$$\boxed{6\ km\ \ 200\ m = 6200\ m}$$

참고 길이의 덧셈과 뺄셈

- 같은 단위끼리 계산합니다.
- 10 mm=1 cm, 1000 m=1 km를 이용하여 받아올림, 받아내림합니다.

$$
\begin{array}{r}
4\ cm\ \ 7\ mm \\
+\ 2\ cm\ \ 8\ mm \\
\hline
7\ cm\ \ 5\ mm
\end{array}
\qquad
\begin{array}{r}
6\ km\ \ 200\ m \\
-\ 4\ km\ \ 700\ m \\
\hline
1\ km\ \ 500\ m
\end{array}
$$

③ 길이와 거리를 어림하고 재어 보기

길이와 거리를 어림할 때에는 '**약 몇 cm**', '**약 몇 km**' 등으로 나타냅니다.

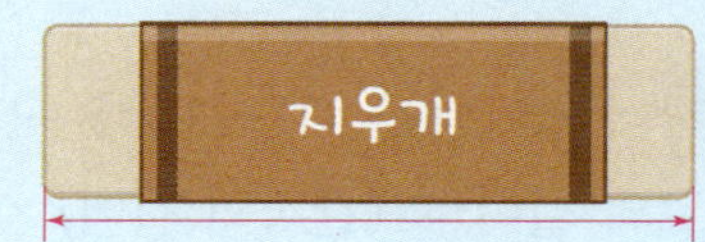

어림한 길이	자로 잰 길이
약 4 cm	4 cm 3 mm

❹ 분보다 작은 단위

· **1초**: 초바늘이 작은 눈금 한 칸을 가는 동안 걸리는 시간

· **60초**: 초바늘이 시계를 한 바퀴 도는 데 걸리는 시간

$$60초 = 1분$$

❺ 시간의 덧셈과 뺄셈

· 시는 시끼리, 분은 분끼리, 초는 초끼리 계산합니다.
· 같은 단위 수끼리의 합이 **60**이거나 **60**보다 크면 **60**초를 ^❷ 분으로, **60분**을 **1시간**으로 받아올림합니다.
· 같은 단위 수끼리 뺄 수 없을 때에는 **1분**을 **60초**로, **1시간**을 ^❸ 분으로 받아내림합니다.

<table>
<tr><td></td><td>1</td><td>1</td><td></td></tr>
<tr><td></td><td>7시</td><td>40분</td><td>30초</td></tr>
<tr><td>+</td><td>1시간</td><td>50분</td><td>45초</td></tr>
<tr><td></td><td>9시</td><td>31분</td><td>15초</td></tr>
</table>

<table>
<tr><td></td><td></td><td>60</td><td></td></tr>
<tr><td></td><td>8</td><td>19</td><td>60</td></tr>
<tr><td></td><td>9시</td><td>20분</td><td>15초</td></tr>
<tr><td>−</td><td>3시</td><td>30분</td><td>25초</td></tr>
<tr><td></td><td>5시간</td><td>49분</td><td>50초</td></tr>
</table>

참고 **시간의 덧셈과 뺄셈 유형**

· (시간)+(시간)=(시간),
  (시각)+(시간)=(시각)

· (시간)−(시간)=(시간),
  (시각)−(시각)=(시간),
  (시각)−(시간)=(시각)

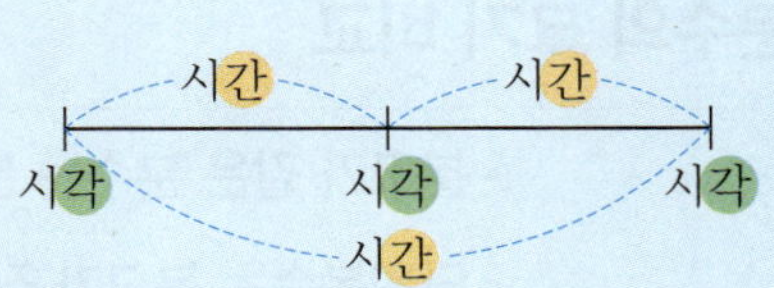
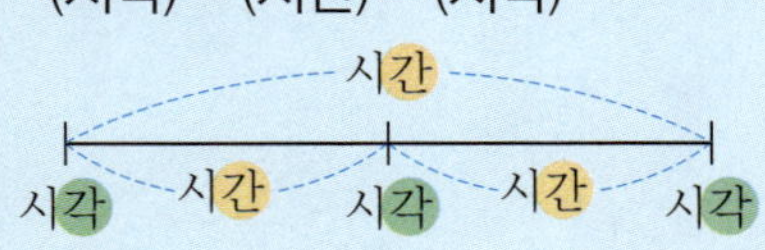

▶ 상위권 비법

일정한 간격으로 출발하는 열차가 □번째 역에 도착하는 데 걸리는 시간 구하기

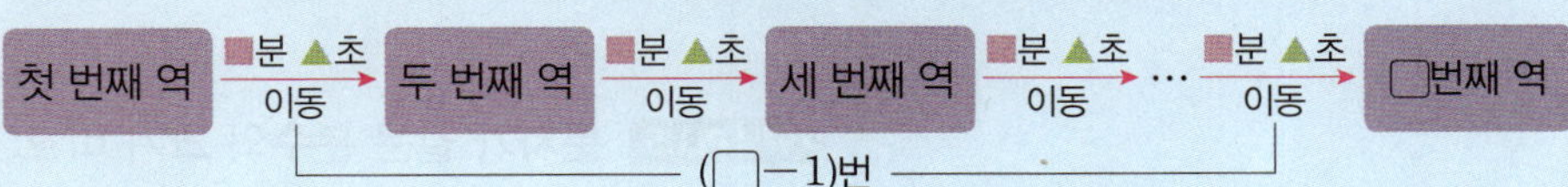

열차가 한 역을 가는 데 ■분 ▲초가 걸리고 역에 정차하지 않을 때, 첫 번째 역을 출발하여 □번째 역에 도착하는 데 걸리는 시간은 ■분 ▲초를 (□−1)번 더하여 구합니다.

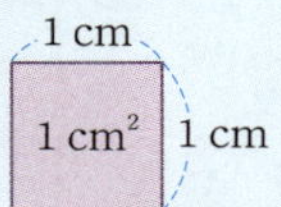

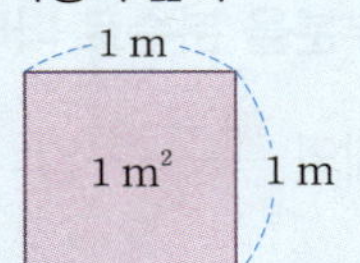

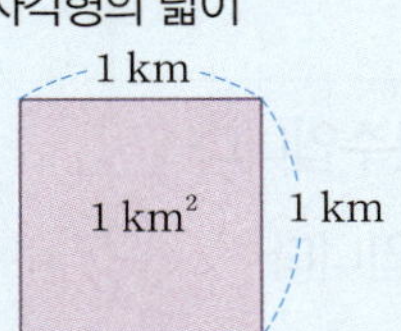

답 ❶ 10 ❷ 1 ❸ 60

6

분수와 소수

① 똑같이 나누기

도형을 똑같이 나누면 나누어진 조각의 모양과 크기가 같고, 서로 겹쳤을 때 완전히 겹쳐집니다.

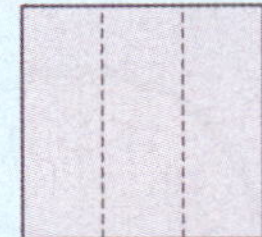 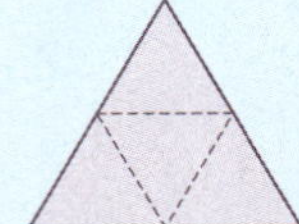 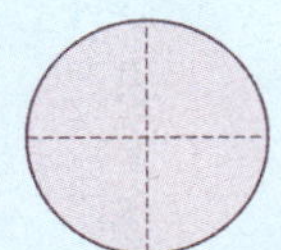

② 분수 ▶▶▶

- 전체를 똑같이 4로 나눈 것 중의 3

  ⇨ **쓰기** $\dfrac{3}{4}$ **읽기** 4분의 3

- 분수: $\dfrac{1}{2}$, $\dfrac{3}{4}$과 같은 수 $\dfrac{1}{2} \begin{smallmatrix} \leftarrow 분자 \\ \leftarrow 분모 \end{smallmatrix} \dfrac{3}{4}$

- 단위분수: 분수 중에서 $\dfrac{1}{2}$, $\dfrac{1}{3}$, $\dfrac{1}{4}$과 같이 **분자가 1**인 분수

③ 전체에 대한 부분을 분수로 나타내기

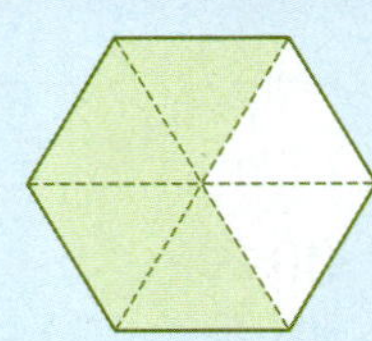

- 색칠한 부분은 전체의 $\dfrac{4}{6}$입니다.
- 색칠하지 않은 부분은 전체의 $\dfrac{2}{6}$입니다.

> **개념 PLUS** 전체에서 분수만큼을 색칠하고 색칠하지 않은 부분을 분수로 나타내기

색칠한 부분이 전체의 $\dfrac{\blacktriangle}{\blacksquare}$일 때, 색칠하지 않은 부분은 전체의 $\dfrac{\blacksquare - \blacktriangle}{\blacksquare}$입니다.

④ 분수의 크기 비교

- 분모가 같은 분수는 분자가 클수록 더 큰 분수입니다.
- 단위분수는 분모가 작을수록 더 ⓵ 분수입니다.

$$\overset{2<5}{\dfrac{2}{7} < \dfrac{5}{7}} \qquad \underset{3<6}{\dfrac{1}{3} > \dfrac{1}{6}}$$

> **개념 PLUS** 분자가 같은 분수의 크기 비교: 분모가 작을수록 더 큽니다.

$\dfrac{2}{3}$

$\dfrac{2}{4}$

⇨ 색칠한 부분을 비교하면 $\underset{3<4}{\dfrac{2}{3} > \dfrac{2}{4}}$입니다.

★ **소수 두 자리 수**
전체를 똑같이 100으로 나눈 것 중의 1
⇨ $\dfrac{1}{100}=0.01$

★ **소수 세 자리 수**
전체를 똑같이 1000으로 나눈 것 중의 1
⇨ $\dfrac{1}{1000}=0.001$

★ **여러 가지 분수**
• **진분수**: 분자가 분모보다 작은 분수
예 $\dfrac{1}{4},\ \dfrac{2}{4},\ \dfrac{3}{4}$
• **가분수**: 분자가 분모와 같거나 분모보다 큰 분수
예 $\dfrac{4}{4},\ \dfrac{5}{4}$
• **대분수**: 자연수와 진분수로 이루어진 분수
예 $1\dfrac{1}{4}$ (1과 4분의 1)

답 ❶ 큰 ❷ 큰

---

5 1보다 작은 소수

• **소수**: 0.1, 0.2, 0.3과 같은 수
  └ 소수점 ┘

• **분수와 소수의 관계**

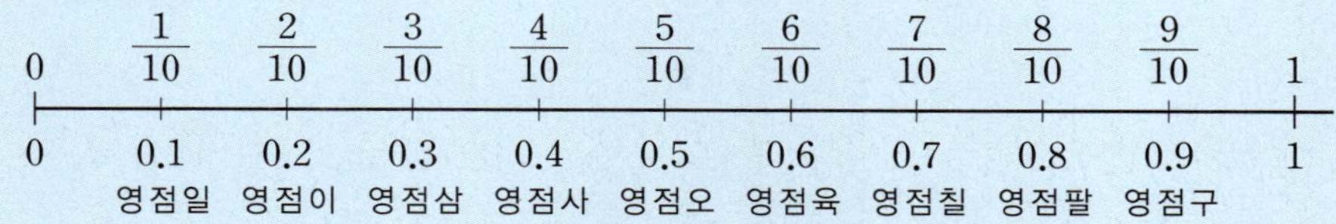

$0\quad \dfrac{1}{10}\quad \dfrac{2}{10}\quad \dfrac{3}{10}\quad \dfrac{4}{10}\quad \dfrac{5}{10}\quad \dfrac{6}{10}\quad \dfrac{7}{10}\quad \dfrac{8}{10}\quad \dfrac{9}{10}\quad 1$

0   0.1   0.2   0.3   0.4   0.5   0.6   0.7   0.8   0.9   1
영점일 영점이 영점삼 영점사 영점오 영점육 영점칠 영점팔 영점구

6 1보다 큰 소수

• 2와 0.8만큼인 수 ⇨ 쓰기 **2.8** 읽기 이 점 팔
• $1\ \text{mm}=0.1\ \text{cm}$이므로 $8\ \text{cm}\ 3\ \text{mm}=83\ \text{mm}=8.3\ \text{cm}$입니다.
  └ $1\ \text{cm}=10\ \text{mm} \Rightarrow 1\ \text{mm}=\dfrac{1}{10}\ \text{cm}=0.1\ \text{cm}$

7 소수의 크기 비교

> • 소수점 왼쪽에 있는 수가 같은 경우, 소수점 오른쪽에 있는 수가 클수록 더 큰 소수입니다.
> • 소수점 왼쪽에 있는 수가 다른 경우, 소수점 왼쪽에 있는 수가 클수록 더 ❷ 소수입니다.

$$6.3 < 6.8 \qquad 2.7 < 4.5$$
$$3<8 \qquad\qquad 2<4$$

참고 **분수와 소수의 크기 비교**

예 $\dfrac{4}{10}$와 0.9의 크기 비교하기

• $\dfrac{4}{10}$를 소수로 나타내어 소수의 크기 비교하기
$\dfrac{4}{10}=0.4$이므로 $0.4 < 0.9$

• 0.9를 분수로 나타내어 분수의 크기 비교하기
$0.9=\dfrac{9}{10}$이므로 $\dfrac{4}{10} < \dfrac{9}{10}$

▶ 상위권 비법

가장 크거나 작은 ■.▲ 형태의 소수 만들기
• 가장 큰 소수 만들기: 앞에서부터 차례대로 큰 수를 놓습니다.
• 가장 작은 소수 만들기: 앞에서부터 차례대로 작은 수를 놓습니다.

예 수 카드 7 , 1 , 9 로 ■.▲ 형태의 소수 만들기 └ 수의 크기를 비교하면 $9>7>1$입니다.
• 만들 수 있는 가장 큰 소수: 9.7
• 만들 수 있는 가장 작은 소수: 1.7

최상위권 정복을
위한 문제

덧셈과 뺄셈

1

1 <u>잘못</u> 계산한 곳을 찾아 바르게 계산해 보시오.

$$
\begin{array}{r}
3\ 4\ 9 \\
+\ 2\ 3\ 9 \\
\hline
5\ 7\ 8
\end{array}
\quad\Rightarrow\quad
\begin{array}{r}
3\ 4\ 9 \\
+\ 2\ 3\ 9 \\
\hline
\end{array}
$$

2 계산 결과의 크기를 비교하여 ◯ 안에 >, =, < 중 알맞은 것을 써넣으시오.

$$720-291 \;\bigcirc\; 953-518$$

3 사각형 안에 있는 수의 차를 구해 보시오.

- 634
- 458
- 193
- 902
- 396
- 121

(   )

4 삼각형의 세 변의 길이의 합은 몇 cm입니까?

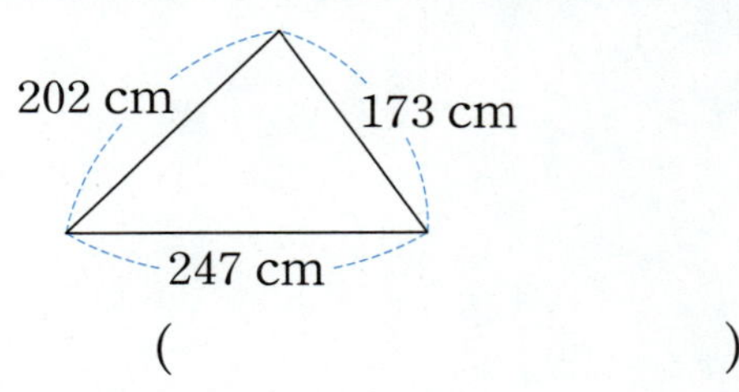

(   )

5 학교에서 은행을 지나 서점까지 가는 거리는 몇 m입니까?

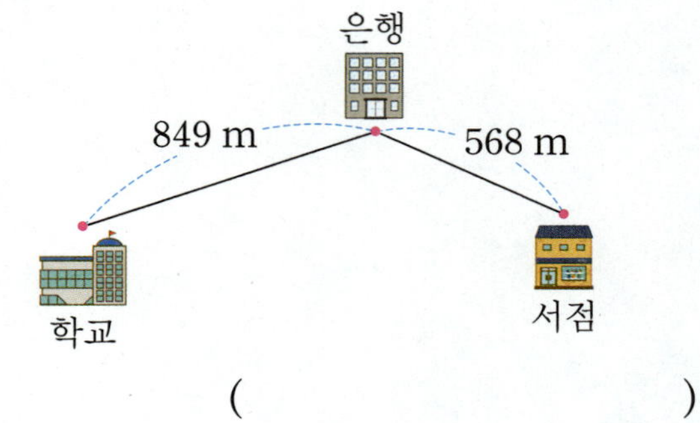

(   )

6 ☐ 안에 알맞은 수를 구해 보시오.

$$743-\square=251$$

(   )

7 계산 결과가 큰 것부터 차례대로 기호를 써 보시오.

> ㉠ 159＋526
> ㉡ 942－155
> ㉢ 463＋311

(   )

8 딸기를 세희네 가족은 247개 땄고, 아진이네 가족은 134개 땄습니다. 어느 가족이 딸기를 몇 개 더 많이 땄는지 구해 보시오.

(,   )

9 두 수를 골라 합이 가장 큰 덧셈식을 만들고, 계산해 보시오.

| 652 | 316 | 354 | 587 |

☐＋☐＝☐

10 100이 4개, 10이 3개, 1이 12개인 수보다 185만큼 더 큰 수는 얼마입니까?

(   )

11 바구니 안에 딸기 맛 사탕이 156개, 레몬 맛 사탕이 267개 있었습니다. 그중에서 115개를 포장하여 친구에게 주었다면 친구에게 주고 남은 사탕은 몇 개입니까?

(   )

12 두 수를 골라 차가 169인 뺄셈식을 만들려고 합니다. ☐ 안에 알맞은 수를 써넣으시오.

| 160 | 508 | 558 | 339 |

☐－☐＝169

예제 1 — 바르게 계산한 값

어떤 수에서 358을 빼야 할 것을 잘못하여 더했더니 825가 되었습니다.
바르게 계산하면 얼마입니까?

풀이

❶ 어떤 수 구하기

어떤 수를 □라 하여 잘못 계산한 식을 씁니다.

□＋358＝825 ⇨ 825－358＝□, □＝467

따라서 어떤 수는 467입니다.

❷ 바르게 계산한 값 구하기

$$(\text{바르게 계산한 값})=\underline{(\text{어떤 수})}_{\square}-358$$

$$=467-358=109$$

답 109

| 단 계 형 |

확인 1

어떤 수에서 267을 빼야 할 것을 잘못하여 더했더니 821이 되었습니다.
바르게 계산하면 얼마입니까?

(1) 어떤 수는 얼마입니까?

(   )

(2) 바르게 계산하면 얼마입니까?

(   )

| 조 건 변 형 |

확인 2 어떤 수에 152를 더해야 할 것을 잘못하여 512를 더했더니 910이 되었습니다. 바르게 계산하면 얼마입니까?

( )

| 조 건 변 형 |

확인 3 어떤 수에 265를 더해야 할 것을 잘못하여 뺐더니 428이 되었습니다. 바르게 계산한 값과 잘못 계산한 값의 합은 얼마입니까?

( )

| 조 건 추 가 |

확인 4 어떤 수에 157을 더한 다음 329를 빼야 할 것을 잘못하여 157을 뺀 다음 329를 더했더니 640이 되었습니다. 바르게 계산하면 얼마입니까?

( )

예제 2

겹치는 부분을 이용하여 길이 구하기

㉠에서 ㉣까지의 길이는 몇 cm입니까?

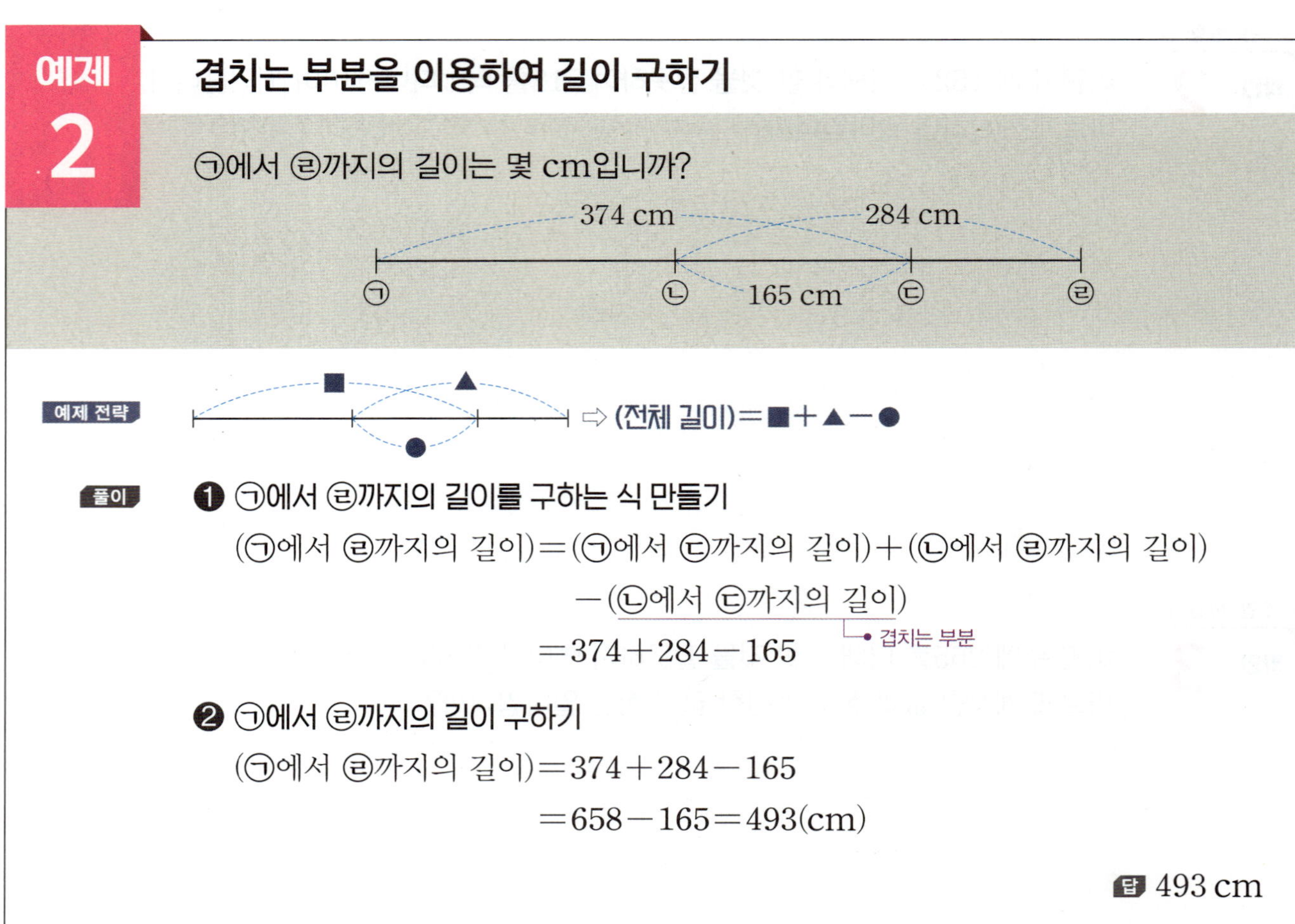

예제 전략 ⇨ (전체 길이)＝■＋▲－●

풀이

❶ ㉠에서 ㉣까지의 길이를 구하는 식 만들기

(㉠에서 ㉣까지의 길이)＝(㉠에서 ㉢까지의 길이)＋(㉡에서 ㉣까지의 길이)

－(㉡에서 ㉢까지의 길이)

＝374＋284－165 ← 겹치는 부분

❷ ㉠에서 ㉣까지의 길이 구하기

(㉠에서 ㉣까지의 길이)＝374＋284－165

＝658－165＝493(cm)

답 493 cm

| 단 계 형 |

확인 5

㉠에서 ㉣까지의 길이는 몇 cm입니까?

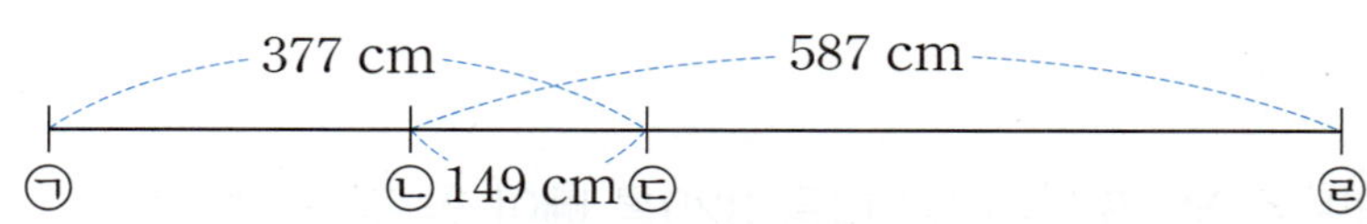

(1) ㉠에서 ㉣까지의 길이를 구하는 식을 만들어 보시오.

식 ____

(2) ㉠에서 ㉣까지의 길이는 몇 cm입니까?

(   )

| 소재 변형 |

확인 6 지석이네 집에서 공원까지의 거리는 몇 m입니까?

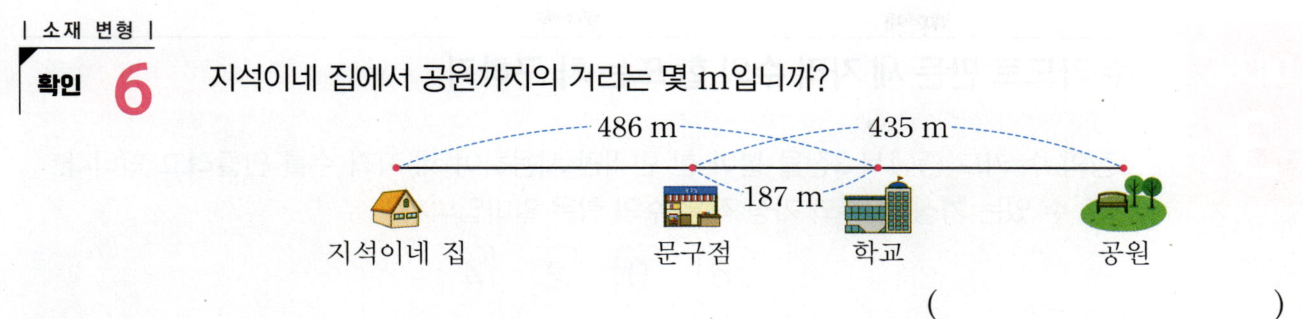

(   )

| 조건 변형 |

확인 7 ㉠에서 ㉣까지의 길이가 746 cm일 때, ㉡에서 ㉢까지의 길이는 몇 cm입니까?

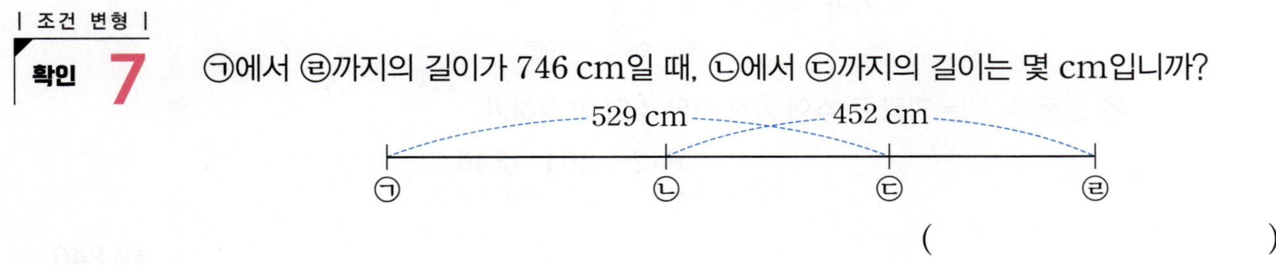

(   )

| 조건 추가 |

확인 8 ㉠에서 ㉢까지의 길이는 ㉡에서 ㉣까지의 길이보다 178 cm 더 짧습니다.
㉠에서 ㉣까지의 길이는 몇 cm입니까?

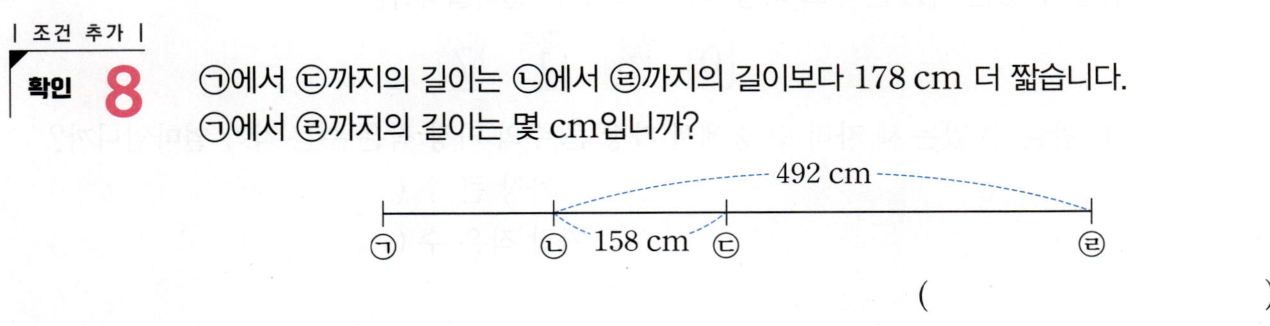

(   )

예제 3 | 수 카드로 만든 세 자리 수의 합 또는 차 구하기

4장의 수 카드 중에서 3장을 뽑아 한 번씩만 사용하여 세 자리 수를 만들려고 합니다.
만들 수 있는 가장 큰 수와 가장 작은 수의 합은 얼마입니까?

$$\boxed{6}\ \boxed{0}\ \boxed{2}\ \boxed{4}$$

풀이

❶ 가장 큰 수와 가장 작은 수 만들기

수 카드의 수의 크기를 비교하면 $6>4>2>0$입니다.
└→ 가장 작은 수를 만들 때 백의 자리에는 0이 올 수 없습니다.

백 십 일
가장 큰 수: 6 4 2
→ 큰 수부터 차례대로

가장 작은 수: 2 0 4
→ 작은 수부터 차례대로

❷ 만들 수 있는 가장 큰 수와 가장 작은 수의 합 구하기

$$642+204=846$$
가장 큰 수 ●┘   └● 가장 작은 수

답 846

| 단 계 형 |
확인 9

4장의 수 카드 중에서 3장을 뽑아 한 번씩만 사용하여 세 자리 수를 만들려고 합니다.
만들 수 있는 가장 큰 수와 가장 작은 수의 합은 얼마입니까?

$$\boxed{0}\ \boxed{8}\ \boxed{1}\ \boxed{7}$$

(1) 만들 수 있는 세 자리 수 중에서 가장 큰 수와 가장 작은 수는 각각 얼마입니까?

가장 큰 수 (   )

가장 작은 수 (   )

(2) 만들 수 있는 가장 큰 수와 가장 작은 수의 합은 얼마입니까?

(   )

| 소재 변형 |

확인 10 수가 적힌 공 5개 중에서 3개를 골라 한 번씩만 사용하여 세 자리 수를 만들려고 합니다. 만들 수 있는 가장 큰 수와 가장 작은 수의 차는 얼마입니까?

3　0　9　2　5

(　　　　　　　　　　)

| 조건 변형 |

확인 11 5장의 수 카드 중에서 3장을 뽑아 한 번씩만 사용하여 세 자리 수를 만들려고 합니다. 만들 수 있는 가장 큰 수와 두 번째로 작은 수의 합은 얼마입니까?

8　5　6　0　3

(　　　　　　　　　　)

| 조건 추가 |

확인 12 5장의 수 카드 중에서 3장을 뽑아 한 번씩만 사용하여 세 자리 수를 만들려고 합니다. 만들 수 있는 세 자리 수 중에서 십의 자리 수가 6인 가장 큰 수와 일의 자리 수가 9인 가장 작은 수의 차는 얼마입니까?

9　6　0　7　1

(　　　　　　　　　　)

예제 4

계산식에서 모르는 수 구하기

같은 모양은 같은 수를 나타냅니다. ●에 알맞은 수는 얼마입니까?

$$279 + \blacktriangle = 961$$
$$\blacktriangle - 374 = ●$$

풀이

❶ $279 + \blacktriangle = 961$에서 $\blacktriangle$에 알맞은 수 구하기

$279 + \blacktriangle = 961$ ─● $㉠ + □ = ㉡ ⇨ ㉡ - ㉠ = □$를 이용합니다.

⇨ $961 - 279 = \blacktriangle,\ \blacktriangle = 682$

❷ $\blacktriangle - 374 = ●$에서 ●에 알맞은 수 구하기

위 ❶에서 $\blacktriangle = 682$이므로

$\underset{682}{\blacktriangle} - 374 = ●$

⇨ $682 - 374 = ●,\ ● = 308$

답 308

| 단 계 형 |
확인 13

같은 모양은 같은 수를 나타냅니다. ★에 알맞은 수는 얼마입니까?

$$183 + \blacksquare = 800$$
$$\blacksquare - 495 = ★$$

(1) ■에 알맞은 수는 얼마입니까?

(   )

(2) ★에 알맞은 수는 얼마입니까?

(   )

| 소재 변형 |

확인 14 ◆가 나타내는 수가 같을 때 ♥에 알맞은 수는 얼마입니까?

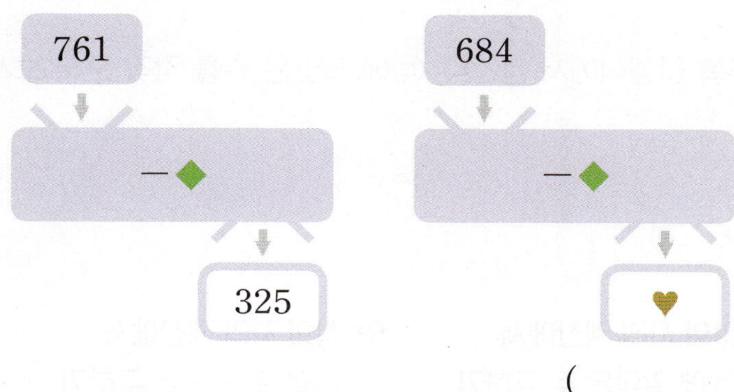

(   )

| 조건 변형 |

확인 15 같은 모양은 같은 수를 나타냅니다. ●과 ■에 알맞은 수의 차는 얼마입니까?

$$● - 227 = 249$$
$$■ + ● = 638$$

(   )

| 조건 변형 |

확인 16 같은 모양은 같은 수를 나타냅니다. ▲과 ★에 알맞은 수의 합은 얼마입니까?

$$452 + 363 - ▲ = 570$$
$$▲ + 466 = ★$$

(   )

예제 5 | 계산식에서 알맞은 수 구하기

오른쪽 덧셈식에서 ㉠, ㉡, ㉢에 알맞은 수를 각각 구해 보시오.

```
    6 5 ㉠
+   8 ㉡ 9
─────────
  1 ㉢ 1 3
```

풀이

❶ 일의 자리 계산에서 ㉠에 알맞은 수 구하기

```
    6 5 ㉠
+   8 ㉡ 9
─────────
  1 ㉢ 1 3
```

일의 자리 계산에서 계산 결과 3은 더하는 수인 9보다 더 작으므로 십의 자리로 받아올림을 한 것입니다.
㉠+9=13 ⇨ ㉠=4

❷ 십의 자리 계산에서 ㉡에 알맞은 수 구하기

```
    6 5 ㉠
+   8 ㉡ 9
─────────
  1 ㉢ 1 3
```

십의 자리 계산에서 계산 결과 1은 더해지는 수인 5보다 더 작으므로 백의 자리로 받아올림을 한 것입니다.
1+5+㉡=11 ⇨ ㉡=5

❸ 백의 자리 계산에서 ㉢에 알맞은 수 구하기

```
    6 5 ㉠
+   8 ㉡ 9
─────────
  1 ㉢ 1 3
```

계산 결과의 천의 자리 수가 1이므로 백의 자리 계산에서 받아올림이 있습니다.
1+6+8=1㉢ ⇨ ㉢=5

답 ㉠: 4, ㉡: 5, ㉢: 5

| 단계형 |
확인 17

오른쪽 덧셈식에서 ㉠, ㉡, ㉢에 알맞은 수를 각각 구해 보시오.

```
    9 8 ㉠
+   7 ㉡ 6
─────────
  1 ㉢ 6 9
```

(1) 일의 자리 계산에서 ㉠에 알맞은 수는 얼마입니까?

(   )

(2) 십의 자리 계산에서 ㉡에 알맞은 수는 얼마입니까?

(   )

(3) 백의 자리 계산에서 ㉢에 알맞은 수는 얼마입니까?

(   )

| 소 재 변 형 |

확인 18 뺄셈식에서 ■, ▲, ●에 알맞은 수를 각각 구해 보시오.

$$■48-67▲=2●3$$

■ (   )

▲ (   )

● (   )

| 조 건 변 형 |

확인 19 뺄셈식에서 ㉠, ㉡, ㉢에 알맞은 수의 합을 구해 보시오.

$$\begin{array}{r} 4\;㉠\;1 \\ -\;2\;2\;㉡ \\ \hline ㉢\;7\;8 \end{array}$$

(   )

| 조 건 추 가 |

확인 20 덧셈식에서 같은 기호는 같은 수를 나타냅니다. ㉠+㉡－㉢의 값을 구해 보시오.

$$\begin{array}{r} 1\;1\;\;\; \\ 8\;㉠\;㉡ \\ +\;㉡\;5\;㉠ \\ \hline 1\;4\;㉢\;3 \end{array}$$

(   )

| 예제 **6** | **계산 결과가 가장 크거나 작은 식 만들기** |

세 수를 모두 이용하여 계산 결과가 가장 큰 식을 만들려고 합니다. 계산 결과가 가장 클 때의 값은 얼마입니까?

| 384 | 227 | 345 | | $\square$ $+$ $\square$ $-$ $\square$ |

예제 전략 계산 결과가 가장 큰 식을 만들려면 더하는 수는 크게, 빼는 수는 작게 하여 식을 만듭니다.

풀이 ❶ 계산 결과가 가장 큰 식 만들기

계산 결과가 가장 큰 식: (가장 큰 수)$+$(두 번째로 큰 수)$-$(가장 작은 수)

수의 크기를 비교하면 $384 > 345 > 227$이므로

계산 결과가 가장 큰 식은 $384 + 345 - 227$입니다.
└→ $345 + 384 - 227$로 식으로 만들어도 계산 결과가 가장 큽니다.

❷ 계산 결과가 가장 클 때의 값 구하기

$$384 + 345 - 227 = 729 - 227 = 502$$

답 502

| 단계형 **확인 21** |

세 수를 모두 이용하여 계산 결과가 가장 큰 식을 만들려고 합니다. 계산 결과가 가장 클 때의 값은 얼마입니까?

| 188 | 259 | 527 | | $\square$ $+$ $\square$ $-$ $\square$ |

(1) 계산 결과가 가장 크게 되도록 $\square$ 안에 알맞은 수를 써넣으시오.

$$\square + \square - \square$$

(2) 계산 결과가 가장 클 때의 값은 얼마입니까?

( )

확인 22

4장의 수 카드 중 3장을 뽑아 계산 결과가 가장 큰 식을 만들려고 합니다. ☐ 안에 알맞은 수를 써넣고 계산해 보시오.

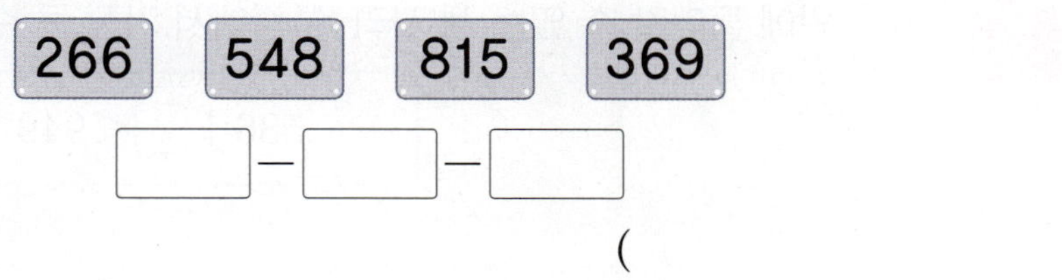

☐－☐－☐

(   )

확인 23

세 수를 골라 계산 결과가 가장 작은 식을 만들려고 합니다. ☐ 안에 알맞은 수를 써넣고 계산해 보시오.

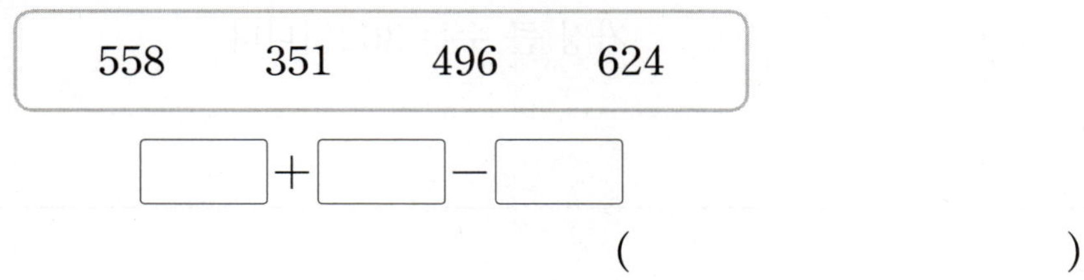

☐＋☐－☐

(   )

확인 24

네 수를 골라 계산 결과가 가장 작은 식을 만들려고 합니다. ☐ 안에 알맞은 수를 써넣고 계산해 보시오.

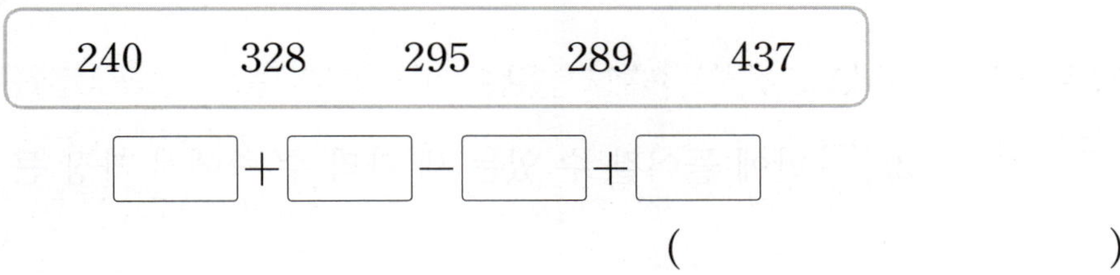

☐＋☐－☐＋☐

(   )

예제 7

☐ 안에 들어갈 수 있는 수

☐ 안에 들어갈 수 있는 세 자리 수 중에서 가장 큰 수는 얼마입니까?

$$586 + \boxed{} < 949$$

풀이

❶ 기호 <를 =로 놓고 계산할 때 ☐ 안에 알맞은 수 구하기

$$586 + \boxed{} < 949$$

⇩

$586 + \boxed{} = 949$에서 $949 - 586 = \boxed{}$, $\boxed{} = 363$입니다.

❷ ☐ 안에 들어갈 수 있는 세 자리 수 중에서 가장 큰 수 구하기

$586 + \boxed{} < 949$이려면 $\boxed{} < 363$이어야 합니다.

따라서 ☐ 안에 들어갈 수 있는 세 자리 수 중에서 가장 큰 수는 362입니다.

답 362

| 단 계 형 |
확인 25

☐ 안에 들어갈 수 있는 세 자리 수 중에서 가장 큰 수는 얼마입니까?

$$173 + \boxed{} < 801$$

(1) 기호 <를 =로 놓고 계산할 때, ☐ 안에 알맞은 수는 얼마입니까?

(   )

(2) ☐ 안에 들어갈 수 있는 세 자리 수 중에서 가장 큰 수는 얼마입니까?

(   )

| 소재 변형 |

확인 26 식이 적힌 종이에 물감이 떨어져서 어떤 수가 보이지 않습니다. 보이지 않는 수가 될 수 있는 세 자리 수 중에서 가장 큰 수는 얼마입니까?

$$\square - 265 < 597$$

( )

| 조건 변형 |

확인 27 $\square$ 안에 들어갈 수 있는 세 자리 수 중에서 가장 작은 수는 얼마입니까?

$$623 > 911 - \square$$

( )

| 조건 변형 |

확인 28 $\square$ 안에 들어갈 수 있는 세 자리 수 중에서 가장 작은 수는 얼마입니까?

$$821 - \square < 307 + 125$$

( )

창의융합형

예제 8 — 높이 비교하기

자연 경치가 뛰어난 지역의 자연을 보호하기 위해 나라에서 지정하고 관리하는 공원을 국립 공원이라고 합니다. 국립 공원 중 계룡산의 높이는 주왕산의 높이보다 125 m 더 높고, 북한산의 높이는 주왕산의 높이보다 114 m 더 높습니다. 주왕산의 높이가 722 m일 때, 계룡산은 북한산보다 몇 m 더 높습니까?

▲ 주왕산

▲ 계룡산

▲ 북한산

(1) 계룡산과 북한산의 높이는 각각 몇 m입니까?

계룡산 (   )

북한산 (   )

(2) 계룡산은 북한산보다 몇 m 더 높습니까?

(   )

확인 29

건축 기술이 발달하면서 좁은 공간에 더 많은 사람들이 살거나 이용할 수 있도록 고층 건물이 많이 지어지고 있습니다. 세계의 고층 건물 중 부르즈 할리파는 롯데월드타워보다 273 m 더 높고, 윌리스 타워는 롯데월드타워보다 113 m 더 낮습니다. 롯데월드타워의 높이가 555 m일 때, 윌리스 타워는 부르즈 할리파보다 몇 m 더 낮습니까?

▲ 부르즈 할리파

▲ 윌리스 타워

▲ 롯데월드타워

(   )

예제 9 · 조건에 알맞은 운동 알아보기

창의융합형

열량이란 에너지의 양으로 열량을 나타내는 단위로는 킬로칼로리가 있습니다. 다음은 각 운동을 30분 동안 했을 때 소모되는 열량을 나타낸 것입니다. 은서가 2종류의 운동을 골라 각각 30분씩 쉬지 않고 했더니 소모된 열량이 700킬로칼로리보다 많았습니다. 은서가 한 운동을 모두 쓰고, 소모된 열량을 구해 보시오.

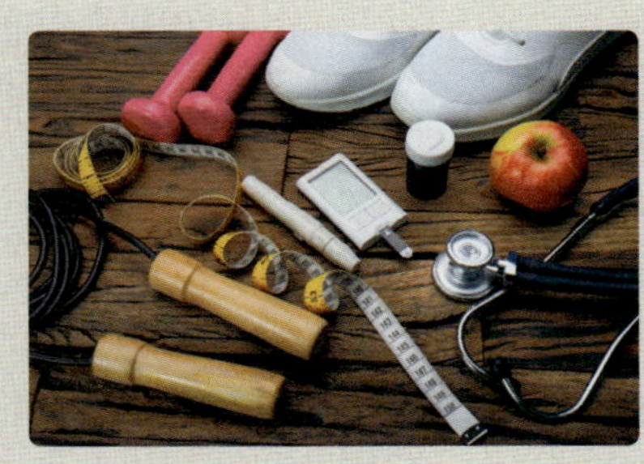

운동별 30분 동안 소모되는 열량

운동	달리기	수영	줄넘기
열량(킬로칼로리)	279	367	334

(1) 다음과 같이 2종류의 운동을 했을 때 소모되는 열량의 합은 몇 킬로칼로리인지 각각 구해 보시오.

고른 운동	달리기, 수영	달리기, 줄넘기	수영, 줄넘기
열량의 합(킬로칼로리)			

(2) 은서가 한 운동을 모두 쓰고, 소모된 열량은 몇 킬로칼로리인지 구해 보시오.
　운동 (　　　　　,　　　　　), 열량 (　　　　　　　　)

확인 30

알뜰 시장은 평소 사용하지 않지만 재사용 가능한 물건들을 사고 팔 수 있는 시장입니다. 우현이는 학교에서 열린 알뜰 시장에서 가격의 합이 1000원을 넘지 않도록 아래의 물건 중 2가지를 사려고 합니다. 어떤 물건을 골라야 하고 이때 가격은 얼마입니까?

물건별 가격

물건	인형	머리핀	물총
가격(원)	650	280	730

　물건 (　　　　　,　　　　　), 가격 (　　　　　　　)

1 다음이 나타내는 두 수의 합을 구해 보시오.

> • 100이 6개, 10이 34개, 1이 5개인 수
> • 100이 7개, 10이 6개, 1이 16개인 수

( )

• 10이 ■▲개인 수
  ⇨ ■▲0
• 1이 ▲●개인 수
  ⇨ ▲●

서술형

2 은지네 학교와 성수네 학교 학생 수가 다음과 같습니다. 누구네 학교 학생이 몇 명 더 많은지 풀이 과정을 쓰고 답을 구해 보시오.

	남학생	여학생
은지네 학교	255명	221명
성수네 학교	226명	275명

풀이 ____

____

____

답 ____________ , ____________

3 어떤 세 자리 수에 189를 더해야 할 것을 잘못하여 어떤 세 자리 수의 백의 자리 수와 십의 자리 수가 바뀐 수에 189를 더했더니 548이 되었습니다. 바르게 계산하면 얼마입니까?

( )

어떤 세 자리 수를 ㉠㉡㉢이라 하면 어떤 세 자리 수의 백의 자리 수와 십의 자리 수가 바뀐 수는 ㉡㉠㉢입니다.

4 완두콩이 ㉮ 통에 476개, ㉯ 통에 618개 들어 있습니다. 두 통에 들어 있는 완두콩의 수가 같아지려면 ㉯ 통에 들어 있는 완두콩을 ㉮ 통으로 몇 개 옮겨야 합니까?

(   )

5 길이가 각각 128 cm, 256 cm, 384 cm인 색 테이프 3장을 그림과 같이 같은 길이만큼 겹치게 이어 붙였습니다. 이어 붙인 색 테이프의 전체 길이가 652 cm일 때, 겹쳐진 한 부분의 길이는 몇 cm입니까?

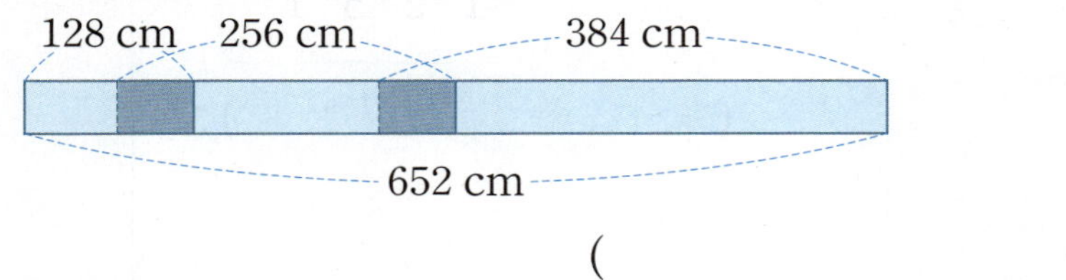

(   )

6 과일 가게에 있는 사과와 배는 모두 431개이고, 배는 사과보다 119개 더 적습니다. 과일 가게에 있는 배는 몇 개입니까?

(   )

❯ 사과의 수를 ☐개라 할 때 배의 수를 ☐를 사용하여 나타내 봅니다.

7 ㉡에서 ㉤까지의 길이는 몇 m입니까?

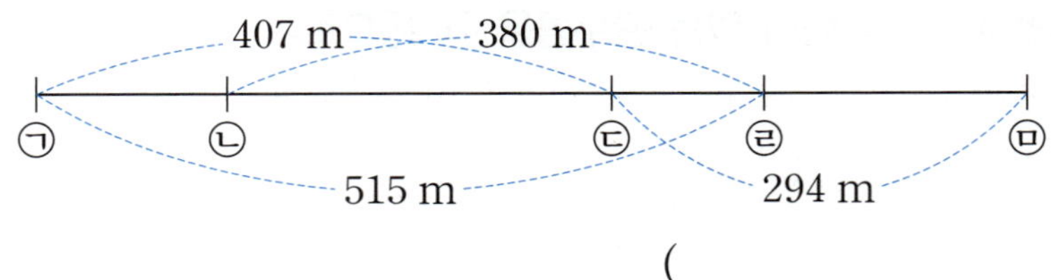

(   )

8 오른쪽 덧셈식에서 같은 모양은 같은 수를 나타냅니다. ■＋▲－●의 값을 구해 보시오.

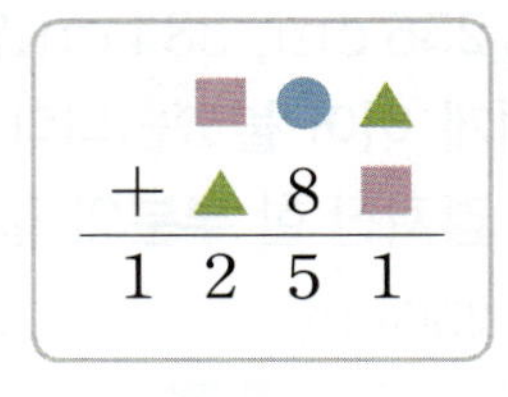

(　) 　 　　　 일의 자리 계산과 백의 자리 계산을 비교하여 ▲와 ■의 합을 먼저 구합니다.

서술형

9 성희, 유진, 수영이가 은행에서 번호표를 각자 한 장씩 연달아 뽑았습니다. 세 사람이 뽑은 번호표의 수의 합이 1050일 때, 세 사람의 번호표에 써 있는 수 중에서 가장 큰 수는 얼마인지 풀이 과정을 쓰고 답을 구해 보시오.

풀이 ____

____

____

답 ____

10 문구점에서 은하와 미리는 똑같은 지우개와 똑같은 자를 샀습니다. 은하는 지우개 3개와 자 1개를 샀더니 가격이 980원이었고, 미리는 지우개 1개와 자 1개를 샀더니 가격이 460원이었습니다. 지우개 1개와 자 1개의 가격은 각각 얼마입니까?

지우개 (   )

자 (   )

> 은하가 산 물건의 가격과 미리가 산 물건의 가격의 차는 은하가 미리보다 더 많이 산 물건의 가격입니다.

11 희주네 학교 학생 500명 중에서 산을 좋아하는 학생은 289명이고, 바다를 좋아하는 학생은 337명입니다. 산과 바다를 둘 다 좋아하지 않는 학생이 56명일 때, 산과 바다를 모두 좋아하는 학생은 몇 명입니까?

(   )

> 전체 학생 수에서 산과 바다를 모두 좋아하지 않는 학생 수를 빼면 산 또는 바다를 좋아하는 학생 수가 됩니다.

신유형

12 은형이의 용돈 기입장의 일부분이 다음과 같이 몇 군데가 지워져 있습니다. 8월 12일부터 8월 20일까지 나간 돈의 합은 들어온 돈의 합보다 얼마나 더 많습니까?

	A	B	C	D	E
1	날짜	들어온 돈	나간 돈	남은 돈	내용
2	8월 12일	0원	450원	270원	수첩
3	8월 16일	500원	0원		용돈(심부름)
4	8월 19일	0원		290원	초콜릿
5	8월 20일		0원	640원	용돈(방 정리)

(   )

> • 들어온 돈이 있는 경우
> ⇨ (전날 남은 돈)
>   +(오늘 들어온 돈)
>   =(오늘 남은 돈)
> • 나간 돈이 있는 경우
> ⇨ (전날 남은 돈)
>   −(오늘 나간 돈)
>   =(오늘 남은 돈)

13 다음 식의 ☐ 안에는 백의 자리 수와 십의 자리 수가 같은 세 자리 수만 들어갈 수 있습니다. 세 수의 합이 900에 가장 가깝도록 ☐ 안에 알맞은 수를 구해 보시오.

$$436+182+\boxed{}$$

(   )

■에 가장 가까운 수는 ■보다 작은 수 중에서 ■에 가장 가까운 수와 ■보다 큰 수 중에서 ■에 가장 가까운 수를 각각 찾아 ■에 더 가까운 수를 구합니다.

14 서로 다른 4장의 수 카드 중에서 3장을 뽑아 한 번씩만 사용하여 세 자리 수를 만들려고 합니다. 만들 수 있는 가장 큰 수와 가장 작은 수의 합이 1121이 되려면 비어 있는 수 카드에 어떤 수를 써야 합니까?

$$\boxed{2}\quad\boxed{5}\quad\boxed{}\quad\boxed{8}$$

(   )

비어 있는 수 카드에는 0부터 9까지의 수 중에서 2, 5, 8을 제외한 나머지 수를 쓸 수 있습니다.

서술형

15 ☐ 안에 공통으로 들어갈 수 있는 세 자리 수는 모두 몇 개인지 풀이 과정을 쓰고 답을 구해 보시오.

- $\boxed{}+319<908-132$
- $845-\boxed{}<267+127$

풀이 ___________________________________

____

____

답 ___________________________

16 다음 수들의 ☐ 안에 0부터 9까지의 수를 한 번씩만 넣어서 세 자리 수 4개를 만들려고 합니다. 만들 수 있는 세 자리 수 중에서 가장 큰 수와 가장 작은 수의 차는 얼마입니까?

| 48☐ | 4☐8 | 4☐☐ | 41☐ |

(   )

17 다음과 같이 합이 1206이고, 차가 508인 두 수를 각각 구해 보시오.

$$\begin{array}{r} ㉠㉡7 \\ +㉢4㉣ \\ \hline 1206 \end{array} \qquad \begin{array}{r} ㉠㉡7 \\ -㉢4㉣ \\ \hline 508 \end{array}$$

(,   )

18 한 원 안에 있는 네 수의 합은 모두 같습니다. ㉠에 알맞은 수는 얼마입니까?

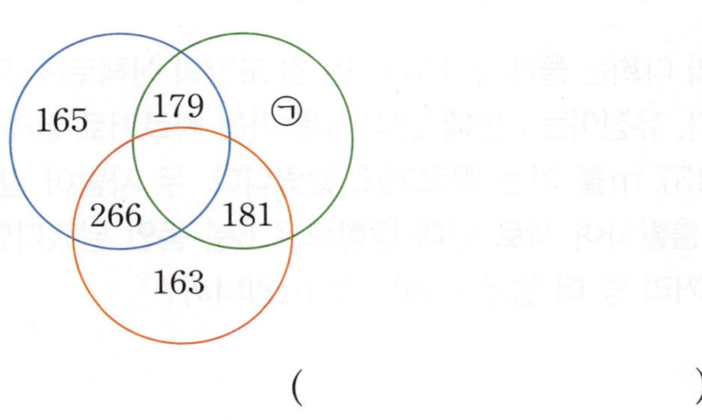

(   )

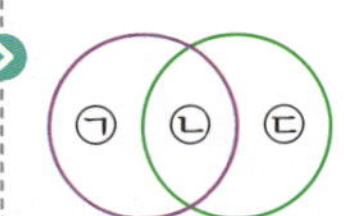

한 원 안에 있는 두 수의 합이 서로 같을 때 두 원이 겹쳐진 곳에 있는 수 ㉡은 보라색 원과 초록색 원에 공통으로 있는 수이므로 ㉡을 뺀 나머지 수 ㉠과 ㉢은 서로 같습니다.

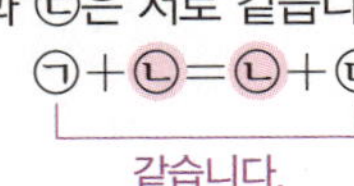

1 기호 ◈에 대하여 ●◈▲＝▲＋▲－●라고 약속할 때, ☐ 안에 알맞은 수는 얼마입니까?

$$\boxed{} ◈ 408 ＝ 329 ◈ 275$$

(   )

2 다음 조건 을 모두 만족하는 세 자리 수 중에서 가장 큰 수와 가장 작은 수의 차를 구해 보시오. (단, 일의 자리 수는 0보다 큽니다.)

> 조건
> • 십의 자리 수는 일의 자리 수의 3배입니다.
> • 일의 자리 수와 백의 자리 수의 합은 9입니다.

(   )

3 유정이와 다희는 둘레가 948 m인 원 모양의 산책로를 따라 달리고 있습니다. 유정이는 2분에 294 m를 가는 빠르기로 달리고, 다희는 3분에 457 m를 가는 빠르기로 달립니다. 두 사람이 같은 곳에서 동시에 출발하여 서로 반대 방향으로 6분 동안 달렸다면 두 사람 사이의 거리 중 더 짧은 거리는 몇 m입니까?

(   )

4 선아와 다솜이는 0부터 9까지의 수가 적힌 수 카드를 5장씩 나누어 가졌습니다. 선아가 가진 수 카드 중에서 4장을 뽑아 한 번씩만 사용하여 만들 수 있는 네 자리 수 중에서 가장 큰 수는 9852이고, 가장 작은 수는 2058입니다. 두 사람이 각자 가지고 있는 수 카드 중에서 3장을 뽑아 한 번씩만 사용하여 두 번째로 작은 세 자리 수를 만들었을 때, 만든 두 수의 합은 얼마입니까?

( )

5 가, 나, 다 세 모둠이 게임을 하고 있습니다. 게임에서 이긴 모둠은 가지고 있던 점수만큼 진 모둠의 점수를 각각 가져 오기로 했습니다. 첫 번째 게임은 가 모둠이 이겼고, 두 번째 게임은 다 모둠이 이겼습니다. 두 번째 게임까지 끝났을 때, 세 모둠의 점수가 270점으로 같았다면 처음에 점수가 가장 높았던 모둠의 점수는 몇 점입니까?

( )

6 ☐ 안에 0부터 9까지의 수를 한 번씩만 사용하여 덧셈식을 만들고 있습니다. 남은 ☐ 안에 알맞은 수를 써넣으시오. (단, 계산 결과는 네 자리 수입니다.)

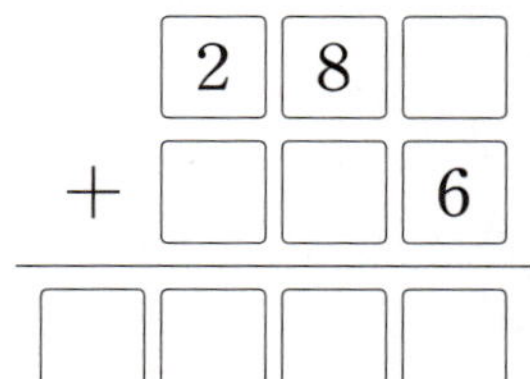

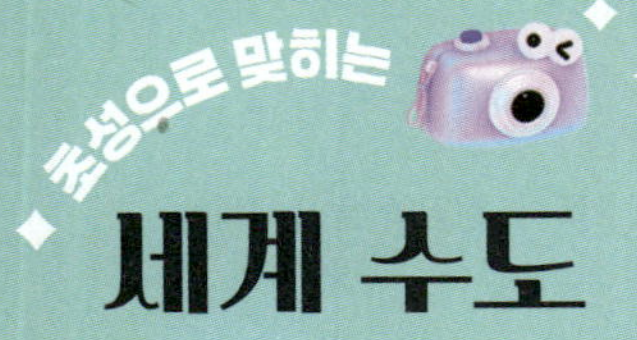

자연과 문화가 조화를 이루는
프랑스의 수도

빠른 정답 2쪽 | 정답 15쪽

프랑스는 유럽의 서부에 위치한 아름다운 나라예요. 이곳은 다양한 풍경과 맛있는 음식으로 유명해요. 프랑스의 환경은 멋진 자연과 함께 예쁜 도시들이 조화를 이루고 있답니다. 사람들은 예술과 문화를 사랑하며, 다양한 축제와 행사도 열려요.

프랑스의 특징 중 하나는 독특한 건축물들이에요. 특히 에펠탑은 프랑스를 상징하는 유명한 랜드마크죠. 에펠탑은 철로 만들어진 큰 탑으로 높이가 무려 300 m나 된답니다. 많은 사람들이 이곳에 올라가서 경치를 감상하며 특별한 순간을 즐겨요. 에펠탑의 야경은 정말 환상적이어서 밤에 불빛으로 가득 차면 더욱 아름답죠. 이렇게 프랑스는 자연과 문화가 조화를 이루며 사람들에게 잊지 못할 경험을 선사하는 특별한 나라랍니다.

프랑스

- **언어:** 프랑스어
- **땅 넓이:** 54만 9080 km^2
- **화폐 단위:** 유로(EUR, €)
- **인구:** 6627만 7000명(세계 22위)

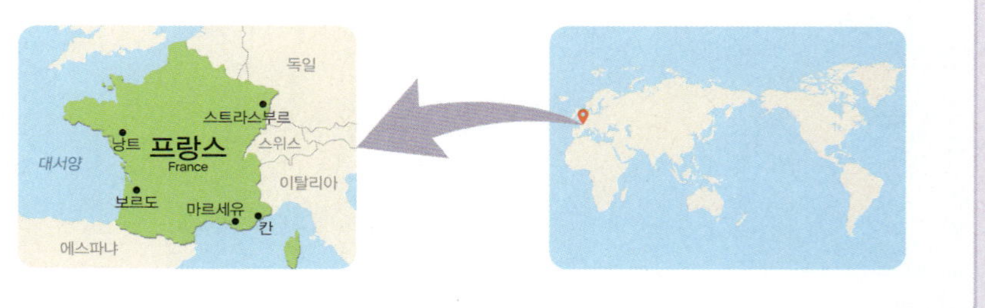

2 평면도형

1 점을 이용하여 선분 ㄴㄷ, 반직선 ㄹㅂ, 직선 ㅁㄱ을 그어 보시오.

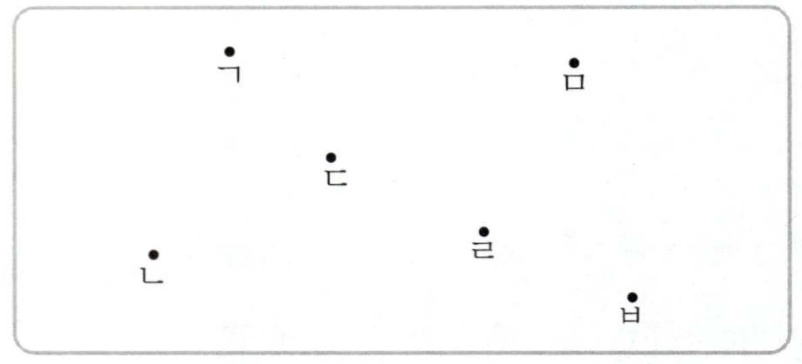

2 직사각형과 정사각형을 각각 모두 찾아 써 보시오.

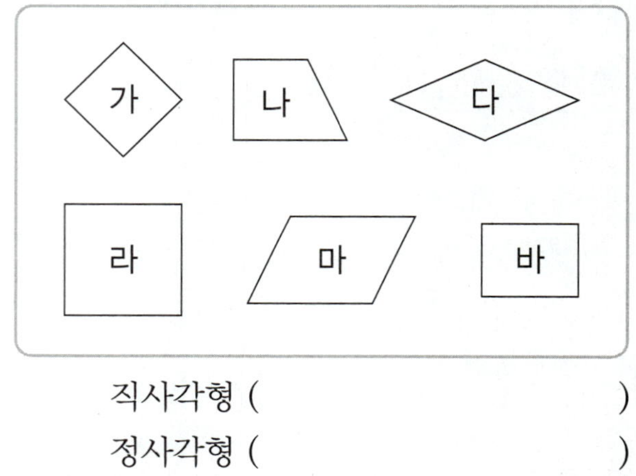

직사각형 (   )

정사각형 (   )

3 도형은 직사각형입니다. ☐ 안에 알맞은 수를 써넣으시오.

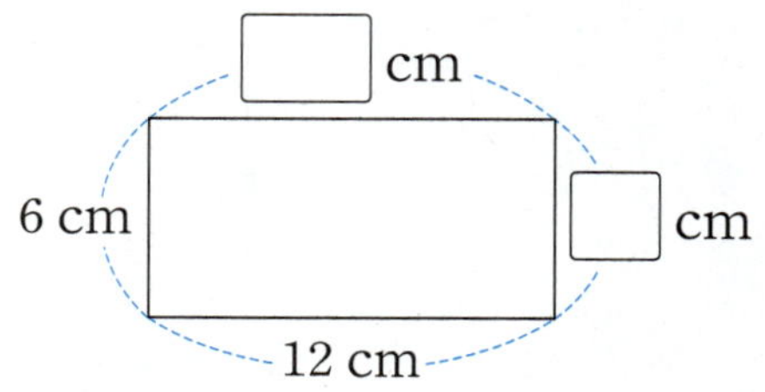

4 도형에 대한 설명이 잘못된 것은 어느 것입니까? (   )

① 직각삼각형은 한 각이 직각입니다.

② 직사각형은 마주 보는 변의 길이가 같습니다.

③ 정사각형은 네 변의 길이가 모두 같습니다.

④ 직사각형은 모두 정사각형입니다.

⑤ 정사각형은 모두 직사각형입니다.

5 도형에서 찾을 수 있는 직각은 모두 몇 개입니까?

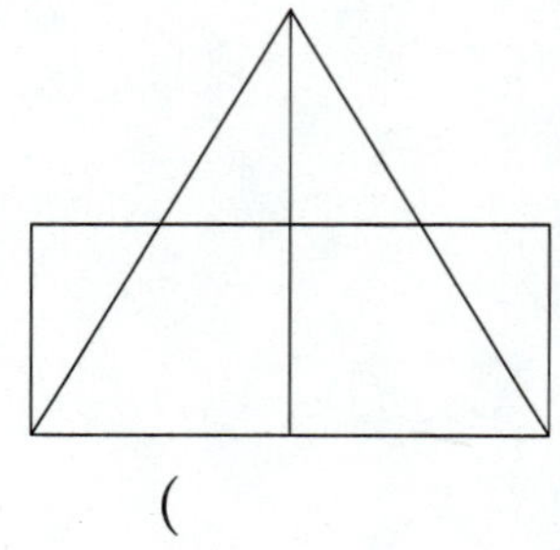

(   )

6 한 변이 40 m인 정사각형 모양의 공원이 있습니다. 태호가 이 공원의 네 변을 따라 한 바퀴를 뛰었다면 태호가 뛴 거리는 몇 m입니까?

(   )

7 시계의 긴바늘과 짧은바늘이 이루는 작은 쪽의 각이 직각인 것을 모두 찾아 기호를 써 보시오.

> ㉠ 3시　㉡ 4시　㉢ 7시　㉣ 9시

(　　　　　　)

8 도형의 이름이 될 수 있는 것을 모두 찾아 기호를 써 보시오.

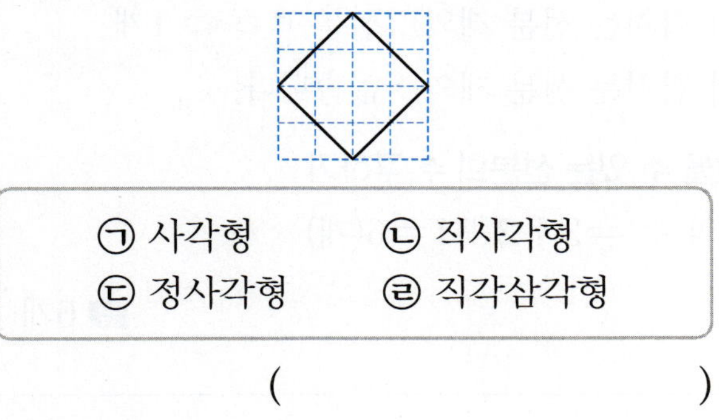

> ㉠ 사각형　　　㉡ 직사각형
> ㉢ 정사각형　　㉣ 직각삼각형

(　　　　　　)

9 5개의 점 중에서 3개의 점을 이용하여 각을 그릴 때, 점 ㄹ을 각의 꼭짓점으로 하는 각은 모두 몇 개입니까?

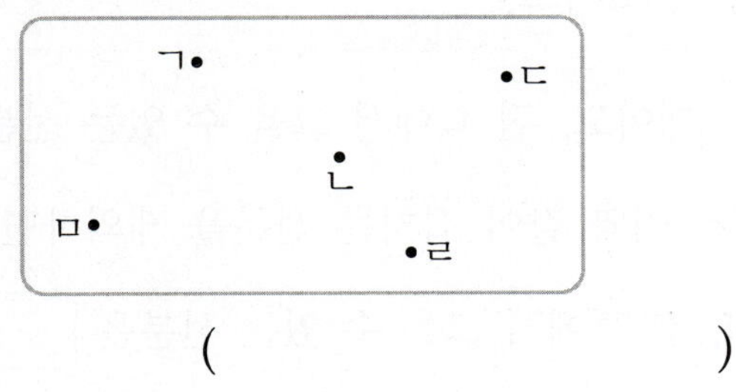

(　　　　　　)

10 도형에서 찾을 수 있는 크고 작은 각은 모두 몇 개입니까?

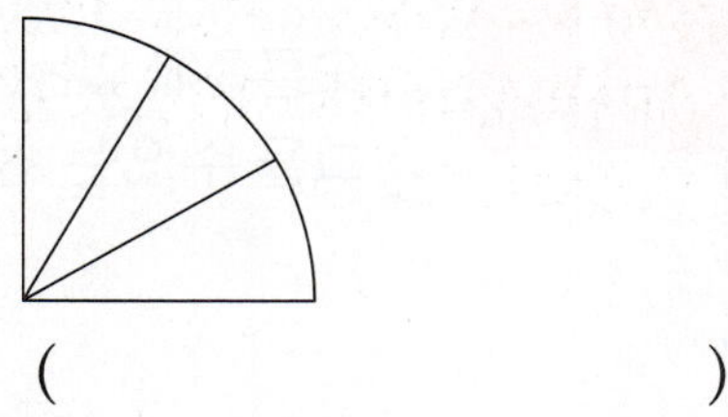

(　　　　　　)

11 직사각형의 네 변의 길이의 합은 28 cm입니다. ▢ 안에 알맞은 수를 구해 보시오.

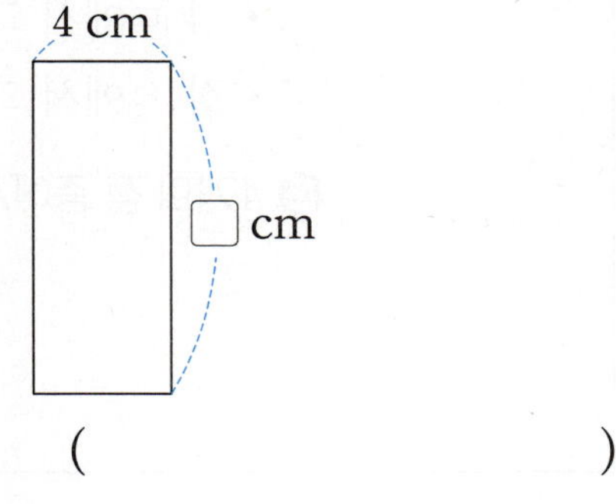

(　　　　　　)

12 도형에서 찾을 수 있는 크고 작은 직각삼각형은 모두 몇 개입니까?

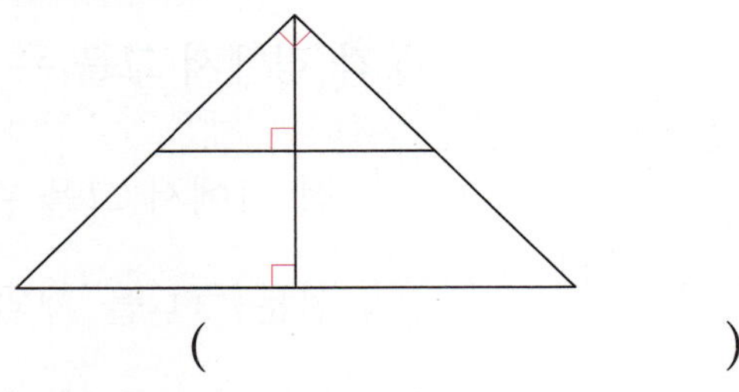

(　　　　　　)

예제 1 그을 수 있는 선분, 직선, 반직선의 수

오른쪽에 있는 4개의 점 중에서 2개의 점을 이용하여
그을 수 있는 선분은 모두 몇 개입니까?

풀이

❶ 각 점에서 그을 수 있는 선분의 수 구하기

- 점 ㄱ에서 그을 수 있는 선분:
  선분 ㄱㄴ, 선분 ㄱㄷ, 선분 ㄱㄹ ⇨ 3개
- 점 ㄴ에서 그을 수 있는 선분(위에서 겹치는 선분 제외):
  선분 ㄴㄷ, 선분 ㄴㄹ ⇨ 2개
- 점 ㄷ에서 그을 수 있는 선분(위에서 겹치는 선분 제외): 선분 ㄷㄹ ⇨ 1개
- 점 ㄹ에서 그을 수 있는 선분(위에서 겹치는 선분 제외): 없습니다.

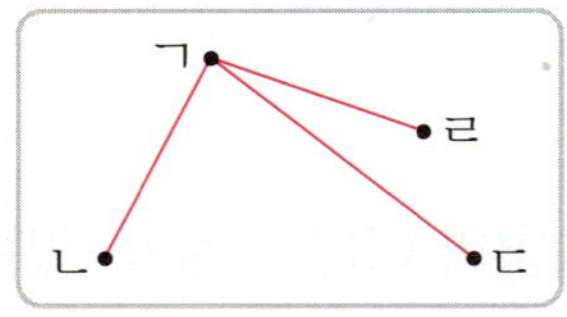

❷ 4개의 점 중에서 2개의 점을 이용하여 그을 수 있는 선분의 수 구하기

$$(그을 수 있는 선분의 수)=3+2+1=6(개)$$

답 6개

| 단 계 형 |

확인 1

오른쪽에 있는 5개의 점 중에서 2개의 점을 이용하여
그을 수 있는 선분은 모두 몇 개입니까?

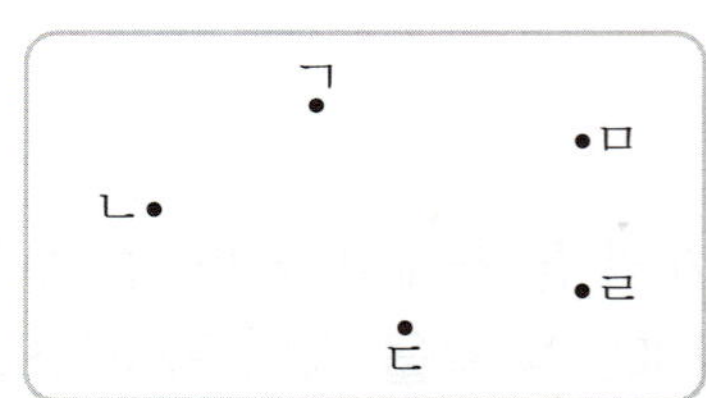

(1) 각 점에서 그을 수 있는 선분의 수를 써 보시오.

> 점 ㄱ에서 그을 수 있는 선분은 ☐개이고, 점 ㄴ에서 그을 수 있는 선분은
> 선분 ㄱㄴ을 제외하면 ☐개입니다. 이와 같이 겹치는 선분을 제외하면 점
> ㄷ에서 그을 수 있는 선분은 ☐개, 점 ㄹ에서 그을 수 있는 선분은 ☐개,
> 점 ㅁ에서 그을 수 있는 선분은 없습니다.

(2) 그을 수 있는 선분은 모두 몇 개입니까? (   )

| 조건 변형 |

확인 2　6개의 점 중에서 2개의 점을 이용하여 그을 수 있는 직선은 모두 몇 개입니까?

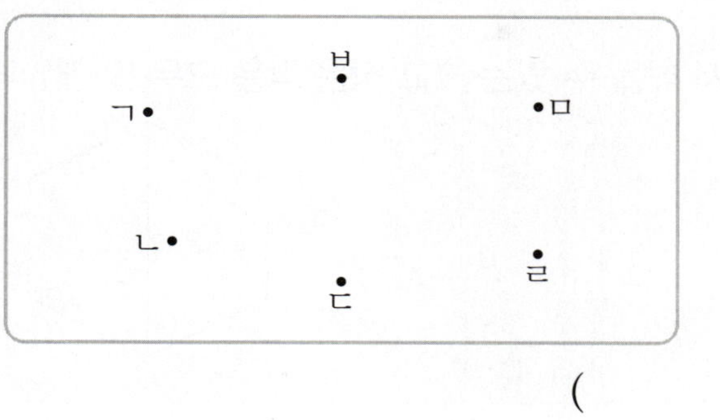

(　　　　　　　　)

| 조건 변형 |

확인 3　4개의 점 중에서 2개의 점을 이용하여 그을 수 있는 반직선은 모두 몇 개입니까?

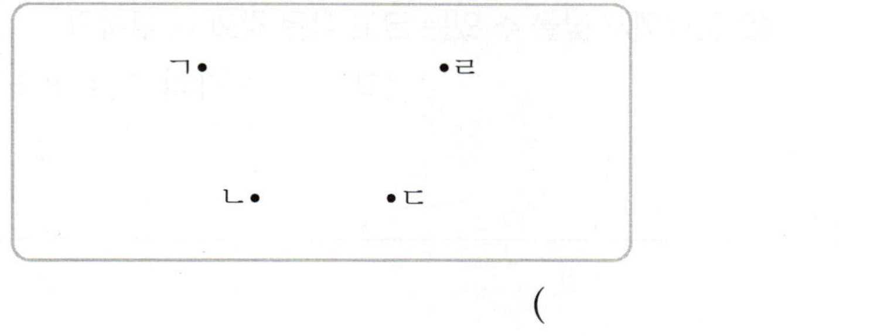

(　　　　　　　　)

| 조건 추가 |

확인 4　5개의 점 중에서 2개의 점을 이용하여 그을 수 있는 직선과 반직선의 수의 차는 몇 개입니까?

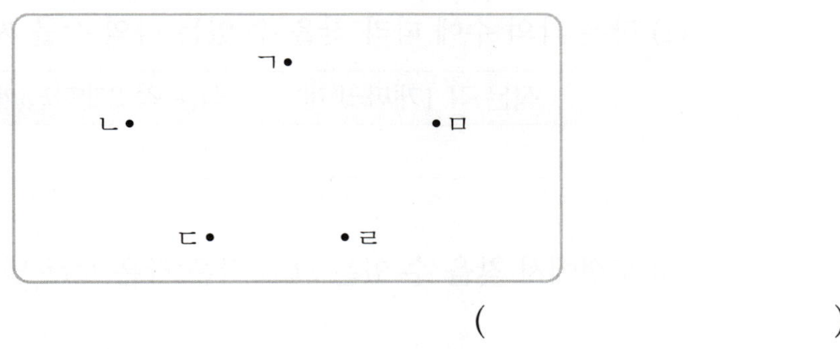

(　　　　　　　　)

예제 2 크고 작은 각의 수

도형에서 찾을 수 있는 크고 작은 각은 모두 몇 개입니까?

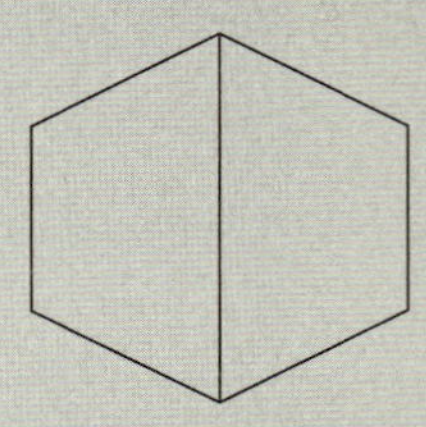

풀이

❶ 작은 각 1개짜리 각의 수 구하기

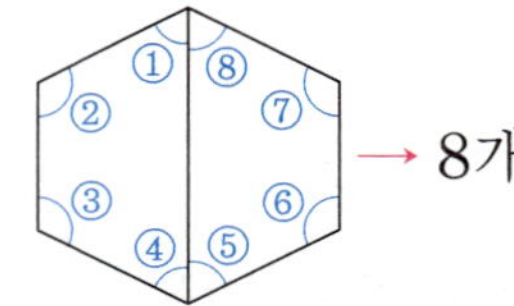

→ 8개

❷ 작은 각 2개짜리 각의 수 구하기

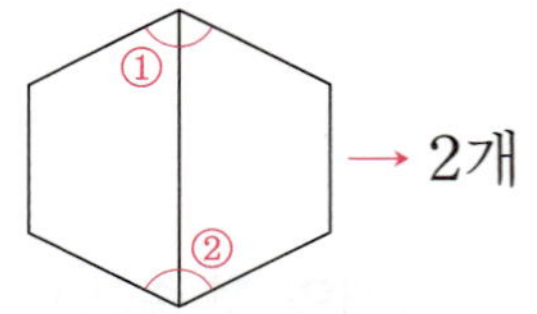

→ 2개

❸ 도형에서 찾을 수 있는 크고 작은 각의 수 구하기

(크고 작은 각의 수)$=8+2=10$(개)

답 10개

| 단계형 |

확인 5 도형에서 찾을 수 있는 크고 작은 각은 모두 몇 개입니까?

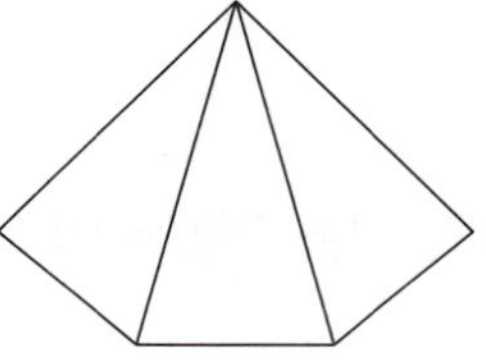

(1) 작은 각의 수에 따라 찾을 수 있는 각의 수를 써 보시오.

작은 각 1개짜리(개)	작은 각 2개짜리(개)	작은 각 3개짜리(개)

(2) 도형에서 찾을 수 있는 크고 작은 각은 모두 몇 개입니까?

( )

| 조건 변형 |

확인 6 도형에서 찾을 수 있는 크고 작은 각은 모두 몇 개입니까?

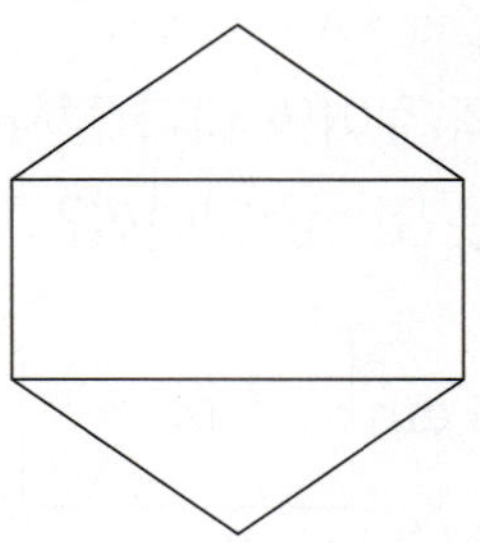

( )

| 조건 변형 |

확인 7 도형에서 찾을 수 있는 크고 작은 각의 수와 직각 수의 차는 몇 개입니까?

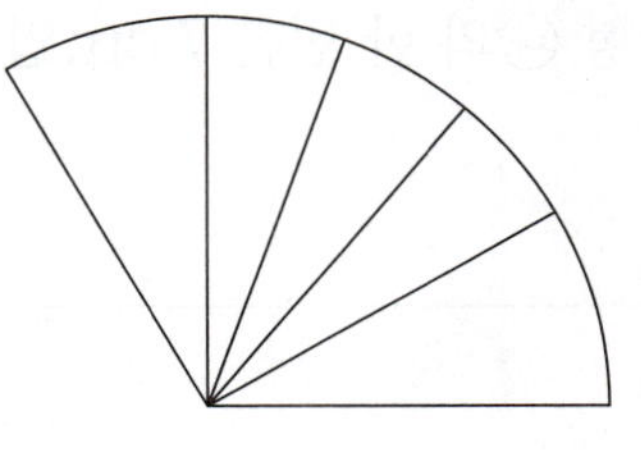

( )

| 조건 추가 |

확인 8 두 도형에서 찾을 수 있는 크고 작은 각의 수의 차는 몇 개입니까?

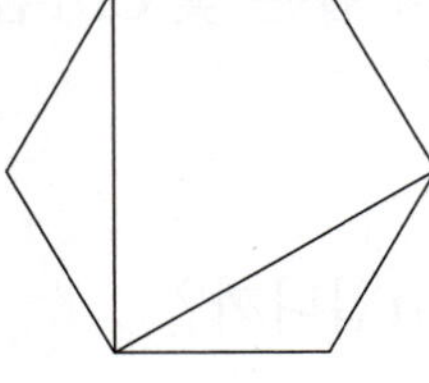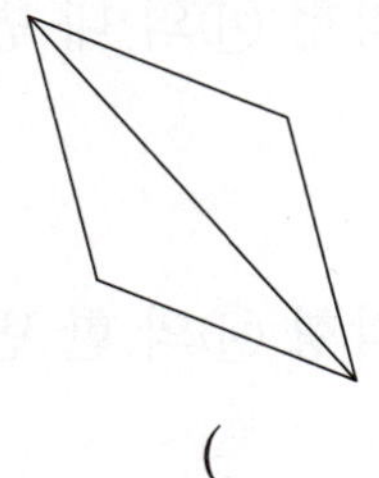

( )

| 예제 **3** | **직사각형 또는 정사각형의 한 변의 길이** |

직사각형 ㉮의 네 변의 길이의 합과 정사각형 ㉯의 네 변의 길이의 합은 같습니다.
정사각형 ㉯의 한 변은 몇 cm입니까?

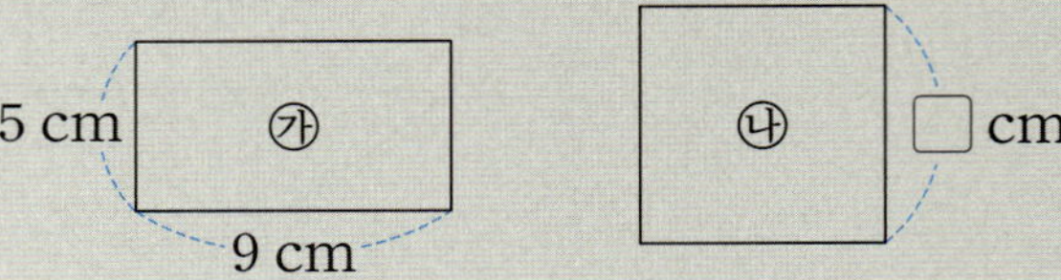

풀이

❶ 직사각형 ㉮의 네 변의 길이의 합 구하기

직사각형은 마주 보는 변의 길이가 같습니다.

(직사각형 ㉮의 네 변의 길이의 합)$=9+5+9+5=28$(cm)

❷ 정사각형 ㉯의 한 변의 길이 구하기

$\square+\square+\square+\square=28$, $7+7+7+7=28$에서 $\square=7$입니다.

따라서 정사각형 ㉯의 한 변은 7 cm입니다.

답 7 cm

| 단계형 |
확인 9

직사각형 ㉮의 네 변의 길이의 합과 정사각형 ㉯의 네 변의 길이의 합은 같습니다.
정사각형 ㉯의 한 변은 몇 cm입니까?

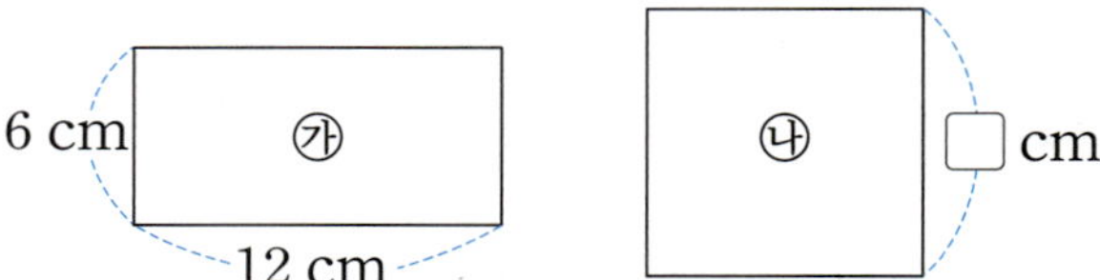

(1) 직사각형 ㉮의 네 변의 길이의 합은 몇 cm입니까?

(   )

(2) 정사각형 ㉯의 한 변은 몇 cm입니까?

(   )

| 소재 변형 |

확인 10 가로가 13 m, 세로가 7 m인 직사각형 모양의 밭 ㉮와 네 변의 길이의 합이 같은 정사각형 모양의 밭 ㉯가 있습니다. 밭 ㉯의 한 변은 몇 m입니까?

( )

| 조건 변형 |

확인 11 직사각형 ㉮의 네 변의 길이의 합과 정사각형 ㉯의 네 변의 길이의 합은 같습니다. 직사각형 ㉮의 가로는 몇 cm입니까?

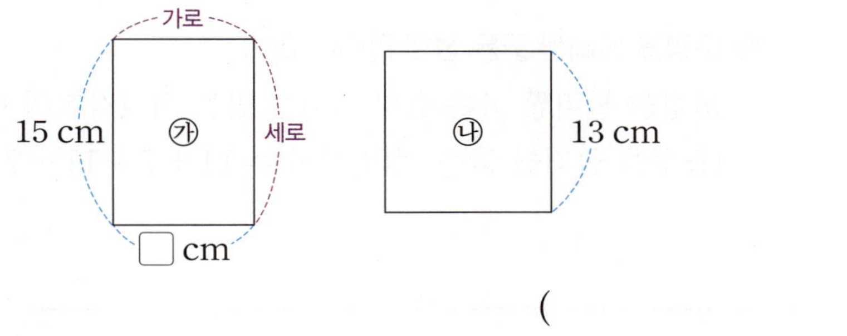

( )

| 조건 추가 |

확인 12 철사를 사용하여 가로가 30 cm, 세로가 14 cm인 직사각형 모양 1개를 만들었습니다. 이 철사를 다시 펴서 2도막으로 똑같이 나누어 그중 한 도막을 남김없이 모두 사용하여 정사각형 모양 1개를 만들려고 합니다. 정사각형의 한 변은 몇 cm가 됩니까?

( )

<table>
<tr><td>**예제
4**</td><td>**도형을 둘러싼 굵은 선의 길이**</td></tr>
</table>

오른쪽은 정사각형 2개를 겹치지 않게 이어 붙여 만든 도형입니다. 도형을 둘러싼 굵은 선의 길이는 몇 cm입니까?

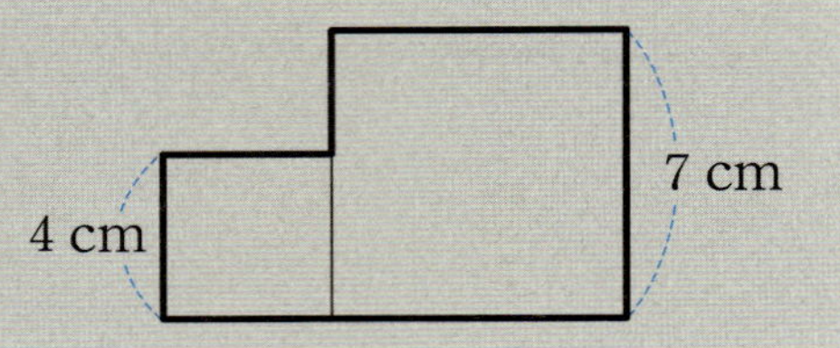

풀이

❶ 그림과 같이 굵은 선을 옮겨 만든 직사각형 ㄱㄴㄷㄹ의 가로와 세로를 각각 구하기

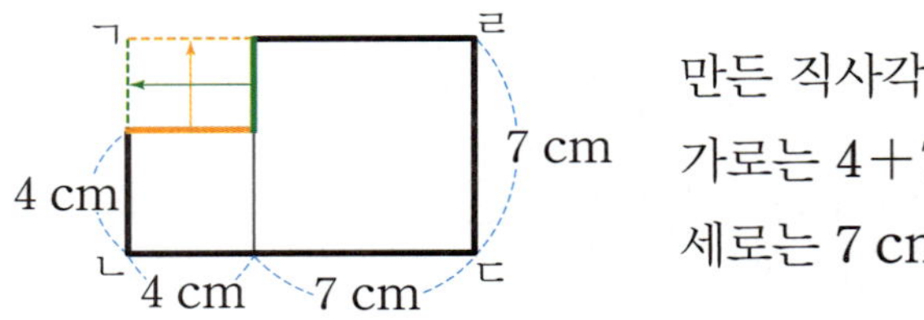

만든 직사각형의
가로는 $4+7=11$(cm),
세로는 7 cm입니다.

❷ 도형을 둘러싼 굵은 선의 길이 구하기

도형을 둘러싼 굵은 선의 길이는 만든 직사각형의 네 변의 길이의 합과 같습니다.
(도형을 둘러싼 굵은 선의 길이)$=11+7+11+7=36$(cm)

답 36 cm

| 단 계 형 |
확인 13

오른쪽은 정사각형 2개를 겹치지 않게 이어 붙여 만든 도형입니다. 도형을 둘러싼 굵은 선의 길이는 몇 cm입니까?

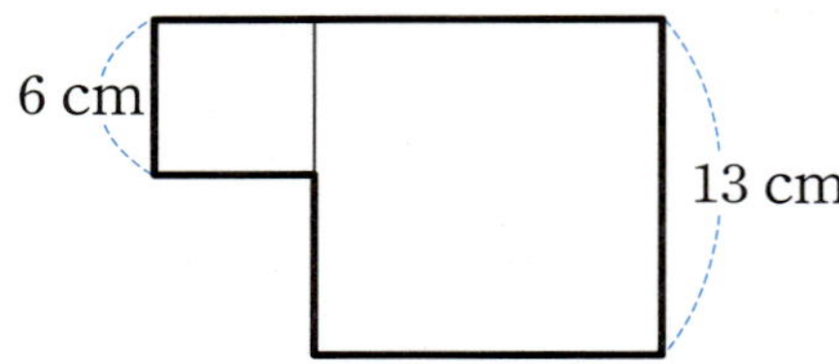

(1) 그림과 같이 굵은 선을 옮겨 직사각형을 만들었을 때, 만든 직사각형의 가로와 세로는 각각 몇 cm입니까?

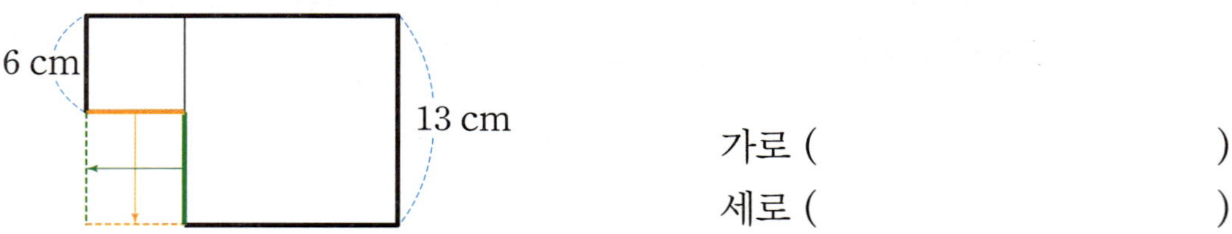

가로 (   )

세로 (   )

(2) 도형을 둘러싼 굵은 선의 길이는 몇 cm입니까?

(   )

| 조건 변형 |

확인 14 모양과 크기가 같은 직사각형 2개를 겹치지 않게 이어 붙여 만든 도형입니다. 도형을 둘러싼 굵은 선의 길이는 몇 cm입니까?

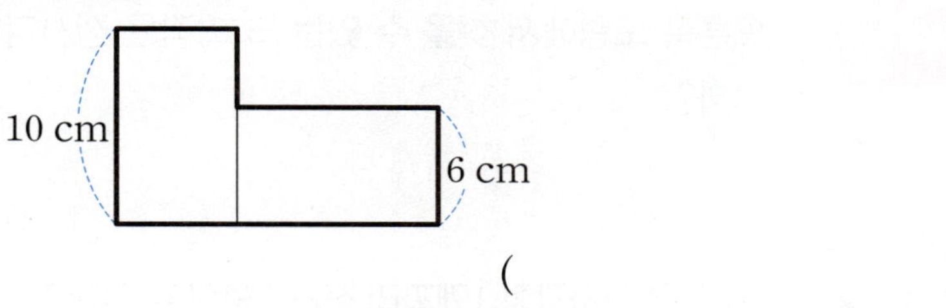

(   )

| 조건 변형 |

확인 15 한 변이 4 cm인 정사각형 11개를 겹치지 않게 이어 붙여 만든 도형입니다. 도형을 둘러싼 굵은 선의 길이는 몇 cm입니까?

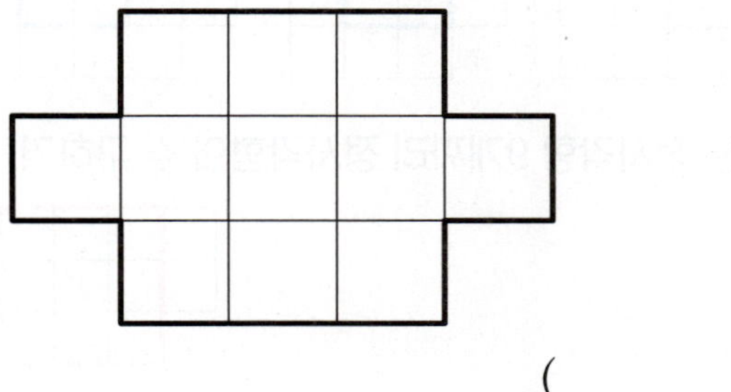

(   )

| 조건 추가 |

확인 16 네 변의 길이의 합이 24 cm인 정사각형 10개를 겹치지 않게 이어 붙여 만든 도형입니다. 도형을 둘러싼 굵은 선의 길이는 몇 cm입니까?

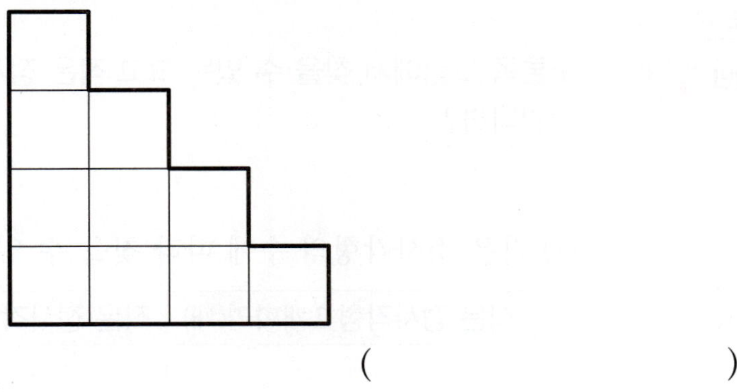

(   )

| 예제 5 | 크고 작은 도형의 수 |

오른쪽 도형에서 찾을 수 있는 크고 작은 정사각형은 모두 몇 개입니까?

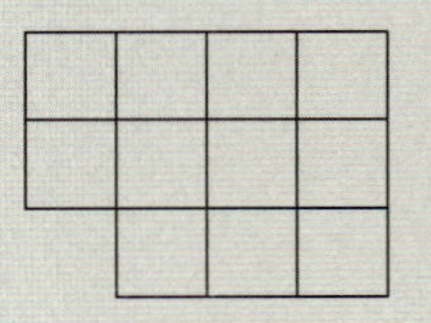

풀이

❶ 작은 정사각형 1개짜리 정사각형의 수 구하기

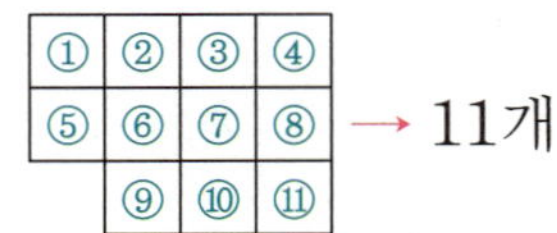

→ 11개

❷ 작은 정사각형 4개짜리 정사각형의 수 구하기

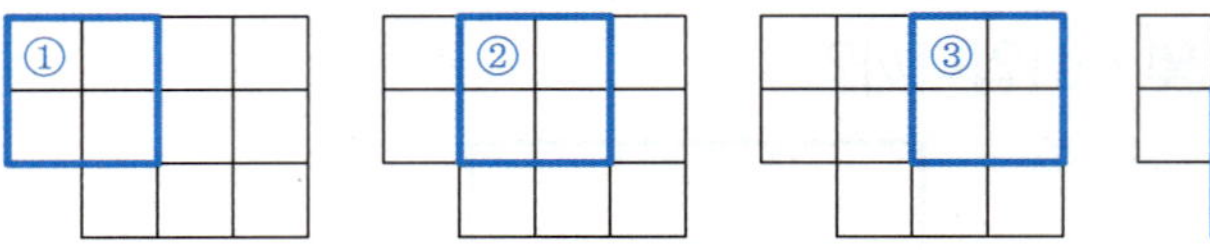

→ 5개

❸ 작은 정사각형 9개짜리 정사각형의 수 구하기

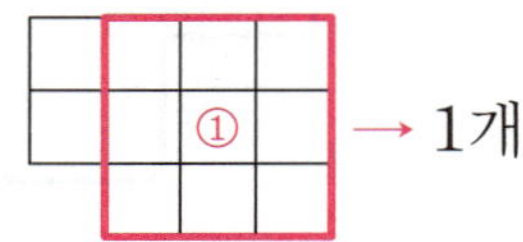

→ 1개

❹ 도형에서 찾을 수 있는 크고 작은 정사각형의 수 구하기

(크고 작은 정사각형의 수)＝11＋5＋1＝17(개)

답 17개

| 단계형 |

확인 17

오른쪽 도형에서 찾을 수 있는 크고 작은 정사각형은 모두 몇 개입니까?

(1) 작은 정사각형의 수에 따라 찾을 수 있는 정사각형의 수를 써 보시오.

작은 정사각형 1개짜리(개)	작은 정사각형 4개짜리(개)	작은 정사각형 9개짜리(개)

(2) 도형에서 찾을 수 있는 크고 작은 정사각형은 모두 몇 개입니까?

( )

| 조건 변형 |

확인 18 도형에서 찾을 수 있는 크고 작은 직사각형은 모두 몇 개입니까?

(   )

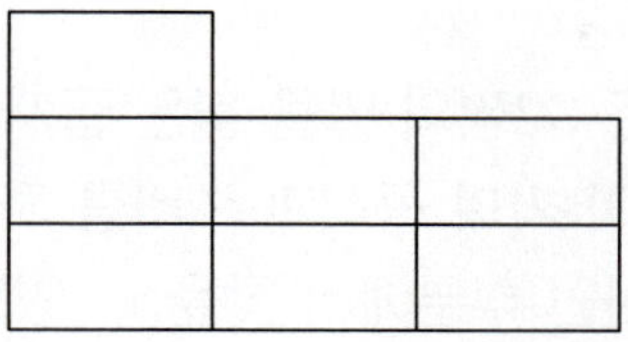

| 조건 변형 |

확인 19 도형에서 찾을 수 있는 크고 작은 직각삼각형은 모두 몇 개입니까?

(   )

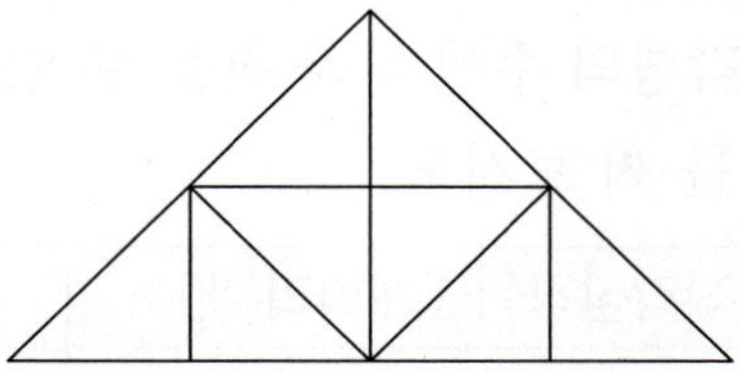

| 조건 추가 |

확인 20 도형에서 찾을 수 있는 크고 작은 직사각형은 모두 몇 개입니까?

(   )

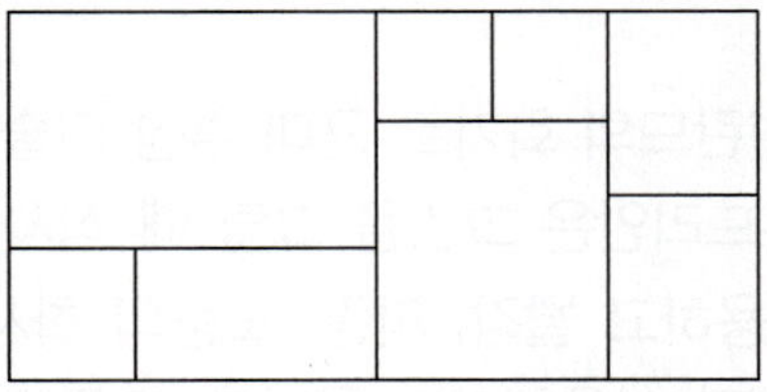

예제 6

색칠한 칸을 포함하는 크고 작은 도형의 수

장기는 나무로 만든 32짝의 말을 붉은 글자와 푸른 글자 두 종류로 나누어 판 위에 벌여 놓고 서로 번갈아 가며 공격과 수비를 하여 승부를 겨루는 놀이입니다. 장기판의 빨간색 선으로 둘러싸인 부분에서 찾을 수 있는 크고 작은 직각삼각형 중 초록색 직각삼각형을 포함하는 직각삼각형은 모두 몇 개입니까?

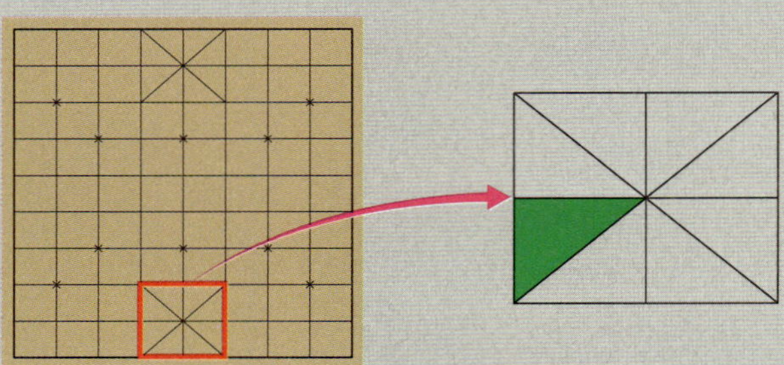

(1) 작은 직각삼각형의 수에 따라 찾을 수 있는 초록색 직각삼각형을 포함하는 직각삼각형의 수를 써 보시오.

작은 직각삼각형 1개짜리(개)	작은 직각삼각형 4개짜리(개)

(2) 도형에서 찾을 수 있는 초록색 직각삼각형을 포함하는 크고 작은 직각삼각형은 모두 몇 개입니까?

(   )

확인 21

몬드리안은 네덜란드의 화가로 근대 추상 미술의 선구자라고 불립니다. 몬드리안은 그림을 그릴 때 직사각형과 정사각형 모양을 활용하고 빨강, 파랑, 노랑의 화사한 색과 흰색, 검은색, 회색만 사용했다고 합니다. 오른쪽은 몬드리안의 작품 「빨강, 파랑, 노랑의 구성」을 보고 민주가 그린 그림입니다. 오른쪽 그림에서 찾을 수 있는 크고 작은 직사각형 중 파란색 직사각형을 포함하는 직사각형은 모두 몇 개입니까?

(   )

창의 융합형 · 예제 7 그릴 수 있는 각의 수

남십자자리는 남극 가까이에 있는 십자형의 별자리로 켄타우루스자리의 남쪽에 있습니다. 남십자자리 4개의 별을 반직선으로 이어서 그릴 수 있는 각은 모두 몇 개입니까?

▲ 남십자자리

(1) 점 ㄱ, 점 ㄴ, 점 ㄷ, 점 ㄹ을 각의 꼭짓점으로 하는 각을 모두 찾아 써 보시오.

각의 꼭짓점	점 ㄱ	점 ㄴ	점 ㄷ	점 ㄹ
각				

(2) 4개의 별을 반직선으로 이어서 그릴 수 있는 각은 모두 몇 개입니까?

(   )

확인 22

바둑은 두 사람이 검은 돌과 흰 돌을 나누어 가지고 바둑판 위에 번갈아 하나씩 두어 가며 승부를 겨루는 놀이로 서로 에워싼 집(戶)을 많이 차지하면 이깁니다. 바둑판 위 ㄱ~ㅁ의 5개의 바둑돌을 반직선으로 이어서 그릴 수 있는 각은 모두 몇 개입니까?

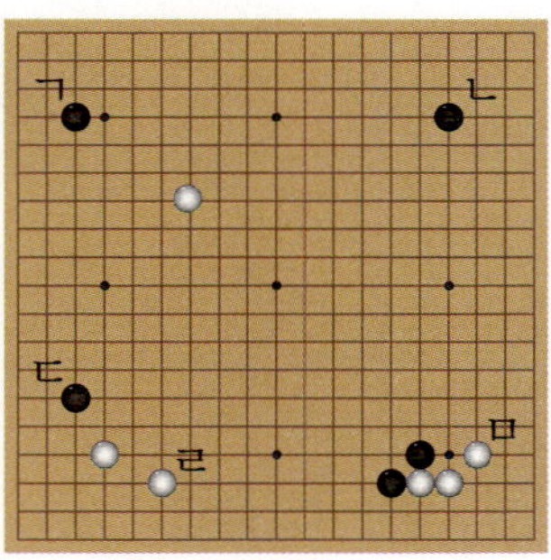

(   )

1 직선 가 위의 한 점과 직선 나 위의 한 점을 이용하여 그을 수 있는 반직선은 모두 몇 개입니까?

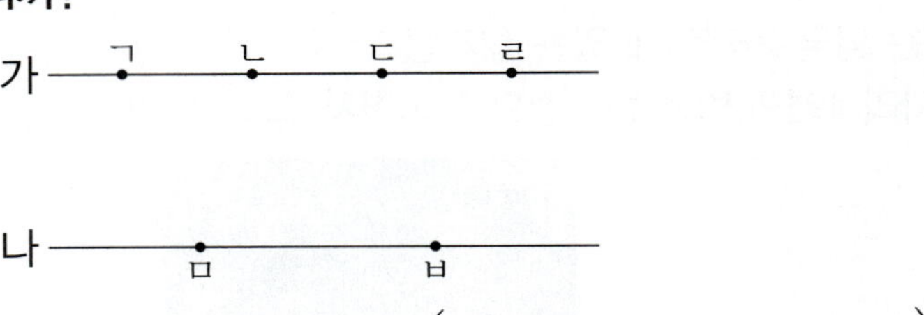

( )

반직선 ㄱㅁ과 반직선 ㅁㄱ은 시작점이 다르므로 서로 다른 반직선입니다.

2 오른쪽 그림과 같이 일정한 간격으로 점이 9개 있습니다. 이 중에서 점 3개를 꼭짓점으로 하는 직각삼각형을 만들려고 합니다. 만들 수 있는 서로 다른 모양의 직각삼각형은 모두 몇 가지입니까?

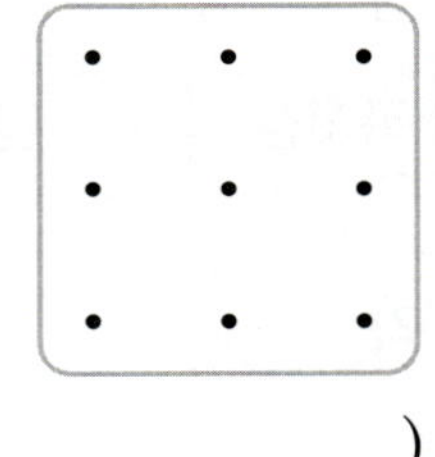

( )

변의 길이에 관계없이 한 각이 직각이 되게 서로 다른 모양의 삼각형을 만들어 봅니다.

3 도형에서 찾을 수 있는 크고 작은 각은 모두 몇 개입니까?

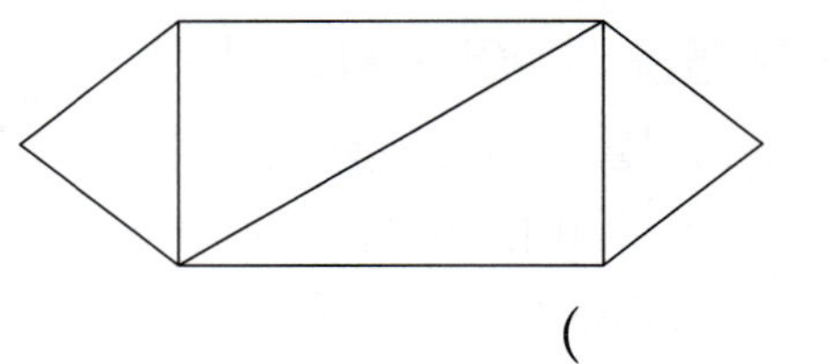

( )

4 오른쪽과 같은 직사각형 모양의 종이를 잘라 한 변이 6 cm인 정사각형을 여러 개 만들려고 합니다. 정사각형은 몇 개까지 만들 수 있습니까?

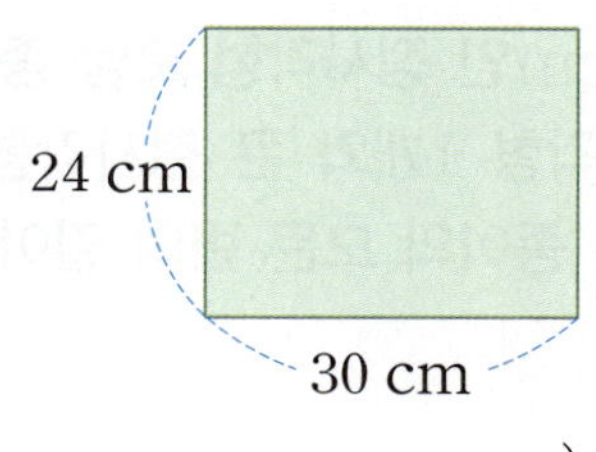

(   )

서술형

5 오른쪽은 직각삼각형의 세 변을 한 변으로 하는 정사각형 3개를 겹치지 않게 이어 붙여 만든 도형입니다. 직각삼각형의 세 변의 길이의 합이 12 cm일 때, 도형을 둘러싼 굵은 선의 길이는 몇 cm인지 풀이 과정을 쓰고 답을 구해 보시오.

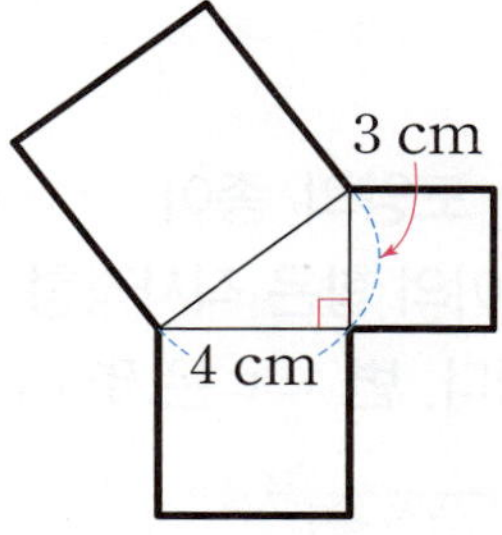

풀이 ____

____

____

답 ____

신유형

6 보기 와 같은 방법으로 직각의 수를 이용하여 세 자리 수를 나타내려고 합니다. 다음은 어떤 수를 나타낸 것인지 써 보시오.

> 각 자리에 있는 도형의 직각의 수가 그 자리의 숫자를 나타냅니다.

보기

백의 자리	십의 자리	일의 자리

⇨ 213

백의 자리	십의 자리	일의 자리

(   )

7 오른쪽은 한 변이 20 cm인 정사각형 모양 종이의 두 꼭짓점에서 작은 정사각형 1개와 큰 정사각형 1개를 잘라낸 것입니다. 남은 종이의 모든 변의 길이의 합은 몇 cm입니까?

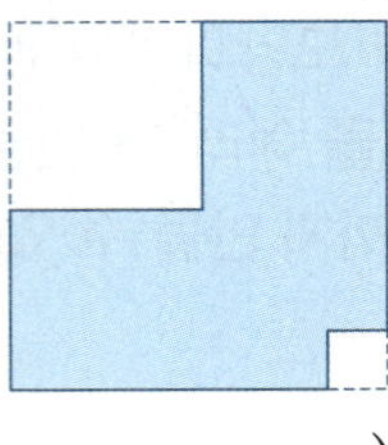

(   )

8 그림과 같이 직사각형 모양의 종이 ㄱㄴㄷㄹ을 접었습니다. 정사각형 ㄱㄴㅂㅁ의 네 변의 길이의 합은 직사각형 ㄱㄴㄷㄹ의 네 변의 길이의 합보다 10 cm 더 짧습니다. 변 ㄴㄷ은 몇 cm입니까?

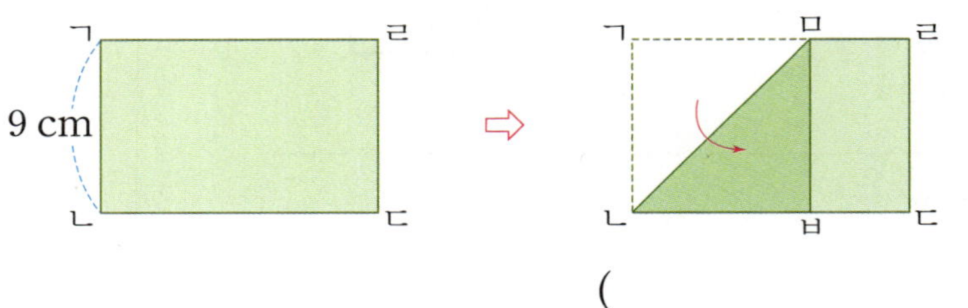

(   )

서술형

9 그림과 같이 가로가 10 cm, 세로가 4 cm인 직사각형 모양의 종이 5장을 2 cm씩 겹치도록 이어 붙여 직사각형을 만들었습니다. 만든 직사각형의 네 변의 길이의 합은 몇 cm인지 풀이 과정을 쓰고 답을 구해 보시오.

(만든 직사각형의 가로)
= (직사각형 모양의 종이 5장의 가로의 합)
－ (겹쳐진 부분의 길이의 합)

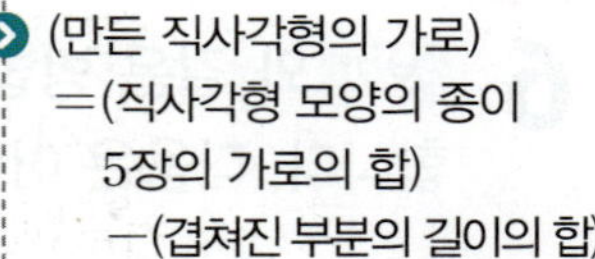

풀이 __________________________

____

____

답 ____________________

10 철사를 사용하여 한 변이 15 cm인 정사각형 모양 1개를 만들었습니다. 이 철사를 다시 펴서 남김없이 모두 사용하여 가로가 세로보다 10 cm 더 긴 직사각형 1개를 만들려고 합니다. 직사각형의 가로는 몇 cm가 됩니까?

( )

> 직사각형의 네 변의 길이의 합은 가로와 세로의 합의 2배입니다.

11 오른쪽은 크기가 같은 정사각형 12개를 겹치지 않게 이어 붙여 만든 도형입니다. 도형에서 찾을 수 있는 크고 작은 직사각형 중 색칠한 정사각형을 포함하는 직사각형은 모두 몇 개입니까?

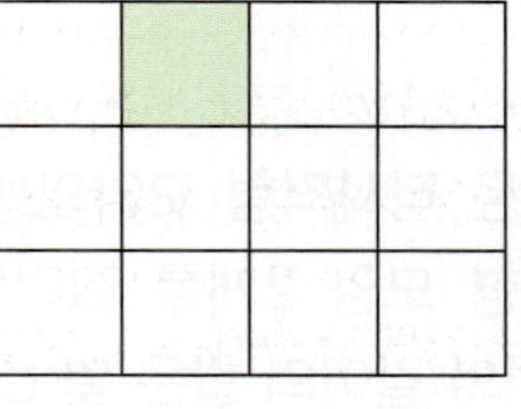

( )

12 오른쪽 시계의 시각부터 2시간 동안 긴바늘과 짧은바늘이 이루는 작은 쪽의 각이 직각인 시각은 모두 몇 번 있습니까?

( )

1 다음과 같은 규칙으로 직각삼각형을 그렸을 때, 다섯 번째 모양에서 찾을 수 있는 크고 작은 직각삼각형은 모두 몇 개입니까?

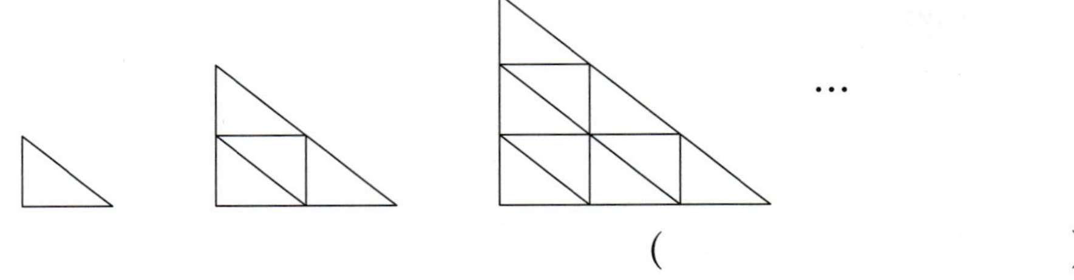

(   )

2 오른쪽은 직사각형 모양의 도화지에서 한 변이 7 cm인 정사각형 모양 2개를 잘라낸 것입니다. 남은 도화지의 모든 변의 길이의 합은 몇 cm입니까?

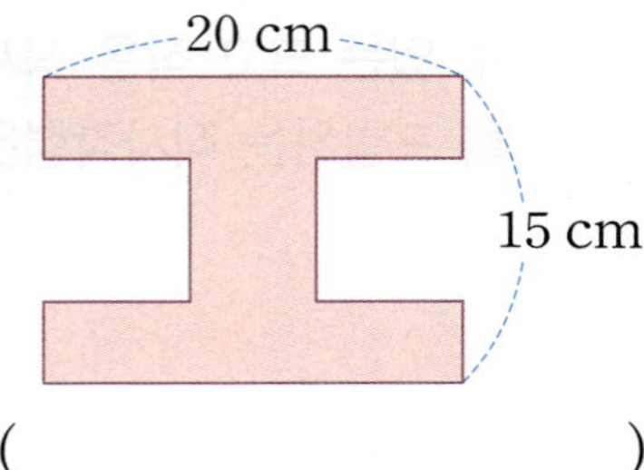

(   )

3 오른쪽 그림과 같이 가로가 27 cm, 세로가 21 cm인 직사각형의 네 변에 한 변이 3 cm인 정사각형을 겹치지 않게 이어 붙이려고 합니다. 필요한 정사각형은 모두 몇 개입니까?

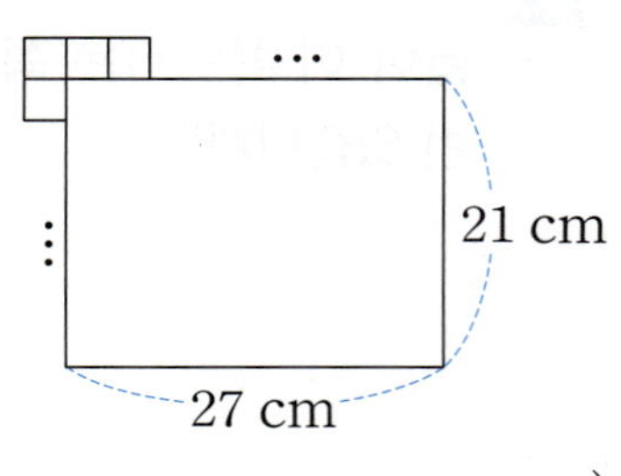

(   )

4 그림과 같이 정사각형 모양의 종이를 모양과 크기가 같은 두 개의 직사각형으로 잘랐습니다. 자른 직사각형 한 개의 네 변의 길이의 합이 24 cm일 때, 처음 정사각형의 네 변의 길이의 합은 몇 cm입니까?

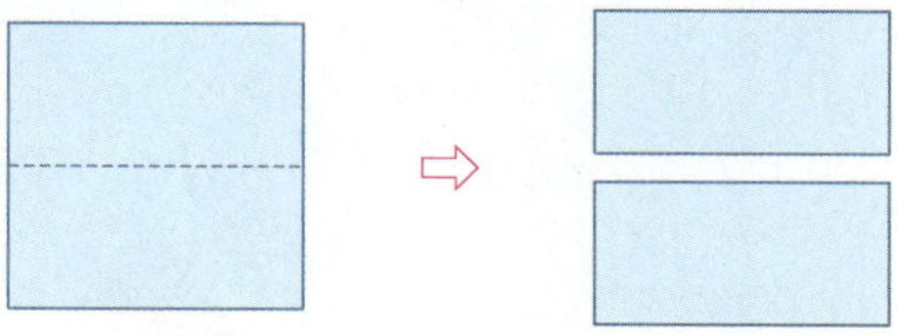

(   )

5 그림과 같이 네 변의 길이의 합이 20 cm인 직사각형 8개를 겹치지 않게 이어 붙였더니 네 변의 길이의 합이 64 cm인 큰 직사각형이 되었습니다. 가장 작은 직사각형 한 개의 짧은 변은 몇 cm입니까?

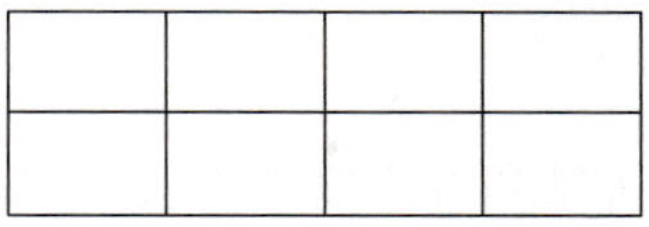

(   )

6 오른쪽 그림과 같이 일정한 간격으로 점이 24개 있습니다. 이 중에서 점 4개를 꼭짓점으로 하는 정사각형을 만들려고 합니다. 만들 수 있는 크고 작은 정사각형은 모두 몇 개입니까?
(단, 모양과 크기가 같아도 위치가 다르면 다른 것으로 봅니다.)

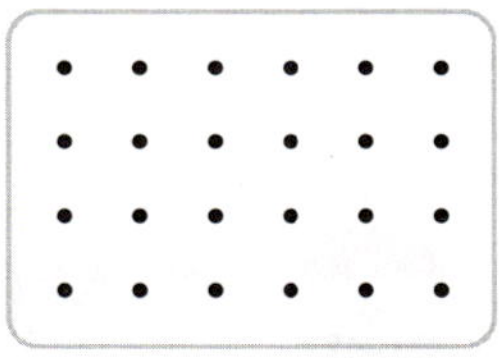

(   )

고대 문명의 보물
이집트의 수도

빠른 정답 3쪽 | 정답 22쪽

이집트는 아프리카의 북동쪽에 위치한 매력적인 나라예요. 이곳은 넓은 사막과 나일 강이 흐르는 아름다운 환경을 가지고 있답니다. 이집트의 문화는 아주 오래된 역사와 전통으로 가득 차 있어요. 고대 이집트 사람들은 훌륭한 건축과 예술을 남겼고, 지금도 많은 사람들이 그 유산을 배우고 있어요.

이집트의 가장 유명한 특징 중 하나는 바로 피라미드예요. 피라미드는 고대 이집트 왕들의 무덤으로, 아주 큰 돌로 만들어졌답니다. 이 거대한 구조물은 수천 년 전에 지어졌지만, 지금도 많은 사람들에게 감탄을 주고 있어요. 피라미드를 가까이에서 보면 그 규모와 아름다움에 놀라게 될 거예요. 이렇게 이집트는 역사와 문화가 어우러진 특별한 나라로, 많은 사람들이 방문하고 싶어 하는 곳이랍니다.

이집트

- **언어:** 아랍어
- **땅 넓이:** 100만 1450 km^2
- **화폐 단위:** 이집트 파운드(EGP, £E)
- **인구:** 1억 1653만 8000명(세계 13위)

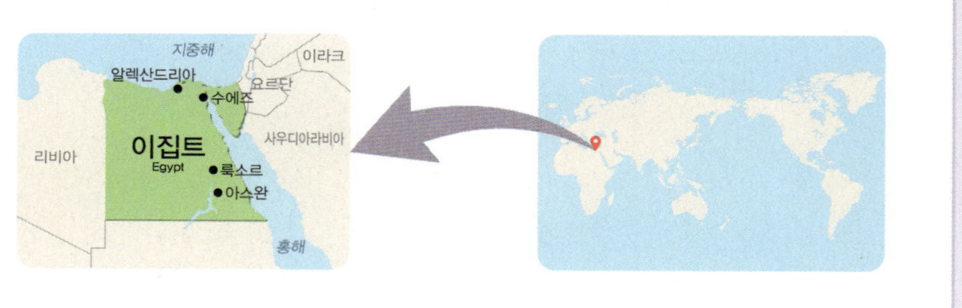

3 나눗셈

심화 문제_대표 예제

1 나눗셈식을 곱셈식으로 나타내 보시오.

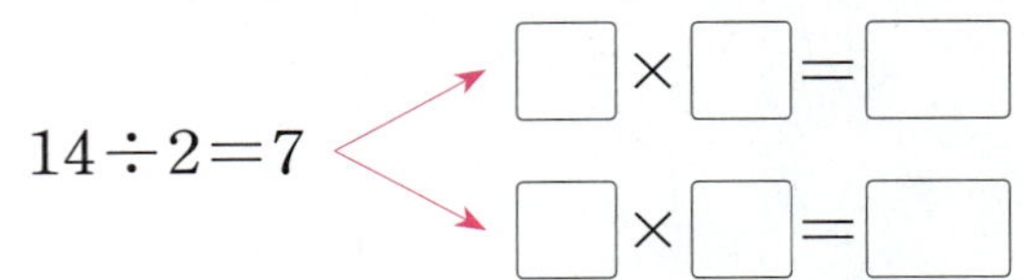

$14 \div 2 = 7$

$\square \times \square = \square$

$\square \times \square = \square$

2 딸기 36개를 한 명에게 9개씩 주려고 합니다. 몇 명에게 나누어 줄 수 있습니까?

나눗셈식 ________________________

곱셈식 ________________________

답 ________________________

3 1부터 9까지의 수 중에서 $\square$ 안에 들어갈 수 있는 수를 모두 구해 보시오.

$$\square < 30 \div 6$$

( )

4 수 카드 5장 중에서 3장을 뽑아 한 번씩만 사용하여 곱셈식을 만들고, 만든 곱셈식을 나눗셈식 2개로 나타내 보시오.

| 4 | 7 | 9 | 63 | 72 |

곱셈식 ________________________

나눗셈식 ____________ , ____________

5 남김없이 똑같이 나누어 가질 수 있는 경우를 찾아 기호를 써 보시오.

㉠ 색종이 21장을 4명이 나누어 가지기.
㉡ 연필 22자루를 5명이 나누어 가지기.
㉢ 지우개 24개를 6명이 나누어 가지기.
㉣ 볼펜 25자루를 7명이 나누어 가지기.

( )

6 나눗셈의 몫이 가장 큰 것은 어느 것입니까?

( )

① $12 \div 6$　② $12 \div 3$　③ $12 \div 12$
④ $12 \div 4$　⑤ $12 \div 1$

7 ㉠에 알맞은 수를 구해 보시오.

$$45 \div 5 = 27 \div ㉠$$

( )

8 민호가 농장에서 오전에 딴 귤 35개와 오후에 딴 귤 29개를 8봉지에 똑같이 나누어 담았습니다. 한 봉지에 귤을 몇 개씩 담았습니까?

( )

9 현주는 색종이 48장을 상자 6개에 똑같이 나누어 담았습니다. 그중 한 상자에 있는 색종이를 모두 꺼내어 친구 4명에게 똑같이 나누어 준다면, 친구 한 명은 색종이를 몇 장씩 받게 됩니까?

( )

10 세로가 4 cm이고 네 변의 길이의 합이 18 cm인 직사각형이 있습니다. 이 직사각형의 가로는 몇 cm입니까?

4 cm

( )

11 어떤 수를 9로 나누어야 할 것을 잘못하여 3으로 나누었더니 몫이 6이 되었습니다. 바르게 계산하면 얼마입니까?

( )

12 길이가 63 cm인 종이띠를 같은 길이로 6번 잘랐습니다. 자른 종이띠 한 도막의 길이는 몇 cm입니까?

( )

예제 1

두 수로 나눌 수 있는 수

다음 중 3과 4로 남김없이 똑같이 나눌 수 있는 수를 찾아 써 보시오.

> 8　　12　　16　　21

풀이

❶ 3으로 남김없이 똑같이 나눌 수 있는 수 찾기

3으로 남김없이 똑같이 나눌 수 있는 수는 3단 곱셈구구의 수이므로
$3 \times 4 = 12$, $3 \times 7 = 21$입니다.

❷ 4로 남김없이 똑같이 나눌 수 있는 수 찾기

4로 남김없이 똑같이 나눌 수 있는 수는 4단 곱셈구구의 수이므로
$4 \times 2 = 8$, $4 \times 3 = 12$, $4 \times 4 = 16$입니다.

❸ 3과 4로 남김없이 똑같이 나눌 수 있는 수 찾기

3과 4로 남김없이 똑같이 나눌 수 있는 수는 12입니다.

답 12

| 단 계 형 |

확인 1

다음 중 6과 8로 남김없이 똑같이 나눌 수 있는 수를 찾아 써 보시오.

> 12　　18　　24　　32

(1) 6으로 남김없이 똑같이 나눌 수 있는 수를 모두 찾아 써 보시오.

（　　　　　　　　）

(2) 8로 남김없이 똑같이 나눌 수 있는 수를 모두 찾아 써 보시오.

（　　　　　　　　）

(3) 6과 8로 남김없이 똑같이 나눌 수 있는 수를 찾아 써 보시오.

（　　　　　　　　）

| 소재 변형 |

확인 2 수 카드에 적힌 수 중에서 5와 7로 남김없이 똑같이 나눌 수 있는 수를 찾아 써 보시오.

14 25 35 42

(   )

| 조건 변형 |

확인 3 다음 중 6과 9로 남김없이 똑같이 나눌 수 있는 수는 모두 몇 개입니까?

18   27   30   54   63

(   )

| 조건 추가 |

확인 4 두 자리 수 3◻는 4와 8로 남김없이 똑같이 나누어집니다. ◻ 안에 알맞은 수를 구해 보시오.

(   )

예제 2 | 만들 수 있는 정사각형의 수

가로가 36 cm, 세로가 18 cm인 직사각형 모양의 종이가 있습니다. 이 종이를 잘라서 한 변이 9 cm인 정사각형을 몇 개까지 만들 수 있습니까?

풀이

❶ 종이의 가로를 9 cm로 나누었을 때, 몇 칸으로 나눌 수 있는지 구하기

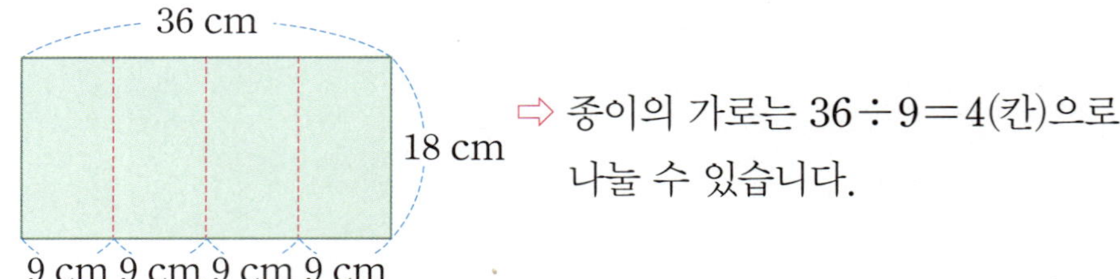

⇨ 종이의 가로는 $36 \div 9 = 4$(칸)으로 나눌 수 있습니다.

❷ 종이의 세로를 9 cm로 나누었을 때, 몇 칸으로 나눌 수 있는지 구하기

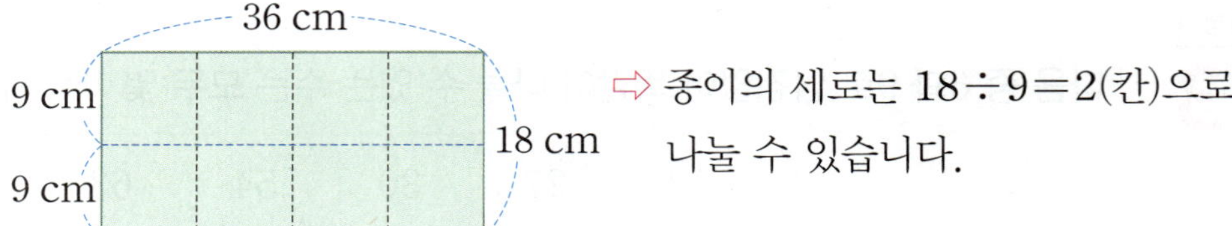

⇨ 종이의 세로는 $18 \div 9 = 2$(칸)으로 나눌 수 있습니다.

❸ 정사각형을 몇 개까지 만들 수 있는지 구하기

정사각형을 $4 \times 2 = 8$(개)까지 만들 수 있습니다.

답 8개

| 단계형 |
확인 5

가로가 21 cm, 세로가 12 cm인 직사각형 모양의 종이가 있습니다. 이 종이를 잘라서 한 변이 3 cm인 정사각형을 몇 개까지 만들 수 있습니까?

(1) 종이의 가로를 몇 칸으로 나눌 수 있습니까?

(   )

(2) 종이의 세로를 몇 칸으로 나눌 수 있습니까?

(   )

(3) 정사각형을 몇 개까지 만들 수 있습니까?

(   )

| 조건 변형 |

확인 6
한 변이 24 cm인 정사각형 모양의 종이가 있습니다. 이 종이를 잘라서 가로가 3 cm, 세로가 6 cm인 직사각형을 몇 개까지 만들 수 있습니까?

(   )

| 조건 변형 |

확인 7
가로가 15 cm, 세로가 32 cm인 직사각형 모양의 도화지가 있습니다. 이 도화지를 잘라서 가로가 5 cm, 세로가 8 cm인 직사각형을 몇 개까지 만들 수 있습니까?

(단, 직사각형을 만들고 남은 도화지는 없습니다.)

(   )

| 조건 추가 |

확인 8
그림과 같이 세로가 16 cm인 직사각형 모양의 종이를 접어서 똑같은 정사각형 24개로 나누었습니다. 종이의 네 변의 길이의 합은 몇 cm입니까?

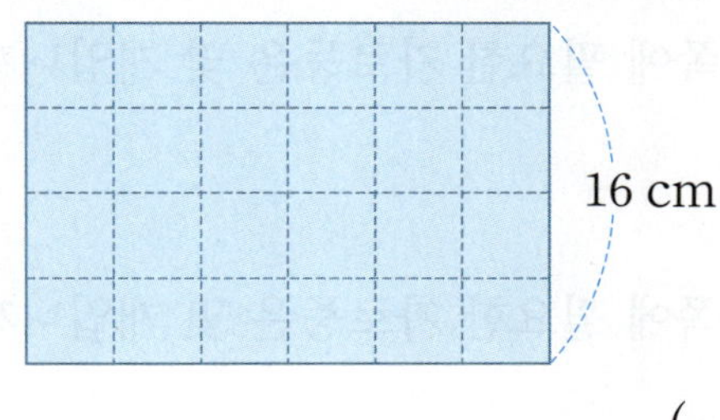

(   )

예제 3

일정한 간격으로 놓을 수 있는 물건의 수

길이가 64 m이고, 곧게 뻗은 도로의 양쪽에 처음부터 끝까지 8 m 간격으로 가로등을 세우려고 합니다. 필요한 가로등은 모두 몇 개입니까? (단, 가로등의 두께는 생각하지 않습니다.)

예제 전략 (가로등 수)=(가로등 사이의 간격 수)+1

풀이 ❶ 가로등 사이의 간격 수 구하기

(가로등 사이의 간격 수)=(도로의 길이)÷(간격의 길이)

$$=64÷8=8(군데)$$

❷ 도로의 한쪽에 필요한 가로등의 수 구하기

(도로의 한쪽에 필요한 가로등의 수)=8+1=9(개)

❸ 도로의 양쪽에 필요한 가로등의 수 구하기

(도로의 양쪽에 필요한 가로등의 수)=9×2=18(개)

답 18개

| 단 계 형 |

확인 9

길이가 36 m이고, 곧게 뻗은 도로의 양쪽에 처음부터 끝까지 9 m 간격으로 가로등을 세우려고 합니다. 필요한 가로등은 모두 몇 개입니까? (단, 가로등의 두께는 생각하지 않습니다.)

(1) 가로등 사이의 간격은 몇 군데입니까?

( )

(2) 도로의 한쪽에 필요한 가로등은 몇 개입니까?

( )

(3) 도로의 양쪽에 필요한 가로등은 몇 개입니까?

( )

| 소재 변형 |

확인 10 길이가 42 m이고, 곧게 뻗은 도로의 양쪽에 처음부터 끝까지 6 m 간격으로 나무를 심으려고 합니다. 필요한 나무는 모두 몇 그루입니까? (단, 나무의 두께는 생각하지 않습니다.)

(   )

| 조건 변형 |

확인 11 길이가 54 m이고, 곧게 뻗은 도로의 한쪽에 처음부터 끝까지 일정한 간격으로 깃발을 10개 꽂았습니다. 깃발 사이의 간격은 몇 m입니까? (단, 깃발의 두께는 생각하지 않습니다.)

(   )

| 조건 추가 |

확인 12 그림과 같이 한 변이 28 m인 정사각형 모양 땅의 모든 변에 4 m 간격으로 화분을 놓으려고 합니다. 네 꼭짓점에는 화분을 한 개씩만 놓는다면 필요한 화분은 모두 몇 개입니까? (단, 화분의 두께는 생각하지 않습니다.)

(   )

| 예제 4 | **조건을 만족하는 두 수** |

조건 을 만족하는 ㉠과 ㉡은 각각 얼마입니까?

> **조건**
> • ㉠을 ㉡으로 나누면 몫은 7입니다.
> • ㉠과 ㉡의 합은 40입니다.

풀이

❶ ㉠을 ㉡으로 나누면 몫이 7인 경우 찾기

㉠÷㉡=7 ⇨ ㉡×7=㉠이므로 ㉡에 1부터 차례대로 수를 써넣어 봅니다.

㉠	7	14	21	28	35	42	…
㉡	1	2	3	4	5	6	…

❷ ㉠과 ㉡을 각각 구하기

위 ❶에서 ㉠+㉡=40인 경우는 35+5=40이므로

㉠=35, ㉡=5입니다.

답 ㉠: 35, ㉡: 5

| 단 계 형 |
확인 13

조건 을 만족하는 ㉠과 ㉡은 각각 얼마입니까?

> **조건**
> • ㉠을 ㉡으로 나누면 몫은 5입니다.
> • ㉠과 ㉡의 합은 36입니다.

(1) ㉠을 ㉡으로 나누면 몫이 5가 되도록 ㉠과 ㉡을 써넣으시오.

㉠	5						…
㉡	1						…

(2) ㉠과 ㉡은 각각 얼마입니까?

㉠ (   ), ㉡ (   )

| 조건 변형 |

확인 14　조건 을 만족하는 ㉠과 ㉡은 각각 얼마입니까?

> **조건**
> · ㉠을 ㉡으로 나누면 몫은 6입니다.
> · ㉠과 ㉡의 차는 30입니다.

㉠ (　　　　　　　　　　　), ㉡ (　　　　　　　　　　　)

| 조건 변형 |

확인 15　다음을 만족하는 ㉠과 ㉡의 합은 얼마입니까?

> ㉠ ÷ ㉡ = 3, ㉠ − ㉡ = 12

(　　　　　　　　　　　)

| 조건 추가 |

확인 16　조건 을 만족하는 서로 다른 두 수는 각각 얼마입니까?

> **조건**
> · 두 수는 4로 남김없이 똑같이 나누어집니다.
> · 두 수는 20보다 작습니다.
> · 두 수의 합을 8로 나누면 몫은 2입니다.

(　　　　　　　　　　　)

STEP 1 **PRACTICE**
심화 문제

예제 5 | **규칙에 맞는 ■번째 수**

수를 일정한 규칙에 따라 늘어놓았습니다. 24번째 수는 얼마입니까?

> 2 1 1 0 2 1 1 0 2 1 1 0 2 1 1 0 2 1 1 0 …

[풀이]

❶ 규칙 찾기

(2 1 1 0) (2 1 1 0) (2 1 1 0) (2 1 1 0) …

규칙적으로 반복되는 수는 2, 1, 1, 0입니다.

반복되는 수를 묶으면 한 묶음 안의 수는 4개입니다.

❷ 24번째 수 구하기

> 규칙적으로 반복되는 수를 묶었을 때, 한 묶음 안의 수가 ■개이면
> ■번째, (■×2)번째, (■×3)번째, … 수는 묶음의 마지막 수와 같습니다.

24÷4=6이므로 24번째 수는 6번째 묶음의 마지막 수인 0입니다.
  └→ 한 묶음 안의 수의 개수

[답] 0

| 단계형 |

확인 17

수를 일정한 규칙에 따라 늘어놓았습니다. 28번째 수는 얼마입니까?

> 1 2 3 4 1 2 3 4 1 2 3 4 1 2 3 4 1 2 3 4 …

(1) 규칙을 찾아 ☐ 안에 알맞은 수를 써넣으시오.

> 규칙적으로 반복되는 수는 ☐, ☐, ☐, ☐이고,
> 반복되는 수를 묶으면 한 묶음 안의 수는 ☐개입니다.

(2) 28번째 수는 얼마입니까?

(   )

| 소재 변형 |

확인 18 모양을 일정한 규칙에 따라 늘어놓았습니다. 32번째에 놓이는 모양을 찾아 ◯표 하시오.

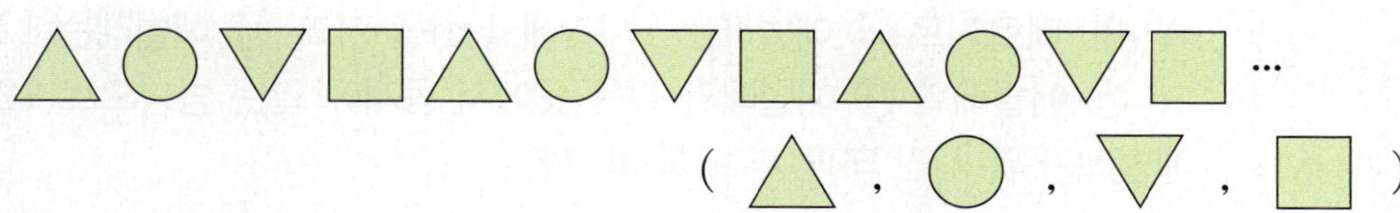

(△ , ◯ , ▽ , ▢)

| 조건 변형 |

확인 19 검은색 바둑돌과 흰색 바둑돌을 일정한 규칙에 따라 늘어놓았습니다. 41번째에 놓이는 바둑돌은 무슨 색입니까?

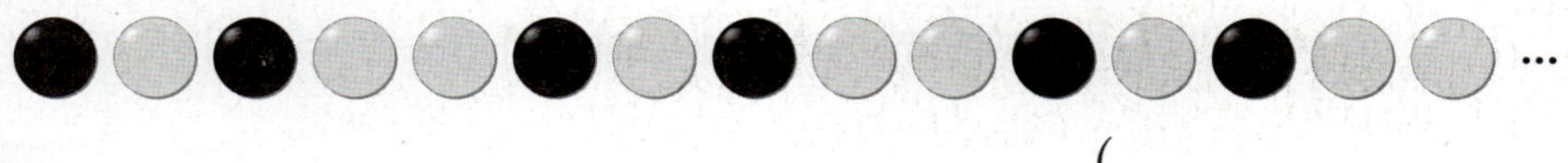

( )

| 조건 추가 |

확인 20 수를 일정한 규칙에 따라 늘어놓았습니다. 16번째 수와 27번째 수의 합은 얼마입니까?

| 5 7 9 5 7 9 5 7 9 5 7 9 … |

( )

예제 6 | 같은 거리를 가는 데 걸린 시간 비교

일정한 빠르기로 ㉮ 애벌레는 1시간에 4 m를 가고, ㉯ 애벌레는 1시간에 6 m를 갑니다. ㉮ 애벌레와 ㉯ 애벌레가 같은 곳에서 동시에 같은 방향으로 12 m를 간다면 어느 애벌레가 몇 시간 더 먼저 도착합니까?

예제 전략 (가는 데 걸리는 시간)＝(가는 거리)÷(1시간에 가는 거리)

풀이

❶ ㉮ 애벌레가 12 m를 가는 데 걸리는 시간 구하기

(㉮ 애벌레가 가는 데 걸리는 시간)＝12÷(㉮ 애벌레가 1시간에 가는 거리)
$$=12÷4=3(시간)$$

❷ ㉯ 애벌레가 12 m를 가는 데 걸리는 시간 구하기

(㉯ 애벌레가 가는 데 걸리는 시간)＝12÷(㉯ 애벌레가 1시간에 가는 거리)
$$=12÷6=2(시간)$$

❸ 어느 애벌레가 몇 시간 더 먼저 도착하는지 구하기

3＞2이므로 ㉯ 애벌레가 ㉮ 애벌레보다 3－2＝1(시간) 더 먼저 도착합니다.

답 ㉯ 애벌레, 1시간

단계형 | 확인 21

일정한 빠르기로 ㉮ 달팽이는 1시간에 3 m를 가고, ㉯ 달팽이는 1시간에 7 m를 갑니다. ㉮ 달팽이와 ㉯ 달팽이가 같은 곳에서 동시에 같은 방향으로 21 m를 간다면 어느 달팽이가 몇 시간 더 먼저 도착합니까?

(1) ㉮ 달팽이가 21 m를 가는 데 걸리는 시간은 몇 시간입니까?

(   )

(2) ㉯ 달팽이가 21 m를 가는 데 걸리는 시간은 몇 시간입니까?

(   )

(3) 어느 달팽이가 몇 시간 더 먼저 도착합니까?

(,   )

| 소재 변형 |

확인 22
일정한 빠르기로 1분에 6 m를 움직이는 원숭이와 1분에 9 m를 움직이는 토끼가 있습니다. 원숭이와 토끼가 같은 곳에서 동시에 같은 방향으로 18 m를 움직인다면 누가 몇 분 더 먼저 도착합니까?

(,   )

| 조건 변형 |

확인 23
일정한 빠르기로 1분에 8 m를 가는 코알라와 1분에 5 m를 가는 나무늘보가 있습니다. 코알라와 나무늘보가 같은 곳에서 동시에 같은 방향으로 출발했다면 나무늘보가 30 m를 갔을 때, 누가 몇 m 더 앞서 있습니까?

(,   )

| 조건 추가 |

확인 24
일정한 빠르기로 1분에 7 m를 달리는 장난감 기차와 1분에 5 m를 달리는 장난감 자동차가 있습니다. 장난감 기차와 장난감 자동차가 곧게 뻗은 도로의 같은 곳에서 동시에 반대 방향으로 출발했다면 장난감 자동차가 35 m를 달렸을 때, 장난감 기차와 장난감 자동차는 몇 m 떨어져 있습니까?

(   )

예제 7 — 몫이 ■인 나눗셈식 만들기

수 카드 4장 중에서 3장을 뽑아 한 번씩만 사용하여 (두 자리 수)÷(한 자리 수)의 나눗셈식을 만들려고 합니다. 몫이 9가 되도록 만들 수 있는 나눗셈식을 모두 써 보시오.

3 4 5 6 $\square\square\div\square=9$

풀이

❶ 9단 곱셈구구에서 곱하는 수가 3, 4, 5, 6일 때의 곱셈식을 찾고 몫이 9가 되는 나눗셈식으로 나타내기

곱셈식	$9\times3=27$	$9\times4=36$	$9\times5=45$	$9\times6=54$
나눗셈식	$27\div3=9$	$36\div4=9$	$45\div5=9$	$54\div6=9$

❷ 위 ❶의 나눗셈식 중에서 수 카드를 한 번씩만 사용하여 만들 수 있는 나눗셈식 모두 찾기

$27\div3=9$의 경우 수 카드 2, 7이 없으므로 만들 수 없습니다.

$45\div5=9$의 경우 수 카드 5가 2번 사용되었으므로 만들 수 없습니다.

따라서 수 카드를 한 번씩만 사용하여 만들 수 있는 나눗셈식은

$36\div4=9$, $54\div6=9$입니다.

탑 $36\div4=9$, $54\div6=9$

| 단계형 |

확인 25

수 카드 4장 중에서 3장을 뽑아 한 번씩만 사용하여 (두 자리 수)÷(한 자리 수)의 나눗셈식을 만들려고 합니다. 몫이 8이 되도록 만들 수 있는 나눗셈식을 모두 써 보시오.

2 3 4 5 $\square\square\div\square=8$

(1) 곱셈식을 보고 몫이 8이 되는 나눗셈식으로 나타내 보시오.

곱셈식	$8\times2=16$	$8\times3=24$	$8\times4=32$	$8\times5=40$
나눗셈식				

(2) 위 (1)의 나눗셈식 중에서 수 카드를 한 번씩만 사용하여 만들 수 있는 나눗셈식을 모두 써 보시오.

(   )

| 조건 변형 |

확인 26 공 5개에 적힌 수 중에서 3개를 골라 한 번씩만 사용하여 (두 자리 수)÷(한 자리 수)의 나눗셈식을 만들려고 합니다. 몫이 7이 되도록 만들 수 있는 나눗셈식을 모두 써 보시오.

1　5　3　2　4

$$\square\square \div \square = 7$$

(　　　　　　　　　)

| 조건 변형 |

확인 27 수 카드 4장 중에서 2장을 뽑아 한 번씩만 사용하여 두 자리 수를 만들었습니다. 만든 수 중에서 8로 남김없이 똑같이 나누어지는 수를 모두 구해 보시오.

4　5　2　6

(　　　　　　　　　)

| 조건 추가 |

확인 28 수 카드 3장을 한 번씩만 사용하여 몫이 한 자리 수인 (두 자리 수)÷(한 자리 수)의 나눗셈식을 만들려고 합니다. 남김없이 똑같이 나누어지는 경우는 모두 몇 가지입니까?

1　2　3

$$\square\square \div \square$$

(　　　　　　　　　)

창의 융합형

예제 8

악기의 수

기타는 현악기의 하나로 6줄이고 왼손 손가락으로 줄을 눌러 음정을 고르고 오른손 손가락으로 줄을 튕겨 연주하는 악기입니다. 또, 첼로는 대형 저음 현악기로 4줄이고 의자에 앉아 악기를 무릎 사이에 끼고 활로 줄을 문질러서 연주하는 악기입니다. 음악실에 기타 8대와 첼로 몇 대가 있고 줄 수를 세어 보니 모두 72줄이었습니다. 첼로는 몇 대 있습니까?

▲ 기타

▲ 첼로

(1) 기타의 줄은 모두 몇 줄입니까?

(   )

(2) 첼로의 줄은 모두 몇 줄입니까?

(   )

(3) 첼로는 몇 대입니까?

(   )

확인 29

가야금은 한국의 전통 현악기 중 하나로 주로 오동나무로 만들어지며 손가락으로 12줄을 튕기거나 뜯어 소리를 내는 악기입니다. 또, 거문고는 한국 전통 현악기 중 하나로 오동나무와 밤나무로 만들어지며 술대라는 작은 막대를 사용해 6줄을 뜯어서 연주합니다. 국악 연습실에 가야금 4대와 거문고 몇 대가 있고 줄 수를 세어 보니 모두 90줄이었습니다. 거문고는 몇 대 있습니까?

▲ 가야금

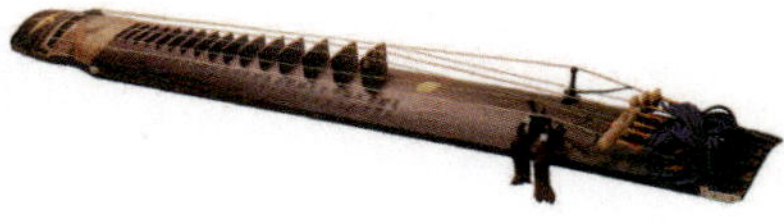

▲ 거문고

(   )

예제 9 전체 경기 시간

토너먼트는 경기를 거듭할 때마다 진 편은 제외시키면서 이긴 편끼리 겨루어 최후에 남는 두 편이 우승을 가리는 방법입니다. 어느 태권도 대회에 8명이 참가하여 토너먼트 방법으로 우승자를 가리려고 합니다. 경기 시간은 한 경기당 4분이 걸리고 경기와 경기 사이에 쉬는 시간은 없습니다. 첫 경기부터 결승전을 마칠 때까지의 경기 시간은 모두 몇 분입니까? (단, 동시에 치르는 경기는 없고, 한 경기를 마친 후에 다음 경기를 시작합니다.)

▲ 태권도 경기

(1) 8명이 2명씩 나누어 한 경기 시간은 몇 분입니까?

( )

(2) 위 (1)에서 이긴 사람들끼리 2명씩 한 경기 시간은 몇 분입니까?

( )

(3) 위 (2)에서 이긴 사람들끼리 2명씩 한 경기 시간은 몇 분입니까?

( )

(4) 첫 경기부터 결승전을 마칠 때까지의 경기 시간은 모두 몇 분입니까?

( )

확인 30

투호는 일정한 거리에서 화살을 던져 병 속에 많이 넣는 수로 승부를 가르는 놀이입니다. 재혁이네 반 학생 27명이 투호를 하려고 합니다. 3명씩 경기를 하여 1등만 남기고 2, 3등을 탈락시키는 방법으로 마지막 한 명이 남을 때까지 3명씩 묶어 경기를 계속합니다. 경기 시간은 한 경기당 2분이고 쉬는 시간이 없을 때, 첫 경기부터 우승자가 나올 때까지의 경기 시간은 모두 몇 분입니까? (단, 동시에 치르는 경기는 없고, 한 경기를 마친 후에 다음 경기를 시작합니다.)

▲ 투호

( )

1 ■와 ▲에 알맞은 수의 합은 얼마입니까?

$$■ \div 5 = ▲ \qquad 4 \times ▲ = 28$$

(   )

2 수미와 친구 6명이 색종이 42장을 똑같이 나누어 가졌습니다. 수미는 가진 색종이를 하루에 3장씩 사용하려고 합니다. 며칠 동안 사용할 수 있습니까?

(   )

> 수미와 친구 6명은 모두 7명인 것에 주의합니다.

서술형

3 길이가 38 cm인 철사를 겹치지 않게 사용하여 정사각형을 한 개 만들었더니 6 cm가 남았습니다. 만든 정사각형의 한 변은 몇 cm인지 풀이 과정을 쓰고 답을 구해 보시오.

풀이

답

> 먼저 정사각형을 만드는 데 사용한 철사의 길이를 구해 봅니다.

4 농장에 있는 소와 오리의 다리 수를 세어 보니 모두 48개였습니다. 소가 8마리라면 오리는 몇 마리입니까?

( )

5 그림과 같이 네 변의 길이의 합이 20 cm인 정사각형 3개를 겹치지 않게 이어 붙여 직사각형을 만들었습니다. 만든 직사각형의 네 변의 길이의 합은 몇 cm입니까?

( )

직사각형 네 변의 길이의 합은 정사각형의 한 변의 몇 배인지 구해 봅니다.

6 토끼 2마리가 하루에 당근 6개를 먹습니다. 모든 토끼가 매일 똑같은 수의 당근을 먹는다면 토끼 7마리가 당근 63개를 먹는 데에는 며칠이 걸립니까?

( )

7 세로가 20 cm인 직사각형 모양의 도화지를 한 변이 4 cm인 정사각형 모양으로 남김없이 잘랐더니 모두 40개가 되었습니다. 자르기 전 도화지의 네 변의 길이의 합은 몇 cm입니까?

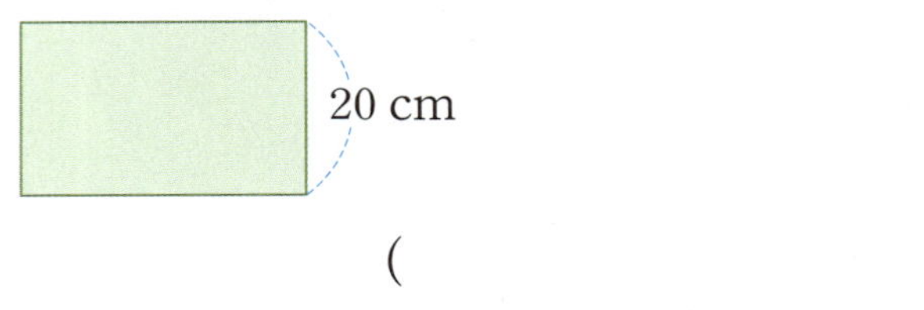

(   )

8 연속하는 두 수의 합을 9로 나누면 몫이 3이 된다고 합니다. 연속하는 두 수를 구해 보시오.

(   )

> 바로 뒤의 수는 앞의 수보다 1 큰 수이므로 연속하는 두 수는 □, □+1이라고 할 수 있습니다.

9 ㉮, ㉯ 두 공장에서 각각 일정한 빠르기로 시계를 만들고 있습니다. ㉮ 공장에서는 1분에 7개씩 만들고, ㉯ 공장에서는 1분에 9개씩 만듭니다. ㉮ 공장이 ㉯ 공장보다 2분 먼저 시계를 만들기 시작하여 56개를 만들었을 때, ㉯ 공장에서 만든 시계는 몇 개입니까?

(   )

10 길이가 73 cm인 직사각형 모양의 종이띠를 그림과 같이 겹치도록 접었더니 길이가 55 cm가 되었습니다. ㉠의 길이는 몇 cm입니까?

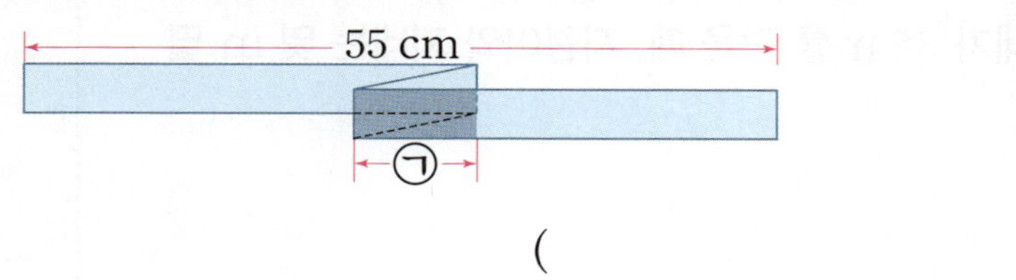

(   )

11 그림과 같이 세 변의 길이가 같은 삼각형 모양 땅의 모든 변에 6 m 간격으로 나무를 심으려고 합니다. 세 꼭짓점에는 나무를 한 그루씩만 심는다면 필요한 나무는 모두 몇 그루입니까? (단, 나무의 두께는 생각하지 않습니다.)

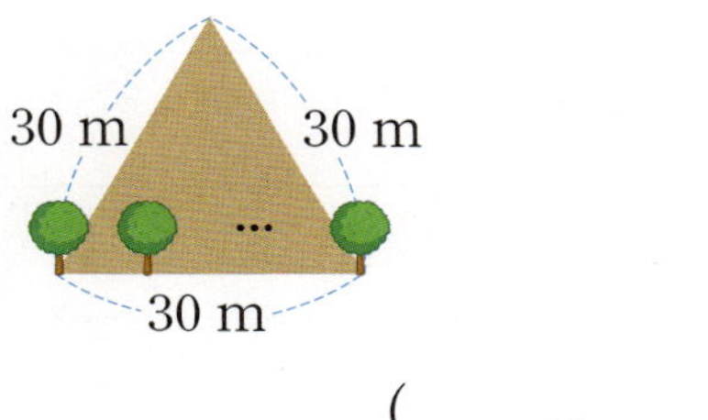

(   )

▶ 세 꼭짓점에 심는 나무를 겹쳐서 세지 않도록 주의합니다.

서술형

12 수 카드 5장 중에서 3장을 뽑아 한 번씩만 사용하여 몫이 6이 되는 (두 자리 수)÷(한 자리 수)의 나눗셈식을 만들려고 합니다. 만들 수 있는 나눗셈식은 모두 몇 개인지 풀이 과정을 쓰고 답을 구해 보시오.

풀이 _______________________________________

____

____

답 _______________________________________

13 일정한 빠르기로 1분에 2 m를 가는 지렁이와 1분에 4 m를 가는 지네가 있습니다. 지렁이와 지네가 곧게 뻗은 도로의 같은 곳에서 동시에 반대 방향으로 출발했다면 지네가 36 m를 갔을 때, 지렁이와 지네는 몇 m 떨어져 있습니까?

(   )

서술형

14 길이가 서로 다른 막대 2개가 있습니다. 긴 막대의 길이는 짧은 막대의 길이보다 12 cm 더 길고, 두 막대의 길이의 합은 20 cm입니다. 긴 막대를 잘라 짧은 막대와 길이가 같은 막대를 몇 개 만들 수 있는지 풀이 과정을 쓰고 답을 구해 보시오.

> 짧은 막대의 길이를 ☐ cm라 하여 긴 막대의 길이를 ☐를 사용하여 나타내 봅니다.

풀이

답

신유형

15 다음은 중국 고대 수학서인 『구장산술』의 영부족(남거나 모자르는 것)편에 나온 문제를 응용한 것입니다. 물건값은 얼마입니까?

중국 당나라 때 화폐 단위

> 여럿이서 함께 물건을 구매하려고 하는데, 각자 6전씩 내면 18전이 모자라고, 9전씩 내면 딱 맞는다고 합니다. 물건값은 얼마입니까?

(   )

16 모양과 수를 일정한 규칙에 따라 늘어놓았습니다. 21번째에 놓이는 모양과 수를 구해 보시오.

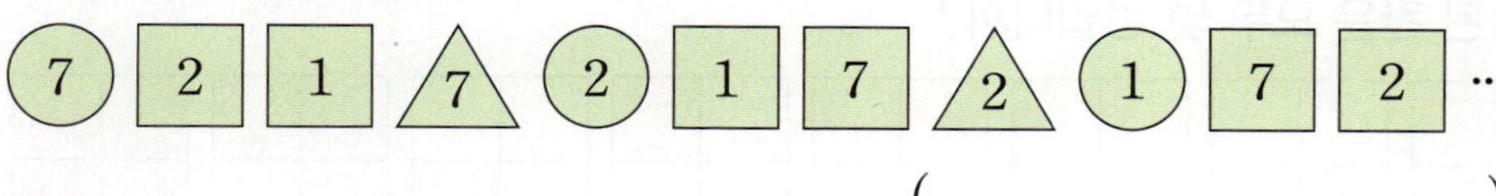

( )

> 규칙을 모양과 수를 나누어 찾아봅니다.

17 그림과 같이 서로 맞물려 돌아가는 두 톱니바퀴가 있습니다. 톱니바퀴 ㉮가 8바퀴를 돌면 톱니바퀴 ㉯는 몇 바퀴를 돌겠습니까?

( )

18 그림과 같이 가로가 37 m인 직사각형 모양의 벽에 폭이 3 m인 종이를 7장 붙이려고 합니다. 양쪽 벽의 끝과 종이 사이, 종이와 종이 사이의 간격을 모두 일정하게 한다면 간격을 몇 m로 해야 합니까?

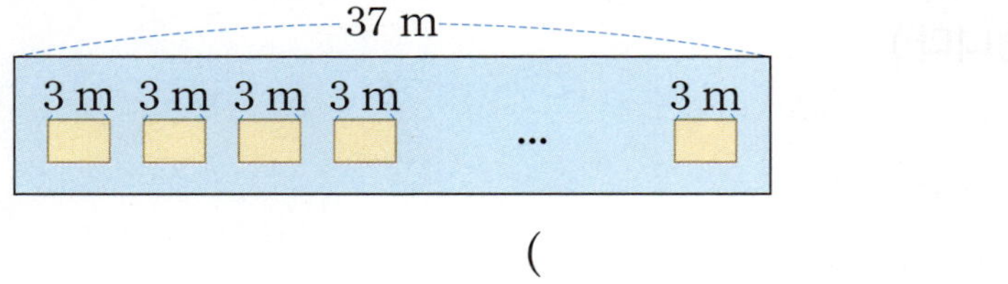

( )

1 4칸으로 나뉜 모양을 일정한 규칙에 따라 늘어놓았습니다. 차례대로 21개를 놓았을 때, 색칠된 칸은 모두 몇 칸입니까?

(   )

2 조건 을 만족하는 두 자리 수를 구해 보시오.

> **조건**
> • 6과 9로 남김없이 똑같이 나누어지는 수이고 50보다 작습니다.
> • 십의 자리 수와 일의 자리 수의 합은 9입니다.
> • 십의 자리 수와 일의 자리 수의 곱은 18입니다.

(   )

3 통나무를 쉬지 않고 5도막으로 자르는 데 24분이 걸립니다. 통나무를 한 번 자르고 나서 3분씩 쉰다면, 통나무를 9도막으로 자르는 데에는 모두 몇 시간 몇 분이 걸립니까? (단, 통나무를 한 번 자르는 데 걸리는 시간은 일정하고, 마지막에 자른 후에는 쉬는 시간은 없습니다.)

(   )

4 일정한 빠르기로 2분에 4 m를 가는 송충이와 3분에 4 m를 가는 굼벵이가 있습니다. 굼벵이가 송충이보다 24 m 앞에서 동시에 같은 방향으로 출발했다면 몇 분 후에 송충이와 굼벵이가 만납니까?

(   )

5 길이가 다른 세 막대 ㉮, ㉯, ㉰가 있습니다. ㉰ 막대의 길이는 ㉯ 막대의 길이보다 18 cm 길고, 세 막대의 길이의 합은 54 cm입니다. ㉮ 막대의 길이가 18 cm일 때, ㉮와 ㉰ 막대로 ㉯ 막대와 길이가 같은 막대를 몇 개 만들 수 있습니까?

(   )

6 어느 길을 따라 일정한 간격으로 나무가 있습니다. 민주가 길을 따라 첫 번째 나무부터 25번째 나무까지 걷는 데 4분이 걸렸습니다. 같은 빠르기로 25번째 나무부터 ●번째 나무까지 걸은 후 뒤돌아서 앞에서부터 5번째 나무까지 되돌아오는 데 7분이 걸렸습니다. ●에 알맞은 수를 구해 보시오. (단, 나무의 두께는 생각하지 않습니다.)

(   )

광활한 자연과 다양한 동식물로 유명한
호주의 수도

빠른 정답 4쪽 | 정답 29쪽

호주는 남반구에 위치한 아름다운 나라예요. 이곳은 광활한 자연과 다양한 동식물로 유명하답니다. 호주는 바다와 사막, 숲이 함께 어우러져 있어, 다양한 환경을 경험할 수 있어요. 사람들은 친절하고 자연을 사랑하며, 다양한 문화가 공존하는 멋진 곳이에요.

호주의 유명한 특징 중 하나는 바로 오페라 하우스예요. 이 건물은 시드니의 상징으로, 독특한 형태가 정말 아름다워요. 오페라 하우스에서는 다양한 공연과 음악회가 열리는데, 많은 사람들이 이곳에서 문화의 즐거움을 느껴요. 특히, 밤에 불빛이 비추는 모습은 환상적이어서, 많은 관광객들이 이곳을 찾아온답니다. 이렇게 호주는 자연과 문화가 조화를 이루며, 특별한 경험을 선사하는 나라랍니다.

호주

- **언어:** 영어
- **땅 넓이:** 774만 1220 km^2
- **화폐 단위:** 오스트레일리아 달러(AUD)
- **인구:** 2643만 9000명(세계 55위)

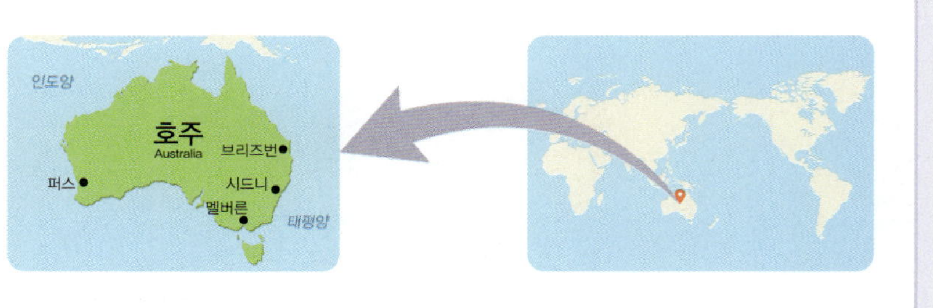

4 곱셈

1 잘못 계산한 곳을 찾아 바르게 계산해 보시오.

$$\begin{array}{r} 3\;6 \\ \times\quad 2 \\ \hline 6\;2 \end{array} \Rightarrow \begin{array}{r} 3\;6 \\ \times\quad 2 \\ \hline \end{array}$$

2 빈칸에 알맞은 수를 써넣으시오.

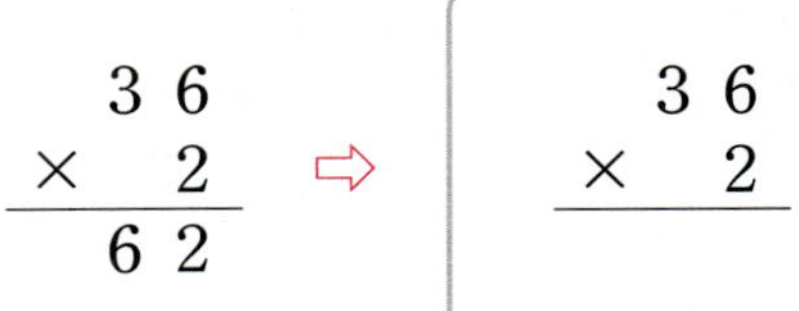

3 가장 큰 수와 가장 작은 수의 곱을 구해 보시오.

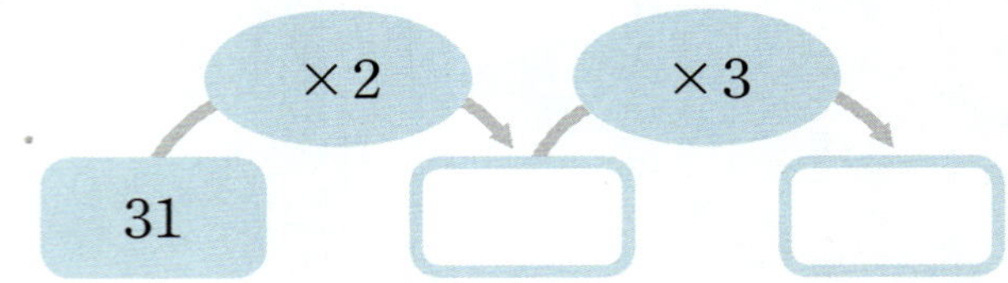

( )

4 계산 결과의 크기를 비교하여 ◯ 안에 >, =, < 중 알맞은 것을 써넣으시오.

$$22 \times 3 \bigcirc 11 \times 5$$

5 동화책이 한 상자에 20권씩 5상자에 들어 있습니다. 동화책은 모두 몇 권입니까?

( )

6 주은이는 운동장을 하루에 16바퀴씩 4일 동안 돌았습니다. 주은이는 운동장을 모두 몇 바퀴 돌았습니까?

( )

7 곱이 300보다 큰 것을 모두 찾아 기호를 써 보시오.

> ㉠ 67×6 ㉡ 72×4
> ㉢ 85×5 ㉣ 94×3

( )

8 밭에서 오이 250개를 수확했습니다. 오이를 한 봉지에 15개씩 담아 7봉지를 팔았습니다. 남은 오이는 몇 개입니까?

( )

9 원 모양의 연못 둘레에 나무 4그루를 23 m 간격으로 심었습니다. 연못의 둘레는 몇 m입니까? (단, 나무의 두께는 생각하지 않습니다.)

( )

10 ☐ 안에 알맞은 수를 써넣으시오.

$$\begin{array}{r} 4\ \ 6 \\ \times\ \ \ \boxed{} \\ \hline 1\ \ 3\ \ 8 \end{array}$$

11 1부터 9까지의 수 중에서 ☐ 안에 들어갈 수 있는 수를 모두 구해 보시오.

> $50 \times \boxed{} < 70 \times 4$

( )

12 어느 공장에 돼지 38마리와 닭 27마리가 있습니다. 이 농장에 있는 돼지와 닭의 다리는 모두 몇 개입니까?

( )

STEP 1 | PRACTICE 심화 문제

| 예제 1 | 일정한 간격을 활용한 문제 |

곧게 뻗은 도로의 양쪽에 처음부터 끝까지 나무 10그루를 18 m 간격으로 심었습니다. 이 도로의 길이는 몇 m입니까? (단, 나무의 두께는 생각하지 않습니다.)

예제 전략 (나무 사이의 간격 수)＝(나무 수)－1

풀이 ❶ 도로의 한쪽에 심은 나무 수 구하기

10＝5＋5이므로 도로의 한쪽에 심은 나무 수는 5그루입니다.

❷ 나무 사이의 간격 수 구하기

(나무 사이의 간격 수)＝5－1＝4(군데)

❸ 도로의 길이 구하기

(도로의 길이)＝(나무 사이의 간격의 길이)×(간격 수)

＝18×4＝72(m)

답 72 m

| 단 계 형 |

확인 1 곧게 뻗은 도로의 양쪽에 처음부터 끝까지 나무 30그루를 9 m 간격으로 심었습니다. 이 도로의 길이는 몇 m입니까? (단, 나무의 두께는 생각하지 않습니다.)

(1) 도로의 한쪽에 심은 나무는 몇 그루입니까?

(   )

(2) 나무 사이의 간격은 몇 군데입니까?

(   )

(3) 도로의 길이는 몇 m입니까?

(   )

| 소재 변형 |

확인 2 곧게 뻗은 도로의 양쪽에 처음부터 끝까지 가로등 24개를 8 m 간격으로 세웠습니다. 이 도로의 길이는 몇 m입니까? (단, 가로등의 두께는 생각하지 않습니다.)

( )

| 조건 변형 |

확인 3 정사각형 모양의 게시판 한 변에 누름 못 8개를 12 cm 간격으로 꽂았습니다. 게시판의 네 꼭짓점에 반드시 누름 못을 꽂을 때, 네 변의 길이의 합은 몇 cm입니까?

(단, 누름 못의 두께는 생각하지 않습니다.)

( )

| 조건 추가 |

확인 4 곧게 뻗은 도로의 한쪽에 처음부터 끝까지 나무 21그루를 6 m 간격으로 심었습니다. 같은 도로의 반대쪽에 처음부터 끝까지 5 m 간격으로 나무를 심으려면 필요한 나무는 몇 그루입니까? (단, 나무의 두께는 생각하지 않습니다.)

( )

예제 2

곱의 크기를 비교하여 ☐ 안에 들어갈 수 있는 수 구하기

1부터 9까지의 수 중에서 ☐ 안에 들어갈 수 있는 수를 모두 구해 보시오.

$$36 \times 3 < 38 \times \square < 52 \times 4$$

풀이

❶ 36×3과 52×4의 곱 구하기

$36 \times 3 = 108$, $52 \times 4 = 208$

❷ ☐ 안에 들어갈 수 있는 수 구하기

$36 \times 3 < 38 \times \square < 52 \times 4 \Rightarrow 108 < 38 \times \square < 208$

38을 약 40으로 어림하면 $40 \times 3 = 120$이므로 ☐ 안에 3부터 넣어 봅니다.

$38 \times \boxed{3} = 114$, $38 \times \boxed{4} = 152$, $38 \times \boxed{5} = 190$, $38 \times \boxed{6} = 228$, …

따라서 ☐ 안에 들어갈 수 있는 수는 3, 4, 5입니다.

답 3, 4, 5

| 단계형 |
확인 5

1부터 9까지의 수 중에서 ☐ 안에 들어갈 수 있는 수를 모두 구해 보시오.

$$31 \times 3 < 22 \times \square < 62 \times 3$$

(1) 31×3과 62×3은 각각 얼마입니까?

$$31 \times 3 = \boxed{}, \ 62 \times 3 = \boxed{}$$

(2) ☐ 안에 들어갈 수 있는 수를 모두 구해 보시오.

( )

| 조건 변형 |

확인 6 1부터 9까지의 수 중에서 ☐ 안에 들어갈 수 있는 수는 모두 몇 개입니까?

$$53 \times 2 < 48 \times \square < 73 \times 4$$

(   )

| 조건 변형 |

확인 7 1부터 9까지의 수 중에서 ☐ 안에 들어갈 수 있는 가장 큰 수와 가장 작은 수의 합은 얼마입니까?

$$24 \times 6 < 32 \times \square < 45 \times 6$$

(   )

| 조건 추가 |

확인 8 ☐ 안에 들어갈 수 있는 수는 모두 5개입니다. ㉠에 알맞은 수를 구해 보시오.

$$14 \times 3 < \square < 24 \times ㉠$$

(   )

예제 3 — 곱셈식 완성하기

㉠, ㉡, ㉢이 나타내는 수는 각각 얼마입니까?

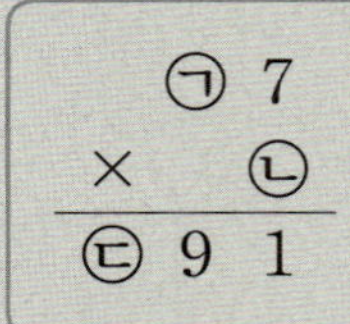

풀이

❶ ㉡이 나타내는 수 구하기

$7 \times$ ㉡의 일의 자리 수가 1이므로 $7 \times 3 = 21$에서 ㉡$=3$입니다.

❷ ㉠과 ㉢이 나타내는 수 각각 구하기

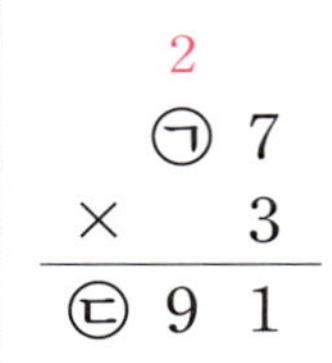

- $7 \times 3 = 21$에서 2를 십의 자리로 올림하면 ㉠$\times 3$의 일의 자리 수는 $9-2=7$입니다.
- ㉠$\times 3$의 일의 자리 수가 7이므로 $9 \times 3 = 27$에서 ㉠$=9$, ㉢$=2$입니다.

답 ㉠: 9, ㉡: 3, ㉢: 2

| 단계형 |
확인 9

㉠, ㉡, ㉢이 나타내는 수는 각각 얼마입니까?

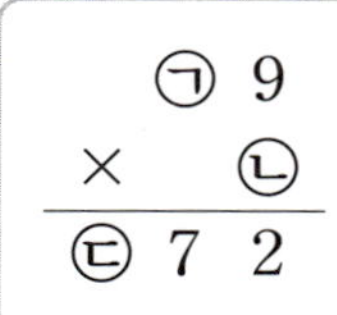

(1) ㉡은 얼마입니까?

(   )

(2) ㉠과 ㉢은 각각 얼마입니까?

㉠ (   ), ㉢ (   )

| 조건 변형 |

확인 10 ㉠과 ㉡이 나타내는 수는 각각 얼마입니까? (단, 같은 기호는 같은 수를 나타냅니다.)

$$
\begin{array}{r}
㉠\ ㉡ \\
\times\quad ㉡ \\
\hline
4\ 6\ 9
\end{array}
$$

㉠ (   ), ㉡ (   )

| 조건 변형 |

확인 11 ㉠과 ㉡이 나타내는 수의 합을 구해 보시오. (단, 같은 기호는 같은 수를 나타냅니다.)

$$
\begin{array}{r}
6\ ㉠ \\
\times\quad ㉠ \\
\hline
5\ ㉡\ 4
\end{array}
$$

(   )

| 조건 변형 |

확인 12 곱셈식에서 ♥가 나타내는 수는 모두 같은 수입니다. ♥가 나타내는 수는 얼마입니까?

(   )

예제 4 규칙을 찾아 구하기

가희는 책을 첫째 날에는 13쪽을 읽고, 둘째 날에는 첫째 날의 2배, 셋째 날에는 둘째 날의 2배를 읽으려고 합니다. 가희가 같은 방법으로 책을 읽는다면 넷째 날에는 책을 모두 몇 쪽 읽어야 합니까?

풀이

❶ 넷째 날은 첫째 날의 몇 배를 읽어야 하는지 구하기

전날의 2배씩 책을 읽으므로

첫째 날은 13쪽,

둘째 날은 (13×2)쪽,

셋째 날은 $13 \times 2 \times 2 = (13 \times 4)$쪽,

넷째 날은 $13 \times 4 \times 2 = (13 \times 8)$쪽을 읽어야 합니다.

❷ 넷째 날에 읽어야 할 쪽수 구하기

(넷째 날에 읽어야 할 쪽수) $= 13 \times 8 = 104$(쪽)

답 104쪽

| 단계형 |
확인 13

윤진이는 종이비행기를 첫째 날에는 17개를 접고, 둘째 날에는 첫째 날의 2배, 셋째 날에는 둘째 날의 2배를 접으려고 합니다. 윤진이가 같은 방법으로 종이비행기를 접는다면 넷째 날에는 종이비행기를 모두 몇 개 접어야 합니까?

(1) 넷째 날은 첫째 날의 몇 배를 접어야 합니까?

(　　　　　　　　　　)

(2) 넷째 날에는 종이비행기를 모두 몇 개 접어야 합니까?

(　　　　　　　　　　)

| 조건 변형 |

확인 14 보기 와 같은 규칙으로 수를 늘어놓으려고 합니다. 빈칸에 알맞은 수를 써넣으시오.

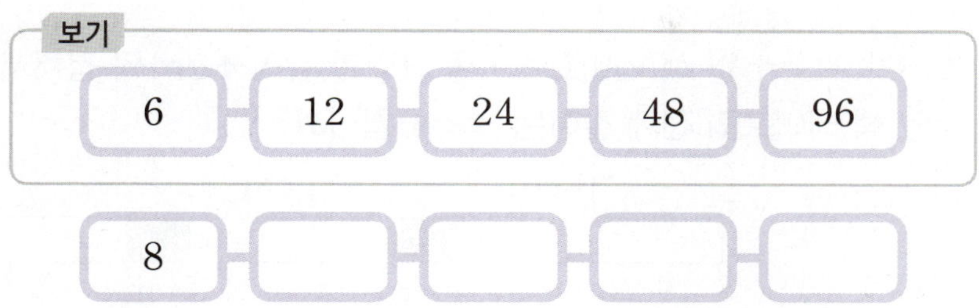

| 조건 변형 |

확인 15 지영이는 운동장을 자전거를 타고 둘째 날에는 첫째 날의 2배, 셋째 날에는 둘째 날의 2배를 돌았습니다. 같은 방법으로 넷째 날에는 88바퀴 돌았다면 첫째 날에는 몇 바퀴 돌았습니까?

(   )

| 조건 추가 |

인공적인 환경에서 세포나 균, 미생물 등을 가꾸어 기름.

확인 16 어떤 세균을 배양했을 때, 맑은 날에는 전날의 3배가 되고, 흐린 날에는 전날의 2배가 됩니다. 실험실에서 세균을 2마리 배양했습니다. 다음날부터 처음 2일 동안은 날이 맑았고, 3일째 날과 4일째 날에는 날이 흐렸습니다. 4일째 날에 세균은 모두 몇 마리입니까?

(   )

예제 5 이어 붙인 색 테이프의 길이

길이가 21 cm인 색 테이프 8장을 그림과 같이 4 cm씩 겹쳐서 이어 붙였습니다. 이어 붙인 색 테이프의 전체 길이는 몇 cm입니까?

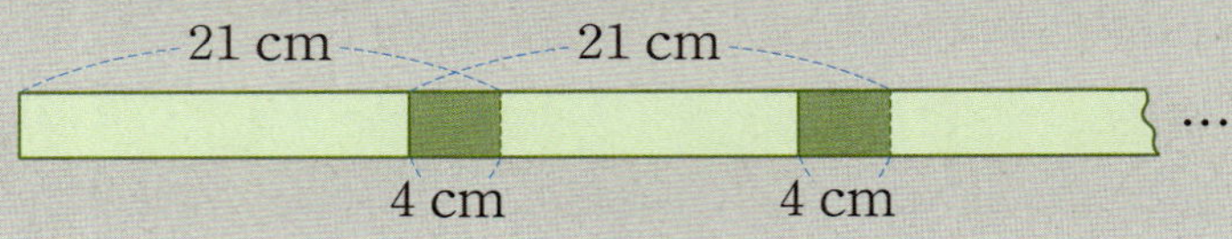

예제 전략 (겹쳐진 부분의 수)=(이어 붙인 색 테이프 수)−1

풀이

❶ 색 테이프 8장의 길이의 합 구하기

(색 테이프 8장의 길이의 합)=$21 \times 8 = 168$(cm)

❷ 겹쳐진 부분의 길이의 합 구하기

(겹쳐진 부분의 수)=$8 - 1 = 7$(군데)

⇨ (겹쳐진 부분의 길이의 합)=$4 \times 7 = 28$(cm)

❸ 이어 붙인 색 테이프의 전체 길이 구하기

(이어 붙인 색 테이프의 전체 길이)=$168 - 28 = 140$(cm)

답 140 cm

| 단계형 |

확인 17 길이가 23 cm인 색 테이프 7장을 그림과 같이 8 cm씩 겹쳐서 이어 붙였습니다. 이어 붙인 색 테이프의 전체 길이는 몇 cm입니까?

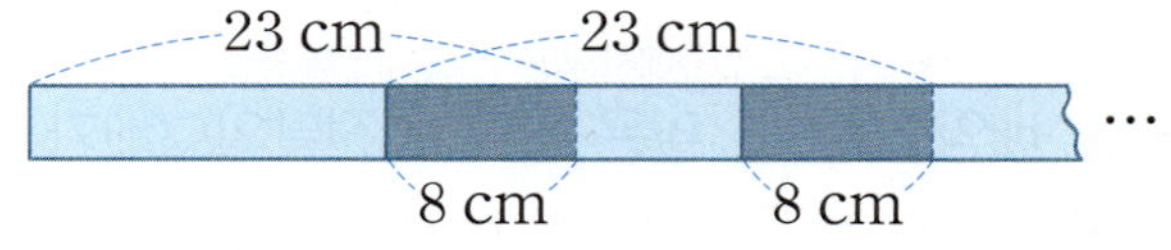

(1) 색 테이프 7장의 길이의 합은 몇 cm입니까?　　　(　　　　　　　)

(2) 겹쳐진 부분의 길이의 합은 몇 cm입니까?　　　(　　　　　　　)

(3) 이어 붙인 색 테이프의 전체 길이는 몇 cm입니까?

(　　　　　　　)

| 조건 변형 |

확인 18 길이가 65 cm인 색 테이프 9장을 그림과 같이 일정한 간격으로 겹쳐서 이어 붙였습니다. 이어 붙인 색 테이프의 전체 길이가 465 cm라면 색 테이프를 몇 cm씩 겹쳐서 이어 붙인 것입니까?

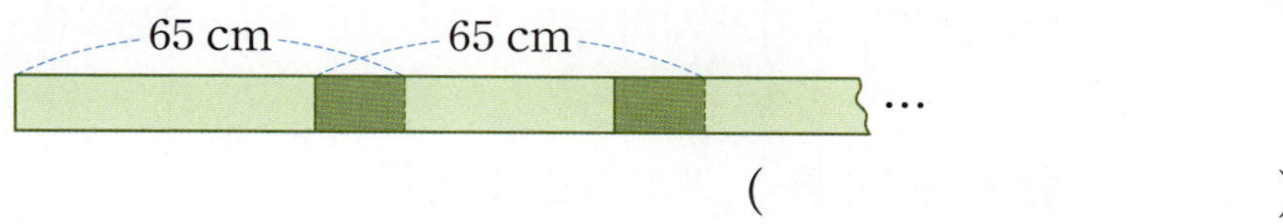

(   )

| 조건 변형 |

확인 19 길이가 같은 색 테이프 6장을 4 cm씩 겹쳐서 한 줄로 이어 붙였더니 전체 길이가 88 cm가 되었습니다. 색 테이프 한 장의 길이는 몇 cm입니까?

(   )

| 조건 추가 |

확인 20 길이가 24 cm인 색 테이프 6장을 그림과 같이 6 cm씩 겹쳐서 이어 붙였습니다. 이어 붙인 색 테이프 전체의 네 변의 길이의 합은 몇 cm입니까?

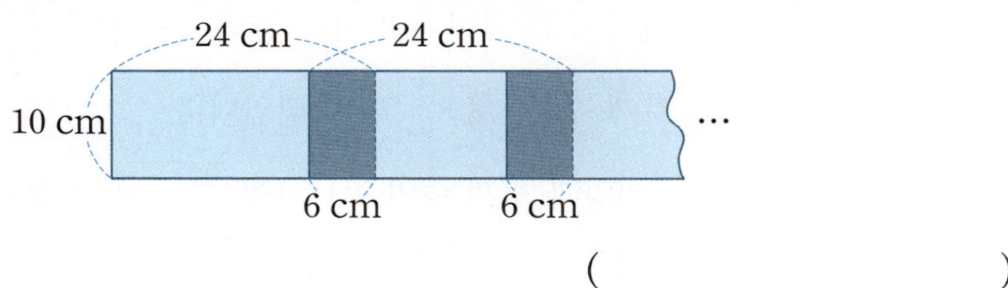

(   )

| 예제 6 | 수의 관계를 이용하여 모르는 수 구하기 |

딸기, 복숭아, 사과가 있습니다. 딸기 수는 복숭아 수의 3배이고, 사과 수는 복숭아 수의 4배입니다. 딸기와 사과 수의 합이 210개라면 복숭아는 몇 개입니까?

풀이

❶ 복숭아 수를 ☐개라 하고 식 만들기

복숭아 수를 ☐개라 하면

딸기 수는 (☐×3)개, 사과 수는 (☐×4)개입니다.

➩ (딸기와 사과 수의 합)=(☐×3)+(☐×4)=210(개)

❷ 복숭아 수 구하기

(☐×3)+(☐×4)

=(☐+☐+☐)+(☐+☐+☐+☐)=210이므로 ☐×7=210입니다.
　　　☐가 3개　　　　　　☐가 4개

30×7=210이므로 ☐=30입니다.

따라서 복숭아는 30개입니다.

답 30개

| 단계형 |
확인 21

양, 사자, 토끼가 있습니다. 양의 수는 사자 수의 2배이고, 토끼 수는 사자 수의 3배입니다. 양과 토끼 수의 합이 200마리라면 사자는 몇 마리입니까?

(1) ☐ 안에 알맞은 수를 써넣으시오.

> 사자 수를 ■마리라 하면 양의 수는 (■×☐)마리,
>
> 토끼 수는 (■×☐)마리입니다.
>
> ➩ (양과 토끼 수의 합)=(■×☐)+(■×☐)=200(마리)

(2) 사자는 몇 마리입니까?

(　　　　　　　　)

| 조건 변형 |

확인 22 사탕, 초콜릿, 젤리가 있습니다. 사탕 수는 초콜릿 수의 7배이고, 젤리 수는 초콜릿 수의 4배입니다. 사탕과 젤리 수의 차가 180개라면 초콜릿은 몇 개입니까?

( )

| 조건 변형 |

확인 23 정사각형 ㉮와 ㉯가 있습니다. ㉯의 한 변의 길이는 ㉮의 한 변의 길이의 2배입니다. ㉯의 네 변의 길이의 합이 240 cm라면 ㉮의 한 변의 길이는 몇 cm입니까?

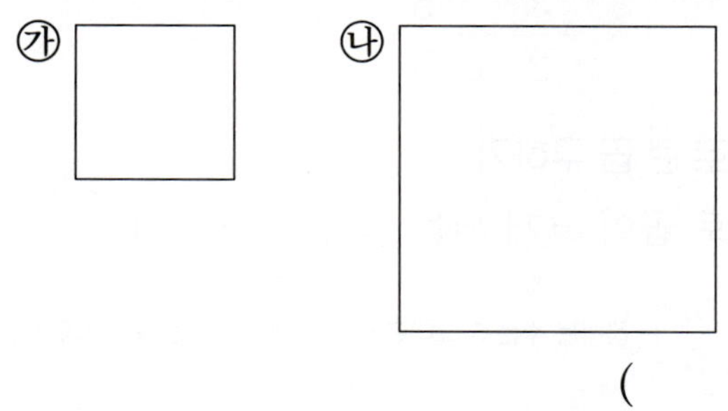

( )

| 조건 추가 |

확인 24 가위, 지우개, 풀이 있습니다. 가위 수는 지우개 수의 3배이고, 풀은 지우개보다 4개 더 많습니다. 가위, 지우개, 풀 수의 합이 114개라면 풀은 몇 개입니까?

( )

| 예제 7 | 수 카드로 조건을 만족하는 곱셈식 만들기 |

오른쪽의 수 카드 4장 중에서 3장을 뽑아 한 번씩만 사용하여 (몇십몇)×(몇)을 만들려고 합니다. 두 번째로 큰 곱은 얼마입니까?

예제 전략 세 수의 크기가 $0<①<②<③$일 때 곱이 가장 큰 (몇십몇)×(몇)은 ②①×③으로 놓아야 합니다.

풀이

❶ 가장 큰 곱 구하기

수 카드의 수의 크기를 비교하면 $5>4>3>2$입니다.

곱이 가장 크게 되려면 곱하는 수에 5를,

곱해지는 수의 십의 자리에 4를 놓아야 합니다.

⇨ 가장 큰 곱:

$$\begin{array}{r} 4\ 3 \\ \times\quad 5 \\ \hline 2\ 1\ 5 \end{array}$$

❷ 두 번째로 큰 곱 구하기

다음으로 곱이 크게 되는 (몇십몇)×(몇)은

$$\begin{array}{r} 4\ 2 \\ \times\quad 5 \\ \hline 2\ 1\ 0 \end{array},$$

곱하는 수는 5 그대로이고, 곱해지는 수는 43 다음으로 큰 몇십몇인 경우

$$\begin{array}{r} 5\ 3 \\ \times\quad 4 \\ \hline 2\ 1\ 2 \end{array}$$ 입니다.

곱하는 수는 두 번째로 큰 수인 4이고, 곱해지는 수는 남은 수 중 가장 큰 몇십몇인 경우

따라서 $210<212$이므로 두 번째로 큰 곱은 212입니다.

답 212

| 단계형 |
확인 25

오른쪽의 수 카드 4장 중에서 3장을 뽑아 한 번씩만 사용하여 (몇십몇)×(몇)을 만들려고 합니다. 두 번째로 큰 곱은 얼마입니까?

(1) 가장 큰 곱은 얼마입니까? (   )

(2) 두 번째로 큰 곱은 얼마입니까? (   )

| 조건 변형 |

확인 26 수 카드 4장 중에서 3장을 뽑아 한 번씩만 사용하여 (몇십몇)×(몇)을 만들려고 합니다. 두 번째로 작은 곱은 얼마입니까?

6 8 3 5

(   )

| 소재 변형 |

확인 27 주사위를 4번 굴려 나온 눈의 수입니다. 눈의 수 4개 중에서 3개를 골라 한 번씩만 사용하여 (몇십몇)×(몇)을 만들려고 합니다. 두 번째로 큰 곱은 얼마입니까?

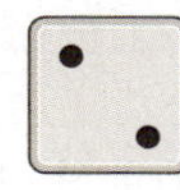

(   )

| 조건 추가 |

확인 28 수지와 민수가 각자 가지고 있는 수 카드 4장 중에서 3장을 뽑아 한 번씩만 사용하여 곱이 두 번째로 작은 (몇십몇)×(몇)을 만들었습니다. 더 작은 곱을 만든 사람은 누구입니까?

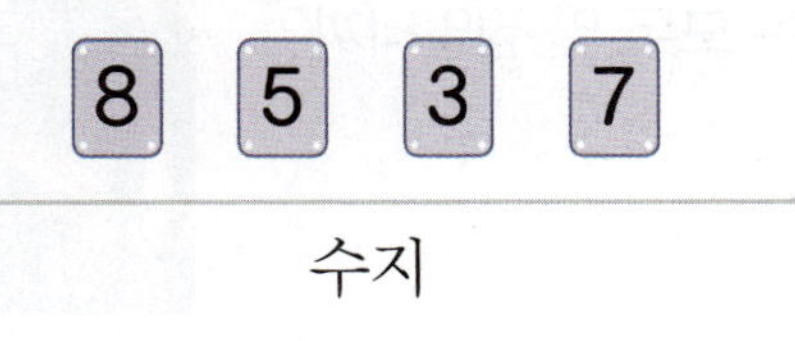

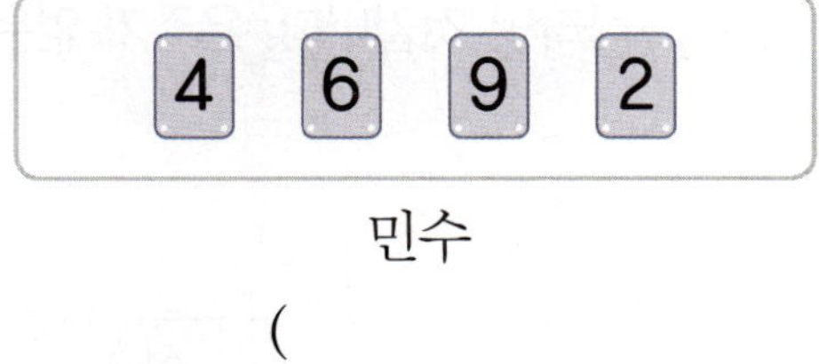

수지   민수

(   )

창의 융합형

예제 8

전체 점수

다음은 찬호가 읽은 인터넷 기사의 일부분입니다. 채치수 선수가 마지막 3경기에서 얻은 점수는 모두 몇 점입니까?

농구계에 무서운 신인 등장

20□□년 대학 농구가 얼마 전 막을 내렸다. 이번 대회의 가장 큰 수확은 마지막 3경기에서 큰 활약을 보여 준 채치수 선수의 발견이다. 그는 마지막 3경기에서 2점 슛은 32개를 던져 29개가 골대를 통과했고, 3점 슛은 44개를 시도해 19개가 득점으로 연결됐다. 자유투도 8개를 던져 모두 성공하며 8점을 얻었다. 이런 채치수 선수의 앞으로의 활약이 기대된다.

(1) 채치수 선수가 마지막 3경기에서 2점 슛과 3점 슛을 성공하여 얻은 점수는 각각 몇 점입니까?

　　　　2점 슛 (　　　　　　　　　　), 3점 슛 (　　　　　　　　　　)

(2) 채치수 선수가 마지막 3경기에서 얻은 점수는 모두 몇 점입니까?

　　　　　　　　　　　　　　　　　　　　(　　　　　　　　　　)

확인 29

은주가 사격을 했습니다. 30번 쏘아 얻은 점수를 표로 나타낸 것입니다. 은주가 얻은 점수는 모두 몇 점입니까?

점수	8점	9점	10점
횟수(번)	12	11	7

　　　　　　　　　　　　　　　　　　　　(　　　　　　　　　　)

예제 9 섭취한 영양소의 양 비교

단백질은 신체를 구성하는 데 필수적인 영양소로 성장기의 학생에게 중요한 영양소 중 하나입니다. 다음은 음식물에 들어 있는 단백질의 양입니다. 오늘 하루 동안 다희는 닭고기 250 g을 먹었고, 지호는 달걀 14개를 먹었습니다. 하루 동안 단백질을 더 많이 섭취한 사람은 누구입니까?

음식물	닭고기(50 g)	달걀(2개)
단백질(g)	15	12

└─ 그램(무게의 단위)

(1) 하루 동안 다희가 섭취한 단백질의 양은 몇 g입니까?

(　　　　　　　　　　　)

(2) 하루 동안 지호가 섭취한 단백질의 양은 몇 g입니까?

(　　　　　　　　　　　)

(3) 하루 동안 단백질을 더 많이 섭취한 사람은 누구입니까?

(　　　　　　　　　　　)

확인 30

다음은 과일에 들어 있는 비타민의 양입니다. 일주일 동안 재우는 딸기 20개를 먹었고, 연아는 귤 18개를 먹었습니다. 일주일 동안 비타민을 더 많이 섭취한 사람은 누구입니까?

과일	딸기(4개)	귤(2개)
비타민(mg)	58	60

└─ 밀리그램(무게의 단위)

(　　　　　　　　　　　)

1 어떤 수에 7을 곱해야 할 것을 잘못하여 어떤 수를 7로 나누었더니 몫이 8이 되었습니다. 바르게 계산하면 얼마입니까?

( )

2 주혜는 일요일마다 동생에게 동화책을 18쪽씩 읽어 주려고 합니다. 3월 25일 일요일부터 4월 30일까지 주혜는 동생에게 동화책을 모두 몇 쪽 읽어 주어야 합니까?

( )

> 달력에서 같은 요일은 7일마다 반복됩니다.

3 기호 ⊙에 대하여 다음과 같이 약속할 때, 18⊙12의 값은 얼마입니까?
(단, 괄호 안부터 계산합니다.)

$$㉠⊙㉡=(㉠×4)+(㉡×7)$$

( )

4 도훈이는 줄넘기를 첫째 날에는 15번을 하고, 둘째 날에는 첫째 날의 2배, 셋째 날에는 둘째 날의 2배를 하기로 했습니다. 도훈이가 같은 방법으로 줄넘기를 한다면 넷째 날에는 모두 몇 번 해야 합니까?

( )

5 아연이는 연필 4타를 선물로 받아 친구 11명에게 4자루씩 나누어 주었습니다. 친구들에게 나누어 주고 남은 연필은 몇 자루인지 풀이 과정을 쓰고 답을 구해 보시오. (단, 연필 1타는 12자루입니다.)

풀이

답

6 오른쪽 그림과 같이 정사각형의 네 변에 일정한 간격으로 별 모양을 그리려고 합니다. 한 변에 별 모양을 38개씩 그리려면 별 모양을 모두 몇 개 그려야 합니까?
(단, 네 꼭짓점에는 반드시 별 모양을 그립니다.)

( )

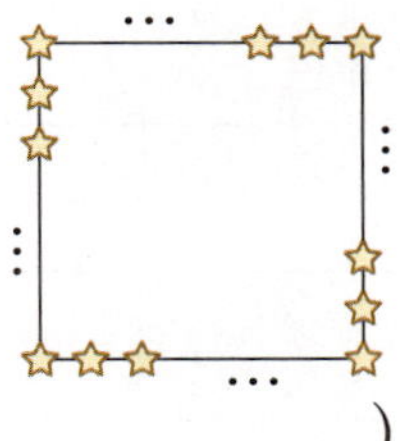

▶ 네 꼭짓점에 그리는 별 모양을 겹쳐서 세지 않도록 주의합니다.

7 체육관에 야구공, 축구공, 배구공이 있습니다. 야구공 수는 축구공 수의 5배이고, 배구공 수는 축구공 수의 3배입니다. 야구공과 배구공 수의 합이 160개라면 축구공은 몇 개입니까?

(   )

축구공 수를 ☐개라 하여 야구공 수와 배구공 수를 각각 ☐를 사용하여 나타내 봅니다.

8 곱셈식에서 ★이 나타내는 수는 모두 같은 수입니다. ★이 나타내는 수는 얼마입니까?

$$\begin{array}{r} 7\ ★ \\ \times\ \quad ★ \\ \hline 4\ 5\ ★ \end{array}$$

(   )

9 46과 어떤 수를 곱하여 300에 가장 가까운 수 ㉠을 만들었습니다. 300과 ㉠ 사이에 있는 세 자리 수는 모두 몇 개인지 풀이 과정을 쓰고 답을 구해 보시오.

풀이 ________________________________

____

____

답 ________________________

300과 ㉠ 사이에 있는 세 자리 수를 셀 때에는 300과 ㉠을 포함하지 않습니다.

10 ☐ 안에 들어갈 수 있는 수는 모두 11개입니다. ㉠에 알맞은 수를 구해 보시오.

$$18 \times 5 < \boxed{} < 34 \times ㉠$$

(   )

11 어떤 두 자리 수의 십의 자리 수와 일의 자리 수를 바꾸어 6을 곱했더니 114가 되었습니다. 처음 두 자리 수에 6을 곱하면 얼마입니까?

(   )

❯ 어떤 두 자리 수를 ㉠㉡이라 하면 십의 자리 수와 일의 자리 수가 바뀐 두 자리 수는 ㉡㉠ 입니다.

12 가은이네 학교 강당에는 15명씩 앉을 수 있는 긴 의자가 9개 있습니다. 학생 170명이 모두 앉으려면 긴 의자는 적어도 몇 개 더 있어야 합니까?

(   )

13 곧게 뻗은 도로의 한쪽에 처음부터 끝까지 나무 17그루를 7 m 간격으로 심었습니다. 같은 도로의 반대쪽에 처음부터 끝까지 8 m 간격으로 나무를 심으려면 필요한 나무는 몇 그루입니까? (단, 나무의 두께는 생각하지 않습니다.)

(   )

14 1분 동안 14 cm를 올라갔다가 2 cm를 미끄러져 내려오는 달팽이가 1 m 위에 있는 먹이를 먹으려고 바닥에서부터 출발하여 4분 동안 올라갔다 미끄러져 내려오는 것을 반복했습니다. 달팽이가 먹이를 먹으려면 몇 cm를 더 올라가야 합니까? (단, 달팽이는 같은 빠르기로 움직입니다.)

(   )

> 1분 동안 올라가는 거리를 ■ cm, 미끄러져 내려오는 거리를 ▲ cm라 하면 1분 동안 실제로 올라간 거리는 (■ − ▲) cm입니다.

서술형

15 홍구네 아파트 단지에는 12층짜리 건물이 6동 있습니다. 이 건물 중 절반은 한 층에 3가구씩 살고 있고, 나머지는 한 층에 4가구씩 살고 있습니다. 한 가구에 소화기가 2개씩 비치되어 있다고 할 때 홍구네 아파트 단지에 비치되어 있는 소화기는 모두 몇 개인지 풀이 과정을 쓰고 답을 구해 보시오.

풀이 ____

____

____

답 ____

16 톱니 수가 48개인 톱니바퀴 ㉮와 톱니 수가 36개인 톱니바퀴 ㉯가 맞물려 돌아가고 있습니다. 톱니바퀴 ㉮가 6바퀴 도는 동안 톱니바퀴 ㉯는 몇 바퀴 돕니까?

(   )

신유형

17 대영이는 휴대 전화 비밀번호를 다음과 같은 조건으로 설정해 놓았습니다. 대영이의 휴대 전화 비밀번호는 무엇입니까?

> 서로 다른 두 수의 차가 ▲일 때 작은 수가 ㉠이라면 큰 수는 ㉠＋▲입니다.

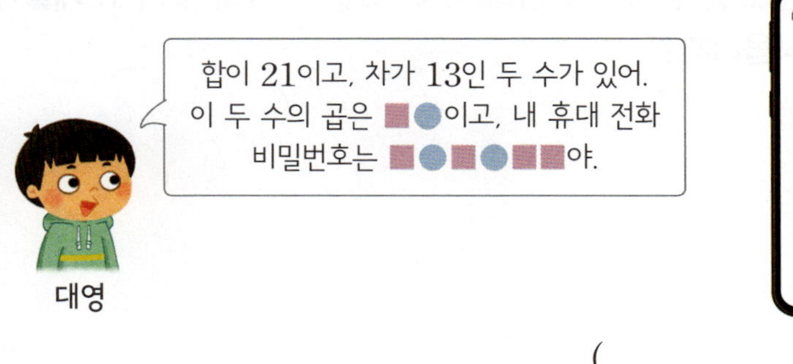

(   )

18 26♠4를 보기 와 같은 방법으로 계산하려고 합니다. ㉠은 얼마입니까?

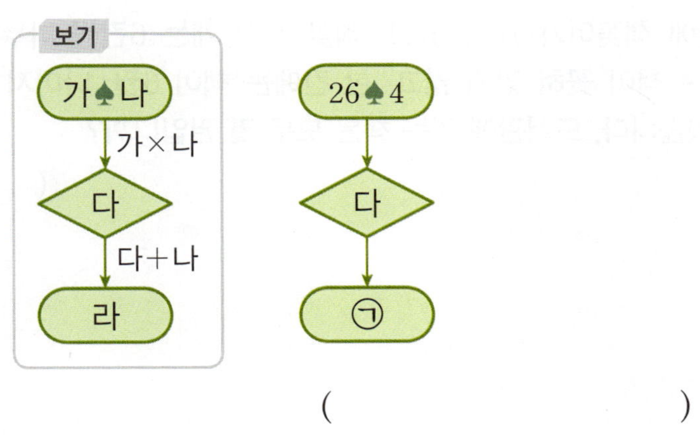

(   )

1 세 수 ㉠, ㉡, ㉢이 있습니다. ㉠은 ㉡의 9배이고, ㉡은 ㉢의 7배입니다. ㉢의 4배가 28일 때, ㉠＋㉡＋㉢은 얼마입니까?

( )

2 쿠키 3개를 넣으면 11개가 나오고, 5개를 넣으면 19개가 나오고, 7개를 넣으면 27개가 나오는 규칙이 있는 요술 상자가 있습니다. 이 요술 상자에 쿠키 13개를 한꺼번에 넣으면 쿠키는 몇 개 나옵니까?

( )

3 도서관에 책꽂이가 16개 있고, 책꽂이 한 개는 6칸씩 나누어져 있습니다. 그중에서 5칸에는 책이 꽂혀 있지 않고, 한 칸에는 책이 6권, 나머지 칸에는 모두 책이 8권씩 꽂혀 있습니다. 도서관에 있는 책은 모두 몇 권입니까?

( )

4 1부터 9까지의 수 중에서 서로 다른 수가 적힌 수 카드가 3장 있습니다. 이 수 카드를 한 번씩만 사용하여 만든 곱이 가장 큰 (몇십몇)×(몇)의 값이 504였습니다. ★에 알맞은 수는 얼마입니까?

3　8　★

( )

5 길이가 48 m인 곧게 뻗은 도로의 양쪽에 처음부터 끝까지 6 m 간격으로 가로수가 심어져 있습니다. 산림청에서는 도로변 산림 자원 보호 차원에서 이 도로의 가로수마다 버팀목을 설치하기로 했습니다. 가로수 한 그루에 버팀목을 설치하는 데 9분씩 걸리고, 가로수 한 그루에 버팀목을 설치할 때마다 5분씩 쉽니다. 이 도로의 가로수에 버팀목을 모두 설치하는 데 걸리는 시간은 몇 시간 몇 분입니까? (단, 가로수의 두께는 생각하지 않습니다.)

( )

6 사탕 133개를 통 5개에 서로 다른 개수가 들어가도록 담았습니다. 가장 많은 사탕이 들어간 통에는 최소 몇 개가 들어 있습니까?

( )

빠른 정답 5쪽 | 정답 35쪽

중국은 아시아의 동부에 위치한 땅이 넓은 나라예요. 이곳은 큰 강과 아름다운 산들이 가득하며, 다양한 기후를 가지고 있답니다. 중국은 오랜 역사와 풍부한 문화를 자랑하는 나라로, 다양한 전통과 축제가 있어요. 사람들은 서로 다른 언어와 문화를 가지고 있지만, 모두가 공동체의 일원으로 살아가고 있어요.

중국의 유명한 특징 중 하나는 바로 만리장성이에요. 만리장성은 세계에서 가장 긴 성벽으로, 고대에 적의 침입을 막기 위해 지어졌답니다. 이 성벽은 수천 킬로미터에 걸쳐 펼쳐져 있으며, 그 규모와 아름다움에 많은 사람들이 감탄해요. 만리장성에 올라가면 주변의 멋진 경치를 한눈에 볼 수 있어 정말 특별한 경험이죠. 이렇게 중국은 역사와 자연이 어우러진 독특한 나라랍니다.

중국

- **언어:** 중국어
- **땅 넓이:** 960만 10 km^2(세계 4위)
- **화폐 단위:** 위안(CNY, ¥)
- **인구:** 14억 1932만 1000명(세계 2위)

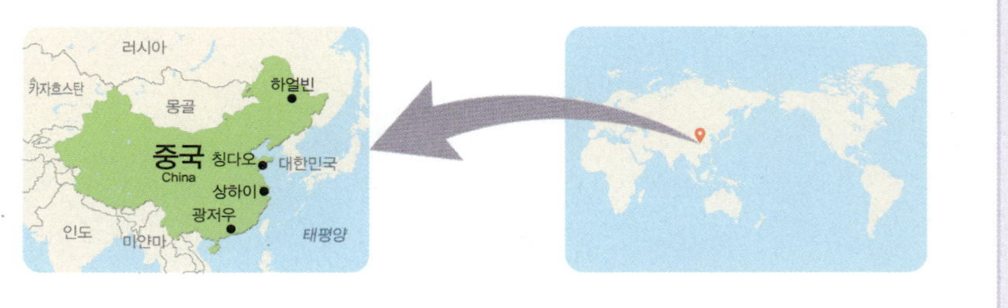

5 길이와 시간

심화 문제_대표 예제

1 다음 중 옳은 것을 모두 고르시오.

( )

① 1분 5초＝65초 ② 2분 30초＝130초
③ 100초＝2분 ④ 400초＝6분 40초
⑤ 240초＝4분 40초

2 연필의 길이는 몇 cm 몇 mm입니까?

( )

3 길이가 더 짧은 것의 기호를 써 보시오.

㉠ 13 cm 5 mm＋7 cm 3 mm
㉡ 24 cm 9 mm－3 cm 5 mm

( )

4 ☐ 안에 알맞은 수를 써넣으시오.

☐ 시간 ☐ 분 ☐ 초

＋2시간 10분 20초

6시간 50분 40초

5 길이가 긴 것부터 차례대로 기호를 써 보시오.

㉠ 5100 m ㉡ 4 km 900 m
㉢ 4090 m ㉣ 5 km

( )

6 집에서 약 1 km 500 m 떨어진 곳에 있는 장소를 찾아 써 보시오.

( )

7 두 끈의 길이의 차는 몇 cm 몇 mm입니까?

10 cm 7 mm

68 mm

(   )

8 축구 경기가 1시간 35분 30초 동안 진행되어 5시 20분에 끝났습니다. 축구 경기를 시작한 시각은 몇 시 몇 분 몇 초입니까?

(   )

9 모둠별 이어달리기 기록입니다. 가장 빠른 모둠과 가장 느린 모둠의 기록의 차는 몇 초입니까?

모둠	이어달리기 기록
1모둠	5분 6초
2모둠	294초
3모둠	4분 57초

(   )

10 집에서 놀이공원까지 가는 경로는 2가지입니다. 경로 1과 경로 2 중 어느 경로의 거리가 더 멉니까?

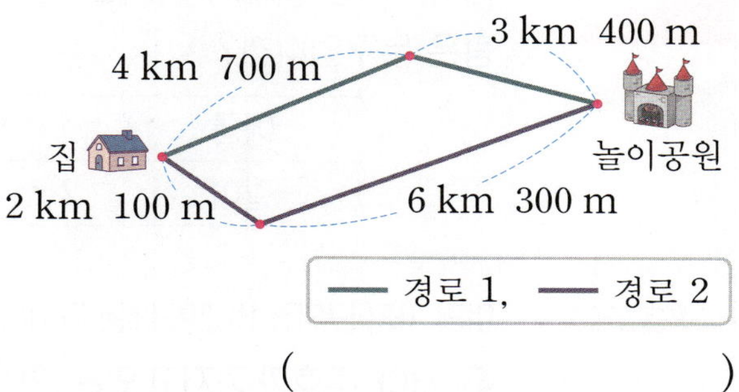

(   )

11 ☐ 안에 알맞은 수를 써넣으시오.

$$\begin{array}{cccc} & \boxed{} \text{시} & 25 \text{분} & 30 \text{초} \\ + & 3 \text{시간} & \boxed{}\text{분} & \boxed{}\text{초} \\ \hline & 9 \text{시} & 7 \text{분} & 20 \text{초} \end{array}$$

12 영주와 지후 중 누가 몇 분 몇 초 더 오래 숙제를 했습니까?

이름	숙제를 시작한 시각	숙제를 끝낸 시각
영주	3시 52분 10초	5시 15분 23초
지후	4시 27분 56초	6시 3분 19초

(,   )

예제 1 — 단위가 다른 길이 비교하기

서아, 주호, 연우가 가지고 있는 끈의 길이입니다. 길이가 가장 긴 끈을 가지고 있는 사람은 누구입니까?

이름	서아	주호	연우
길이	2 m 15 cm	2700 mm	240 cm

예제 전략 여러 가지 단위를 비교할 때는 단위를 같은 단위로 바꾸어 비교합니다.

풀이 ❶ 서아, 주호가 가지고 있는 끈의 길이를 각각 cm 단위로 나타내기

- 서아가 가지고 있는 끈의 길이: 2 m 15 cm＝215 cm
- 주호가 가지고 있는 끈의 길이: 2700 mm＝270 cm

❷ 길이가 가장 긴 끈을 가지고 있는 사람 구하기

끈의 길이를 비교하면 270 cm＞240 cm＞215 cm이므로
(주호)　　(연우)　　(서아)

길이가 가장 긴 끈을 가지고 있는 사람은 주호입니다.

답 주호

| 단계형 |
확인 1

현우, 하윤, 준서가 가지고 있는 실의 길이입니다. 길이가 가장 긴 실을 가지고 있는 사람은 누구입니까?

이름	현우	하윤	준서
길이	375 cm	3 m 8 cm	3600 mm

(1) 하윤, 준서가 가지고 있는 실의 길이는 각각 몇 cm입니까?

하윤 (　　　　　　　　　　), 준서 (　　　　　　　　　　)

(2) 길이가 가장 긴 실을 가지고 있는 사람은 누구입니까?

(　　　　　　　　　　)

| 조건 변형 |

확인 2

지민이가 가지고 있는 색 테이프의 길이입니다. 길이가 가장 짧은 색 테이프는 무슨 색입니까?

색깔	빨간색	노란색	파란색
길이	1090 mm	1 m 90 cm	199 cm

(   )

| 조건 변형 |

확인 3

세희와 친구들이 미술 시간에 사용한 철사의 길이가 다음과 같을 때, 사용한 철사의 길이가 짧은 사람부터 차례대로 이름을 써 보시오.

- 세희: 나는 철사 4200 mm를 사용했어.
- 민재: 나는 1 m짜리 철사 4도막과 10 cm짜리 철사 3도막을 사용했어.
- 윤서: 나는 세희가 사용한 철사의 길이보다 5 cm 더 짧게 사용했어.

(   )

| 조건 추가 |

확인 4

길이가 두 번째로 긴 학용품을 가진 사람은 누구입니까?

- 유하: 내가 가진 색연필의 길이는 119 mm야.
- 도윤: 내가 가진 필통의 길이는 19 cm야.
- 지훈: 내가 가진 연필의 길이는 14 cm 8 mm야.
- 하은: 내가 가진 가위의 길이는 유하와 도윤이가 가진 학용품의 길이의 합보다 13 cm 더 짧아.

(   )

예제 2 — 시계를 보고 끝낸 시각 또는 시작한 시각

오른쪽 시계는 선영이가 야구 연습을 시작한 시각을 나타낸 것입니다. 선영이가 야구 연습을 97분 30초 동안 했다면 야구 연습을 끝낸 시각은 몇 시 몇 분 몇 초입니까?

풀이

❶ 야구 연습을 시작한 시각 구하기

시계가 나타내는 시각은 8시 36분 25초입니다.

❷ 야구 연습을 한 시간 구하기

97분 30초＝**60분**＋**37분** 30초＝**1시간** 37분 30초

❸ 야구 연습을 끝낸 시각 구하기

(야구 연습을 끝낸 시각)

＝(야구 연습을 시작한 시각)＋(야구 연습을 한 시간)

＝8시 36분 25초＋1시간 37분 30초＝10시 13분 55초

답 10시 13분 55초

| 단계형 |

확인 5

오른쪽 시계는 상희가 청소를 시작한 시각을 나타낸 것입니다. 상희가 청소를 100분 40초 동안 했다면 청소를 끝낸 시각은 몇 시 몇 분 몇 초입니까?

(1) 청소를 시작한 시각은 몇 시 몇 분 몇 초입니까?

(   )

(2) 청소를 한 시간은 몇 시간 몇 분 몇 초입니까?

(   )

(3) 청소를 끝낸 시각은 몇 시 몇 분 몇 초입니까?

(   )

| 조건 변형 |

확인 6

오른쪽 시계는 은정이가 피아노 연습을 끝낸 시각을 나타낸 것입니다. 은정이가 피아노 연습을 103분 20초 동안 했다면 피아노 연습을 시작한 시각은 몇 시 몇 분 몇 초입니까?

(   )

| 조건 변형 |

확인 7

왼쪽 시계는 주영이가 책 읽기를 시작한 시각을 나타낸 것입니다. 주영이가 책을 85분 58초 동안 읽었다면 책 읽기를 끝낸 시각을 오른쪽 시계에 나타내 보시오.

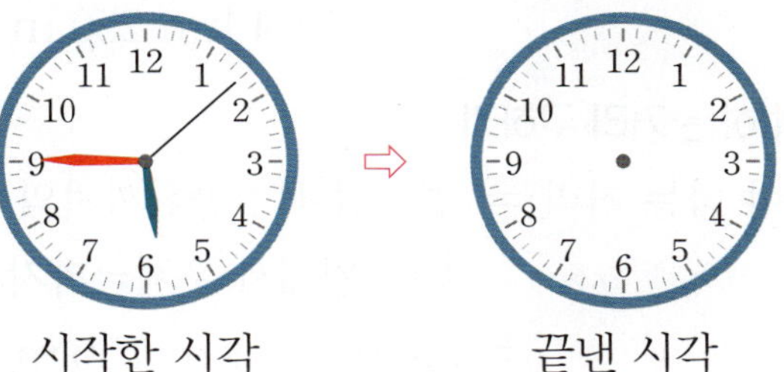

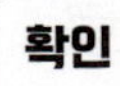

| 조건 추가 |

확인 8

오른쪽 시계는 석훈이가 공부를 시작한 시각을 나타낸 것입니다. 석훈이가 국어 공부를 55분 45초, 수학 공부를 57분 35초 동안 했다면 공부를 끝낸 시각은 몇 시 몇 분 몇 초입니까?

(   )

예제 3 더 가야 하는 거리

승주는 집에서 4250 m 떨어진 우체국에 가고 있습니다. 승주가 집에서 출발하여 2 km 500 m 떨어진 공원까지 갔다가 편의점에 들르기 위해 가던 길을 430 m만큼 되돌아왔습니다. 승주는 우체국까지 몇 km 몇 m를 더 가야 합니까?

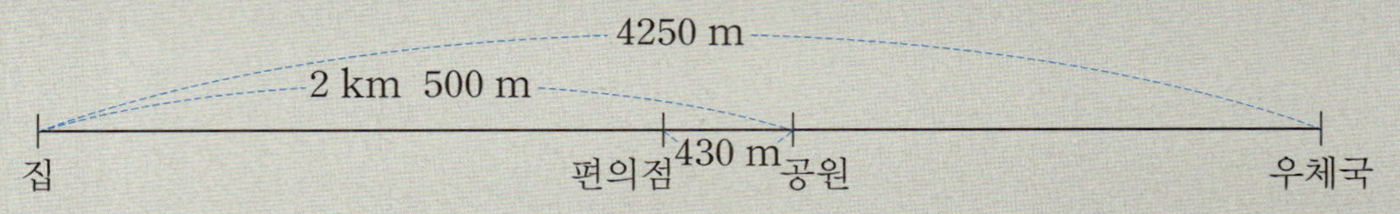

풀이

❶ 공원에서 우체국까지의 거리 구하기

(집에서 우체국까지의 거리)=4250 m=4 km 250 m

(공원에서 우체국까지의 거리)=(집에서 우체국까지의 거리)
$-$(집에서 공원까지의 거리)
=4 km 250 m$-$2 km 500 m=1 km 750 m

❷ 더 가야 하는 거리 구하기

(더 가야 하는 거리)=(편의점에서 공원까지의 거리)
$+$(공원에서 우체국까지의 거리)
=430 m$+$1 km 750 m=2 km 180 m

답 2 km 180 m

| 단계형 |

확인 9

희진이는 학교에서 3820 m 떨어진 집에 가고 있습니다. 희진이가 학교에서 출발하여 1 km 400 m 떨어진 영화관까지 갔다가 마트에 들르기 위해 가던 길을 550 m만큼 되돌아왔습니다. 희진이는 집까지 몇 km 몇 m를 더 가야 합니까?

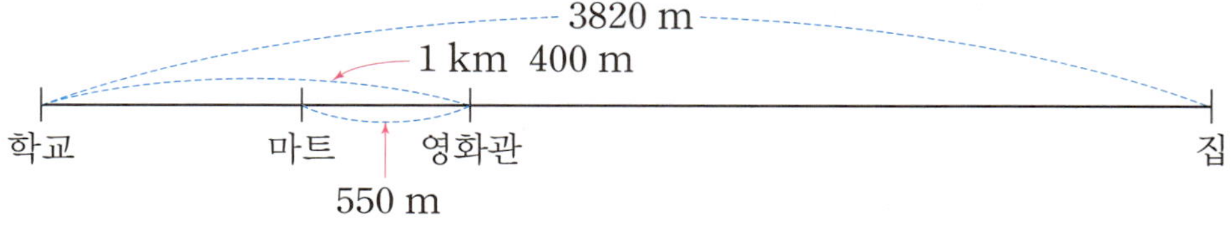

(1) 영화관에서 집까지의 거리는 몇 km 몇 m입니까?

(   )

(2) 더 가야 하는 거리는 몇 km 몇 m입니까?　　(   )

| 소재 변형 |

확인 10 민형이는 집에서 5760 m 떨어진 도서관에 가고 있습니다. 민형이가 집에서 출발하여 3 km 800 m를 갔다가 약국에 들르기 위해 가던 길을 720 m만큼 되돌아왔습니다. 민형이는 도서관까지 몇 km 몇 m를 더 가야 합니까?

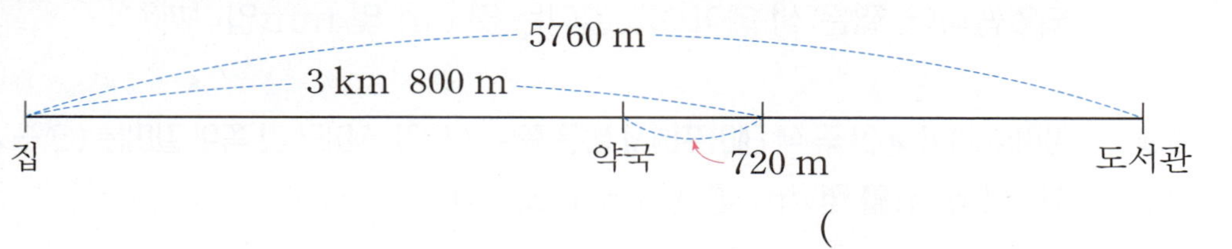

(   )

| 조건 변형 |

확인 11 재민이와 슬아는 둘레가 3220 m인 호수의 같은 지점에서 동시에 출발하여 서로 반대 방향으로 걷고 있습니다. 재민이가 1 km 150 m, 슬아가 1 km 350 m를 걸었다면 두 사람이 만나기 위해 더 걸어야 하는 거리의 합은 몇 m입니까?

(   )

| 조건 변형 |

확인 12 지우와 세미는 원 모양의 공원을 같은 지점에서 동시에 출발하여 같은 방향으로 걷고 있습니다. 지우가 3 km 100 m, 세미가 1 km 850 m를 걸었고, 지우가 공원 한 바퀴를 도는 데 5 km 740 m를 더 걸어야 한다면 세미가 공원 한 바퀴를 도는 데 더 걸어야 하는 거리는 몇 km 몇 m입니까?

(   )

예제 4 길이의 합과 차가 주어진 두 색 테이프의 길이

길이의 차가 34 mm인 색 테이프 2개를 겹치지 않게 한 줄로 이어 붙였더니 18 cm가 되었습니다. 짧은 색 테이프의 길이는 몇 cm 몇 mm입니까?

예제 전략 길이의 차가 ▲인 두 색 테이프에서 짧은 쪽의 길이가 ㉠이면 긴 쪽의 길이는 (㉠＋▲)입니다.

풀이

❶ 34 mm를 몇 cm 몇 mm로 나타내기
34 mm＝3 cm 4 mm

❷ 짧은 색 테이프의 길이를 □라 할 때, 긴 색 테이프의 길이 나타내기

짧은 색 테이프
긴 색 테이프　3 cm 4 mm　⇨　□＋3 cm 4 mm

❸ 짧은 색 테이프의 길이는 몇 cm 몇 mm인지 구하기

□＋(□＋3 cm 4 mm)＝18 cm,

짧은 색 테이프 ┘　긴 색 테이프

□＋□＝18 cm－3 cm 4 mm＝14 cm 6 mm

7 cm 3 mm＋7 cm 3 mm＝14 cm 6 mm이므로 □＝7 cm 3 mm입니다.

따라서 짧은 색 테이프의 길이는 7 cm 3 mm입니다.

답 7 cm 3 mm

| 단계형 |

확인 13 길이의 차가 52 mm인 끈 2개를 겹치지 않게 한 줄로 이어 붙였더니 24 cm가 되었습니다. 짧은 끈의 길이는 몇 cm 몇 mm입니까?

(1) 52 mm는 몇 cm 몇 mm입니까?

(　　　　　　　　　)

(2) 짧은 끈의 길이를 □라 할 때, 긴 끈의 길이를 □를 사용하여 나타내 보시오.

(　　　　　　　　　)

(3) 짧은 끈의 길이는 몇 cm 몇 mm입니까?

(　　　　　　　　　)

| 조건 변형 |

확인 14 길이의 차가 24 mm인 철사 2개를 겹치지 않게 한 줄로 이어 붙였더니 20 cm가 되었습니다. 긴 철사의 길이는 몇 cm 몇 mm입니까?

( )

| 조건 변형 |

확인 15 길이의 차가 18 mm인 끈 2개를 겹치지 않게 한 줄로 이어 붙였더니 42 cm가 되었습니다. 짧은 끈과 긴 끈의 길이는 각각 몇 cm 몇 mm입니까?

짧은 끈 ( ), 긴 끈 ( )

| 조건 변형 |

확인 16 길이가 99 cm 6 mm인 리본을 두 도막으로 잘랐습니다. 긴 리본의 길이가 짧은 리본의 길이의 2배일 때, 짧은 리본의 길이는 몇 cm 몇 mm입니까?

( )

예제 5 **고장난 시계가 가리키는 시각**

1시간에 4초씩 빨라지는 시계가 있습니다. 이 시계를 오늘 오전 10시에 정확히 맞추어 놓았습니다. 2일 후 오전 10시에 이 시계가 가리키는 시각은 오전 몇 시 몇 분 몇 초입니까?

풀이 ❶ 오늘 오전 10시부터 2일 후 오전 10시까지의 시간 구하기

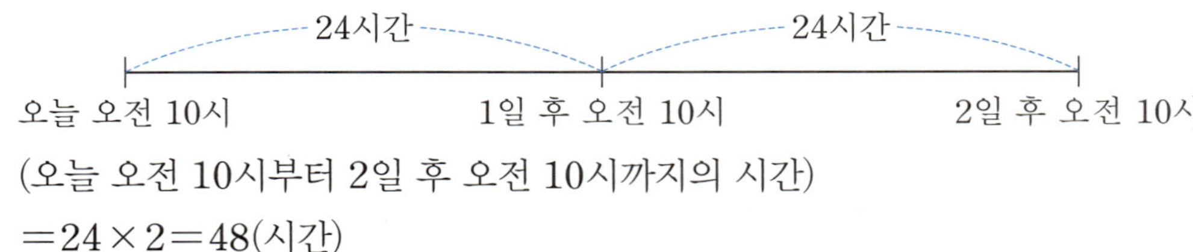

(오늘 오전 10시부터 2일 후 오전 10시까지의 시간)
$=24\times2=48$(시간)

❷ 위 ❶에서 구한 시간 동안 빨라지는 시간 구하기

(48시간 동안 빨라지는 시간)$=$(1시간에 빨라지는 시간)$\times48$
$=4\times48=192$(초) ⇨ 3분 12초

❸ 2일 후 오전 10시에 이 시계가 가리키는 시각 구하기

(2일 후 오전 10시에 이 시계가 가리키는 시각)
$=$오전 10시$+$3분 12초$=$오전 10시 3분 12초
└─ ● 정확한 시각에 빨라지는 시간만큼 더해야 합니다.

답 오전 10시 3분 12초

| 단 계 형 |
확인 17

1시간에 2초씩 빨라지는 시계가 있습니다. 이 시계를 오늘 오후 3시에 정확히 맞추어 놓았습니다. 3일 후 오후 3시에 이 시계가 가리키는 시각은 오후 몇 시 몇 분 몇 초입니까?

(1) 오늘 오후 3시부터 3일 후 오후 3시까지는 몇 시간입니까?

(   )

(2) 위 (1)에서 구한 시간 동안 빨라지는 시간은 몇 분 몇 초입니까?

(   )

(3) 3일 후 오후 3시에 이 시계가 가리키는 시각은 오후 몇 시 몇 분 몇 초입니까?

(   )

| 조건 변형 |

확인 18 1시간에 5초씩 늦어지는 시계가 있습니다. 이 시계를 오늘 오후 10시에 정확히 맞추어 놓았습니다. 4일 후 오후 10시에 이 시계가 가리키는 시각은 오후 몇 시 몇 분입니까?

( )

| 조건 변형 |

확인 19 1시간에 6초씩 늦어지는 시계가 있습니다. 이 시계를 오늘 오전 8시 30분에 정확히 맞추어 놓았습니다. 3일 후 오후 1시 30분에 이 시계가 가리키는 시각은 오후 몇 시 몇 분 몇 초입니까?

( )

| 조건 추가 |

확인 20 도희의 시계는 1시간에 4초씩 늦어지고 시우의 시계는 1시간에 4초씩 빨라집니다. 도희와 시우가 오늘 오전 11시에 시계를 정확히 맞추어 놓았다면 두 사람의 시계가 처음으로 40초 차이가 나는 때는 오후 몇 시입니까?

( )

창의융합형 · 예제 6

일정한 빠르기로 갈 때 걸리는 시간

세상에서 가장 빠른 동물이라고 하면 치타를 떠올리지만 치타는 육지에서 달리는 동물 중 가장 빠른 동물입니다. 세상에서 가장 빠른 동물은 하늘을 나는 군함조입니다. 군함조가 가장 빠른 빠르기로 움직일 때는 1시간에 400 km보다 더 멀리 움직인다고 합니다. 군함조가 100 m를 6초에 가는 빠르기로 1 km 200 m를 간다면 몇 분 몇 초가 걸립니까?

▲ 군함조

(1) 1 km 200 m는 몇 m입니까?

(   )

(2) 군함조가 1 km 200 m를 간다면 몇 분 몇 초가 걸립니까?

(   )

확인 21

우리가 알고 있는 느린 동물은 달팽이, 거북, 나무늘보 등이 있습니다. 이 중 세상에서 가장 느린 동물은 달팽이입니다. 달팽이의 한 종류인 정원 달팽이는 1시간에 50 m도 가지 못한다고 합니다. 달팽이가 10 mm를 5초에 가는 빠르기로 15 cm를 간다면 몇 분 몇 초가 걸립니까?

▲ 달팽이

(   )

창의 융합형 | 예제 7

세계 각 지역의 시간 차

시차는 한 지역과 다른 지역 사이의 시간 차이를 말하며 지구가 돌면서 각 지역마다 태양이 비치는 시간이 다르기 때문에 발생합니다. 다음은 세계 표준시를 기준으로 세계 도시의 시각을 나타낸 지도입니다. 뉴욕이 1월 2일 오후 11시일 때, 서울은 1월 3일 오후 1시입니다. 뉴욕이 5월 7일 오후 5시 20분일 때, 서울은 몇 월 며칠 오전 몇 시 몇 분입니까?

(1) 서울은 뉴욕보다 몇 시간 더 빠릅니까?

(   )

(2) 뉴욕이 5월 7일 오후 5시 20분일 때, 서울은 몇 월 며칠 오전 몇 시 몇 분입니까?

(   )

확인 22

은수가 영국 맨체스터에서 하는 축구 경기를 보기 위해 인터넷으로 서울과 맨체스터의 시각을 검색했더니 다음과 같았습니다. 축구 경기가 맨체스터의 시각으로 11월 22일 오후 4시에 시작한다면 서울 시각으로는 몇 월 며칠 오전 몇 시에 시작하는 것입니까?

(   )

1 승호와 지나가 걷기 운동을 했습니다. 승호는 3 km보다 100 m 더 긴 거리를 걸었고 지나는 둘레가 700 m인 공원을 4바퀴 걸었습니다. 누가 몇 m 더 긴 거리를 걸었습니까?

(,)

2 오른쪽 시계는 연아가 줄넘기 연습을 끝낸 시각을 나타낸 것입니다. 연아가 줄넘기 연습을 593초 동안 했다면 줄넘기 연습을 시작한 시각은 몇 시 몇 분 몇 초입니까?

( )

(서술형)

3 철인 3종 경기 중 올림픽 코스는 수영 1 km 500 m, 자전거 40 km, 달리기 10 km를 연이어 겨루는 경기입니다. 다음 철인 3종 경기 기록표를 보고 자전거 기록은 몇 시간 몇 분 몇 초인지 풀이 과정을 쓰고 답을 구해 보시오.

▶ 총 기록은 출발해서 도착할 때까지 걸린 시간이며 수영, 자전거, 달리기 기록의 합과 같습니다.

총 기록	출발 시각	오전 8시
	수영 기록	50분 48초
	자전거 기록	
	달리기 기록	1시간 4분 54초
	도착 시각	오전 11시 6분 23초

풀이

답

4 길이가 3 cm 2 mm씩 차이가 나는 색 테이프가 3개 있습니다. 가장 긴 색 테이프의 길이가 16 cm일 때 3개의 색 테이프를 겹치지 않게 한 줄로 이어 붙이면 전체 길이는 몇 cm 몇 mm입니까?

( )

5 어느 지하철은 한 역을 가는 데 일정하게 2분 30초가 걸리고, 역마다 30초씩 정차합니다. 이 지하철이 첫 번째 역을 출발하여 네 번째 역에 도착하는 데 걸리는 시간은 몇 분 몇 초입니까?

( )

첫 번째 역을 출발하여 세 번째 역에 도착하는 데 걸리는 시간을 그림으로 나타내면 다음과 같습니다.

6 어느 날 해가 뜬 시각은 오전 6시 40분 32초이고, 해가 진 시각은 오후 5시 44분 27초였습니다. 이날 낮의 길이와 밤의 길이의 차는 몇 시간 몇 분 몇 초입니까?

( )

• (낮의 길이)
＝(해가 진 시각)
－(해가 뜬 시각)
• (밤의 길이)
＝24시간－(낮의 길이)

7 은우네 집에서 놀이공원까지의 거리는 3 km 200 m입니다. 은우네 집과 놀이공원 사이에 있는 마트는 은우네 집보다 놀이공원에 800 m 더 가깝습니다. 은우가 집에서 출발하여 마트에 도착했다면 놀이공원까지 가는 데 더 가야 하는 거리는 몇 km 몇 m입니까?

( )

> 마트에서 놀이공원까지의 거리를 □라 하고 식을 세웁니다.

8 ㉮ 도로의 한쪽에 250 m 간격으로 가로수를 6그루 심고, ㉯ 도로의 한쪽에 150 m 간격으로 가로수를 8그루 심었습니다. ㉮와 ㉯ 도로 모두 처음과 끝에 가로수를 심었다면 ㉮와 ㉯ 도로의 길이의 합은 몇 km 몇 m입니까? (단, 가로수의 두께는 생각하지 않습니다.)

( )

서술형

9 민서네 집에서 공원까지 가는 데 37분 54초가 걸리고, 공원에서 기차역까지 가는 데 46분 17초가 걸립니다. 민서가 집에서 출발하여 공원을 지나 기차역에 오후 1시 10분까지 도착하려면 집에서 늦어도 오전 몇 시 몇 분 몇 초에 출발해야 하는지 풀이 과정을 쓰고 답을 구해 보시오.

풀이

답

신유형

10 현재 디지털 시계가 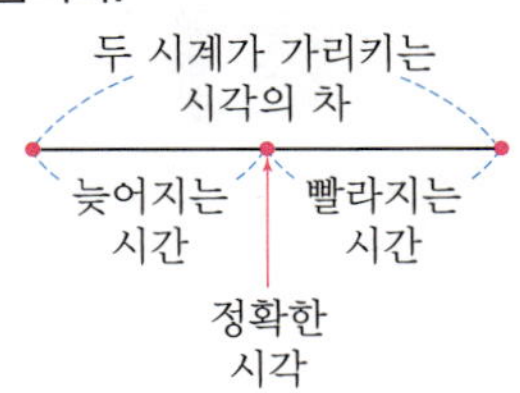 을 나타내고 있습니다. 이때의 숫자의 합은 $1+2+3=6$입니다. 이 시계가 나타내는 숫자의 합이 처음으로 15가 되는 때는 지금으로부터 몇 분 후입니까?

( )

> ● 분 단위의 숫자의 합이 가장 클 때를 생각해 봅니다.

11 길이가 17 cm 4 mm인 막대를 8 mm씩 차이가 나도록 3도막으로 나누었습니다. 가장 짧은 막대의 길이는 몇 cm입니까?

( )

12 정호의 시계는 하루에 14분씩 일정하게 늦어지고, 소희의 시계는 하루에 6분씩 일정하게 빨라집니다. 정호와 소희가 오늘 오전 8시에 시계를 정확히 맞추어 놓았다면 일주일 후 오후 8시가 되었을 때 두 시계가 가리키는 시각의 차는 몇 시간 몇 분입니까?

( )

> ● 두 시계가 가리키는 시각을 그림으로 나타내면 다음과 같습니다.
>

1 은호가 어제와 오늘 달리기를 시작한 시각과 끝낸 시각을 나타낸 것입니다. 어제와 오늘 달리기를 한 시간이 모두 1시간 28분 32초일 때, 오늘 달리기를 끝낸 시각은 몇 시 몇 분 몇 초입니까?

	시작한 시각	끝낸 시각
어제	3시 46분 25초	4시 20분 23초
오늘	4시 33분 38초	?

(   )

2 어느 고속버스 터미널에서 광주로 가는 첫 번째 버스가 오전 9시에 출발했습니다. 버스가 일정한 간격으로 출발하여 오후 1시에 13번째 버스가 출발했다면 버스는 몇 분 간격으로 출발한 것입니까?

(   )

3 윤성이는 어느 날 오전 10시에 손목시계를 정확히 맞추었습니다. 5일이 지난 후 오전 10시에 손목시계를 보니 오전 9시 56분이었습니다. 윤성이의 손목시계는 1시간에 몇 초씩 늦어진 셈인지 구해 보시오.

(   )

4 수민이는 오후 5시 20분에 출발하는 버스를 타기로 했습니다. 수민이네 집에서 버스 정류장까지 50분이 걸리고, 현재 시각을 거울에 비쳐 보았더니 오른쪽과 같았습니다. 수민이가 지금 집에서 출발한다면 버스 정류장에 도착해서 버스가 출발하기까지 몇 분 몇 초를 기다려야 합니까?

(단, 지금은 오후입니다.)

(   )

5 두원이는 오전 11시 40분에 집에서 출발하여 영화관에 갔습니다. 1시간 20분 동안 영화관에 있다가 집에 돌아왔더니 오후 2시 17분이었습니다. 집으로 올 때 걸린 시간이 영화관에 갈 때 걸린 시간보다 7분 더 길었다면 집에서 영화관에 갈 때 걸린 시간은 몇 분입니까?

(   )

6 개미가 지금 있는 곳에서 빵이 있는 곳까지 길을 따라가려고 합니다. 개미는 7 cm를 8초 동안 가고, 7 cm를 갈 때마다 4초 동안 쉽니다. 개미가 같은 빠르기로 빵이 있는 곳까지 가장 빨리 가면 몇 분 몇 초가 걸립니까?

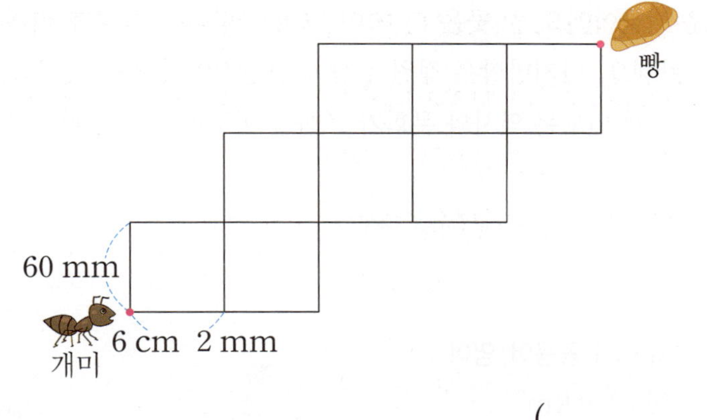

(   )

다양한 문화와 전통이 함께 어우러진
인도의 수도

빠른 정답 6쪽 | 정답 41쪽

인도는 아시아의 남부에 위치한 다양하고 매력적인 나라예요. 이곳은 아름다운 산과 강, 다양한 기후가 어우러져 있어요. 인도는 여러 가지 문화와 전통이 함께 살아 숨 쉬는 곳으로, 음식, 음악, 춤 등 다양한 예술이 매우 발달해 있답니다. 사람들은 서로 다른 언어와 종교를 가지고 있지만, 모두가 함께 어우러져 살아가고 있어요.

인도의 유명한 특징 중 하나는 바로 타지마할이에요. 타지마할은 사랑의 상징으로, 흰색 대리석으로 지어진 아름다운 건물이에요. 이곳은 한 왕이 그의 사랑하는 아내를 위해 지은 무덤으로, 그 아름다움에 많은 사람들이 감탄해요. 타지마할은 정원과 함께 환상적인 경치를 제공하며, 특히 해질 무렵의 모습은 정말 아름다워요. 이렇게 인도는 역사와 문화가 조화를 이루는 특별한 나라랍니다.

인도

- **언어:** 힌디어외 14개 공용어, 영어
- **땅 넓이:** 328만 7260 km^2
- **화폐 단위:** 인도 루피(INR, Rs)
- **인구:** 14억 5093만 5000명(세계 1위)

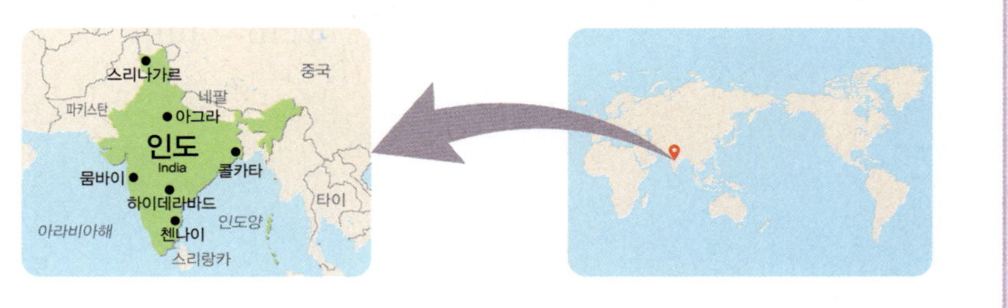

6 분수와 소수

1 주어진 분수만큼 색칠하고 분수를 읽어 보시오.

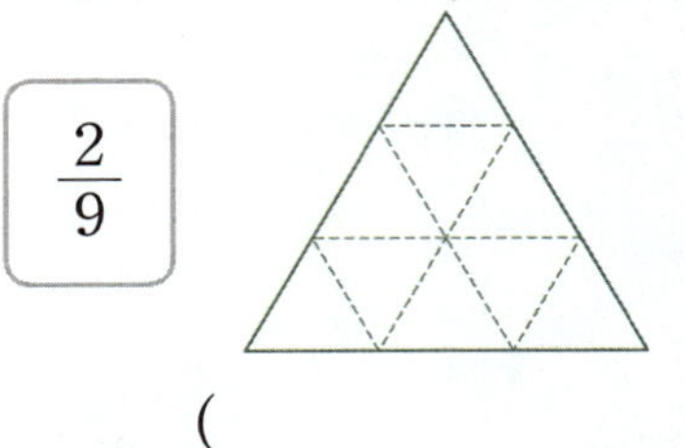

$\dfrac{2}{9}$

(   )

2 사각형을 두 가지 방법으로 똑같이 나누어 $\dfrac{4}{6}$ 만큼 색칠해 보시오.

3 길이의 관계를 잘못 나타낸 것을 찾아 기호를 써 보시오.

> ㉠ 3.5 cm＝3 cm 5 mm
> ㉡ 65 cm＝6.5 mm
> ㉢ 49 mm＝4.9 cm

(   )

4 부분을 보고 전체를 완성해 보시오.

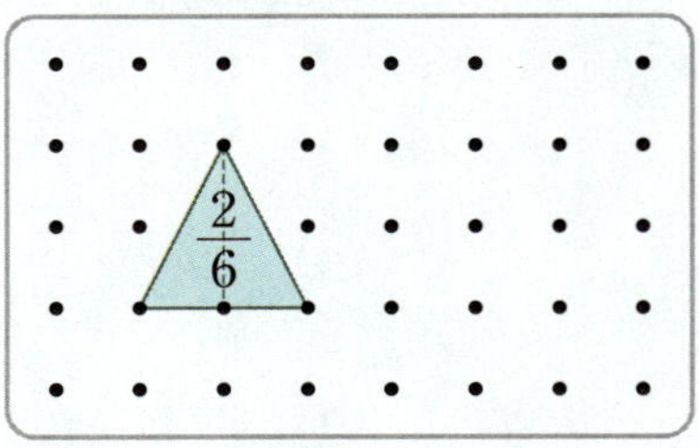

5 리본 1 m를 똑같이 10조각으로 나누어 그중 인혜가 4조각, 현서가 6조각을 사용했습니다. 인혜와 현서가 사용한 리본의 길이는 각각 몇 m인지 소수로 나타내 보시오.

인혜 (   )

현서 (   )

6 분모가 13인 분수 중에서 $\dfrac{3}{13}$ 보다 크고 $\dfrac{8}{13}$ 보다 작은 분수를 모두 찾아 ◯표 하시오.

$\dfrac{2}{13}$	$\dfrac{4}{13}$	$\dfrac{7}{13}$	$\dfrac{10}{13}$	$\dfrac{12}{13}$

7 색칠한 부분이 전체의 $\frac{8}{15}$이 되려면 몇 칸을 더 색칠해야 합니까?

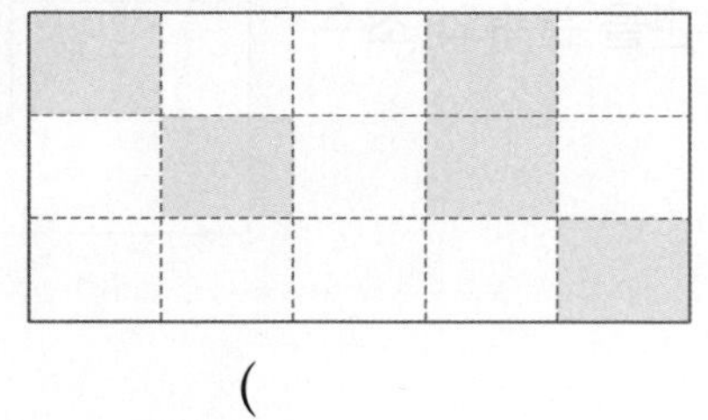

( )

10 수 카드 4장 중에서 2장을 뽑아 한 번씩만 사용하여 만들 수 있는 가장 큰 단위분수를 구해 보시오.

( )

8 큰 수부터 차례대로 기호를 써 보시오.

> ㉠ $\frac{1}{10}$이 38개인 수
> ㉡ 0.1이 44개인 수
> ㉢ 0.1이 51개인 수
> ㉣ 4와 0.9만큼인 수

( )

11 볼펜의 길이는 9 cm 4 mm이고, 연필의 길이는 볼펜보다 22 mm 더 짧습니다. 연필의 길이는 몇 cm인지 소수로 나타내 보시오.

( )

9 1부터 9까지의 수 중에서 ☐ 안에 들어갈 수 있는 수는 모두 몇 개입니까?

> 3.☐ < 3.4

( )

12 와플 한 개를 똑같이 10조각으로 나누어 은수는 4조각을 먹었고, 혜미는 2조각을 먹었습니다. 남은 와플은 전체의 얼마인지 소수로 나타내 보시오.

( )

심화 문제

예제 1 색칠한 부분을 분수와 소수로 나타내기

오른쪽 도형을 똑같이 10으로 나눌 때, 색칠한 부분을 분수와 소수로 각각 나타내 보시오.

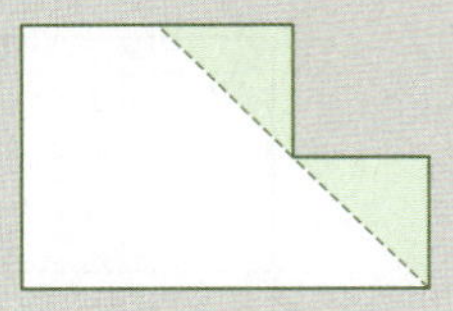

풀이

❶ 도형을 똑같이 10으로 나누기

도형을 색칠한 작은 삼각형 1개의 크기로 똑같이 나누면 오른쪽 그림과 같습니다.

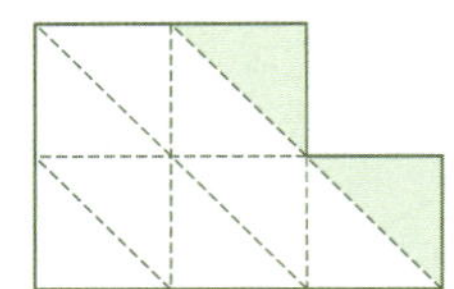

❷ 위 ❶에서 색칠한 부분을 분수와 소수로 각각 나타내기

색칠한 부분은 전체를 똑같이 10으로 나눈 것 중의 2이므로

분수로 나타내면 $\dfrac{2}{10}$ 이고, 소수로 나타내면 0.2입니다.

답 분수: $\dfrac{2}{10}$, 소수: 0.2

| 단계형 |

확인 1 오른쪽 도형을 똑같이 10으로 나눌 때, 색칠한 부분을 분수와 소수로 각각 나타내 보시오.

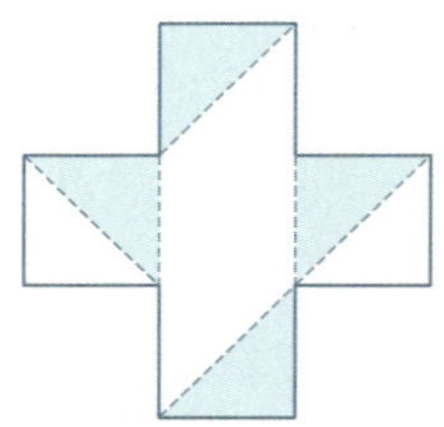

(1) 도형을 똑같이 10으로 나누어 보시오.

(2) 색칠한 부분을 분수와 소수로 각각 나타내 보시오.

분수 (   ), 소수 (   )

| 소재 변형 |

확인 2

오른쪽 도형을 똑같이 10으로 나눌 때, 색칠한 부분을 분수와 소수로
각각 나타내 보시오.

분수 (　　　　　　　　　), 소수 (　　　　　　　　　)

| 조건 변형 |

확인 3

오른쪽 도형을 똑같이 10으로 나눌 때, 색칠하지 <u>않은</u> 부분을 분
수와 소수로 각각 나타내 보시오.

분수 (　　　　　　　　　), 소수 (　　　　　　　　　)

| 조건 추가 |

확인 4

도형을 각각 똑같이 10으로 나눌 때, 색칠한 부분을 소수로 나타내 보시오.

(　　　　　　　　　)

| 예제 2 | **분수와 소수의 크기 비교의 활용** |

소은이와 친구들은 똑같은 컵에 우유를 따라 마셨습니다. 소은이는 0.7컵, 선호는 $\frac{9}{10}$컵, 민수는 0.4컵, 민종이는 $\frac{5}{10}$컵을 마셨다면 우유를 가장 많이 마신 사람은 누구입니까?

풀이 ❶ 선호와 민종이가 마신 우유는 각각 몇 컵인지 소수로 나타내기

- 선호가 마신 우유의 양: $\frac{9}{10}$컵 = 0.9컵

- 민종이가 마신 우유의 양: $\frac{5}{10}$컵 = 0.5컵

❷ 우유를 가장 많이 마신 사람 구하기

$0.9 > 0.7 > 0.5 > 0.4$이므로 우유를 가장 많이 마신 사람은 선호입니다.
선호   소은   민종   민수

답 선호

| 단계형 |
확인 5

윤희네 가족은 똑같은 컵에 주스를 따라 마셨습니다. 윤희는 $\frac{4}{10}$컵, 어머니는 1.2컵, 아버지는 1.6컵, 동생은 $\frac{7}{10}$컵을 마셨다면 주스를 가장 많이 마신 사람은 누구입니까?

(1) 윤희와 동생이 마신 주스는 각각 몇 컵인지 소수로 나타내 보시오.

윤희 (   ), 동생 (   )

(2) 주스를 가장 많이 마신 사람은 누구입니까?

(   )

| 소재 변형 |

확인 6

철사를 명진이는 $\dfrac{9}{10}$ m, 규리는 0.8 m, 민성이는 0.7 m, 혜영이는 $\dfrac{3}{10}$ m 가지고 있습니다. 가장 짧은 철사를 가지고 있는 사람은 누구입니까?

(   )

| 조건 변형 |

확인 7

민희와 친구들이 가지고 있는 끈의 길이를 나타낸 것입니다. 길이가 긴 끈을 가지고 있는 사람부터 차례대로 이름을 써 보시오.

민희	정수	찬우	태연
$\dfrac{5}{10}$ m	0.1 m가 13개	1 m와 0.6 m만큼	1.8 m

(   )

| 조건 추가 |

확인 8

승아가 가지고 있는 책의 두께를 나타낸 것입니다. 두께가 동화책보다 두껍고 소설책보다 얇은 책은 무엇입니까?

동화책	만화책	위인전	수학책	소설책
0.9 cm	$\dfrac{8}{10}$ cm	1.2 cm	7 mm	0.1 cm가 21개

(   )

6. 분수와 소수   **153**

STEP 1 **PRACTICE**
심화 문제

예제 3

분수의 크기를 비교하여 ☐ 안에 들어갈 수 있는 수 구하기

1부터 9까지의 수 중에서 ☐ 안에 들어갈 수 있는 수는 모두 몇 개입니까?

$$\frac{4}{10} < \frac{\square}{10} < \frac{8}{10}$$

풀이

❶ ☐ 안에 들어갈 수 있는 수의 범위 구하기

분모가 같은 분수는 분자가 클수록 더 큰 분수입니다.

$$\frac{4}{10} < \frac{\square}{10} < \frac{8}{10} \Rightarrow$$ ☐ 안의 수는 4보다 크고 8보다 작아야 합니다.

❷ ☐ 안에 들어갈 수 있는 수의 개수 구하기

$$\frac{4}{10} < \frac{5}{10} < \frac{8}{10}, \quad \frac{4}{10} < \frac{6}{10} < \frac{8}{10}, \quad \frac{4}{10} < \frac{7}{10} < \frac{8}{10}$$

$\Rightarrow$ ☐ 안에 들어갈 수 있는 수는 5, 6, 7로 모두 3개입니다.

답 3개

| 단 계 형 |
확인 9

1부터 9까지의 수 중에서 ☐ 안에 들어갈 수 있는 수는 모두 몇 개입니까?

$$\frac{10}{15} > \frac{\square}{15} > \frac{5}{15}$$

(1) 알맞은 말에 ◯표 하시오.

분모가 같은 분수는 분자가 작을수록 더 (큽니다 , 작습니다).

(2) ☐ 안에 들어갈 수 있는 수는 모두 몇 개입니까?

(   )

| 조건 변형 |

확인 10 분모가 8인 분수 중에서 $\dfrac{3}{8}$보다 크고 $\dfrac{7}{8}$보다 작은 분수는 모두 몇 개입니까?

( )

| 조건 변형 |

확인 11 1부터 9까지의 수 중에서 ☐ 안에 들어갈 수 있는 수의 합은 얼마입니까?

$$\dfrac{1}{9} < \dfrac{1}{\square} < \dfrac{1}{4}$$

( )

| 조건 추가 |

확인 12 1부터 10까지의 수 중에서 ☐ 안에 공통으로 들어갈 수 있는 수를 모두 구해 보시오.

$$\bigcirc\ \dfrac{7}{13} < \dfrac{\square}{13} < \dfrac{11}{13} \qquad \bigcirc\ \dfrac{6}{11} < \dfrac{6}{\square} < \dfrac{6}{8}$$

( )

예제 4 | **소수의 크기를 비교하여 □ 안에 들어갈 수 있는 수 구하기**

1부터 9까지의 수 중에서 □ 안에 들어갈 수 있는 수는 모두 몇 개입니까?

$$0.1이 41개인 수 < 4.\square < 4.6$$

풀이

❶ 0.1이 41개인 수를 소수로 나타내기

0.1이 41개인 수는 4.1입니다.

❷ □ 안에 들어갈 수 있는 수의 개수 구하기

$4.1 < 4.\square < 4.6$에서

$4.1 < 4.\boxed{2} < 4.6$, $4.1 < 4.\boxed{3} < 4.6$,

$4.1 < 4.\boxed{4} < 4.6$, $4.1 < 4.\boxed{5} < 4.6$

➡ □ 안에 들어갈 수 있는 수는 2, 3, 4, 5로 모두 4개입니다.

답 4개

| 단계형 |
확인 13 1부터 9까지의 수 중에서 □ 안에 들어갈 수 있는 수는 모두 몇 개입니까?

$$7.3 < 7.\square < 0.1이 79개인 수$$

(1) 0.1이 79개인 수를 소수로 나타내 보시오.

(   )

(2) □ 안에 들어갈 수 있는 수는 모두 몇 개입니까?

(   )

| 조건 변형 |

확인 14 다음을 만족하는 ■.▲ 형태의 소수는 모두 몇 개입니까?

> - 0.1이 62개인 수보다 큽니다.
> - 6과 0.7만큼인 수보다 작습니다.

(   )

| 조건 변형 |

확인 15 1부터 9까지의 수 중에서 ☐ 안에 들어갈 수 있는 수의 합은 얼마입니까?

$$5와 \frac{4}{10}만큼인 수 < 5.\square < 0.1이\ 58개인 수$$

(   )

| 조건 추가 |

확인 16 1부터 9까지의 수 중에서 ☐ 안에 공통으로 들어갈 수 있는 수를 모두 구해 보시오.

> - $1.2 < 1.\square < 0.1이\ 16개인 수$
> - $3과 \frac{3}{10}만큼인 수 < 3.\square < 3.7$

(   )

예제 5

수 카드로 소수 만들기

수 카드 4장 중에서 2장을 뽑아 한 번씩만 사용하여 ■.▲ 형태의 소수를 만들려고 합니다. 만들 수 있는 소수 중에서 두 번째로 큰 수를 구해 보시오.

| 4 | 6 | 8 | 1 |

풀이

❶ 만들 수 있는 소수 중에서 가장 큰 수 구하기

수의 크기를 비교하면 $8 > 6 > 4 > 1$입니다.

➨ 만들 수 있는 ■.▲ 형태의 소수 중에서 가장 큰 수: 8.6

　큰 수부터 차례대로

❷ 만들 수 있는 소수 중에서 두 번째로 큰 수 구하기

■.▲ 형태의 소수 중에서　가장 큰 수: 8.6
　　　　　　　　　　　　　두 번째로 큰 수: 8.4

6 다음으로 작은 수는 4이므로 ▲ 자리에 4를 씁니다.

➨ 만들 수 있는 소수 중에서 두 번째로 큰 수는 8.4입니다.

답 8.4

| 단 계 형 |

확인 17

수 카드 4장 중에서 2장을 뽑아 한 번씩만 사용하여 ■.▲ 형태의 소수를 만들려고 합니다. 만들 수 있는 소수 중에서 두 번째로 큰 수를 구해 보시오.

| 2 | 7 | 9 | 6 |

(1) 만들 수 있는 소수 중에서 가장 큰 수는 얼마입니까?

(　　　　　　　　)

(2) 만들 수 있는 소수 중에서 두 번째로 큰 수는 얼마입니까?

(　　　　　　　　)

| 조건 변형 |

확인 18

수 카드 4장 중에서 2장을 뽑아 한 번씩만 사용하여 ■.▲ 형태의 소수를 만들려고 합니다. 만들 수 있는 소수 중에서 두 번째로 작은 수를 구해 보시오.

3   0   4   8

(   )

| 조건 변형 |

확인 19

수 카드 5장 중에서 2장을 뽑아 한 번씩만 사용하여 ■.▲ 형태의 소수를 만들려고 합니다. 만들 수 있는 소수 중에서 세 번째로 큰 수와 세 번째로 작은 수를 각각 구해 보시오.

5   3   7   2   6

세 번째로 큰 수 (   )

세 번째로 작은 수 (   )

| 조건 추가 |

확인 20

수 카드 6장 중에서 2장을 뽑아 한 번씩만 사용하여 ■.▲ 형태의 소수를 만들려고 합니다. 만들 수 있는 소수 중에서 7보다 큰 수는 모두 몇 개입니까?

8   1   9   5   2   4

(   )

예제 6

남은 부분을 분수로 나타내기

찰흙 한 개를 똑같이 10조각으로 나누었습니다. 영주는 1조각을 사용했고, 윤호는 영주가 사용하고 남은 찰흙의 $\frac{5}{9}$만큼 사용했습니다. 영주와 윤호가 사용하고 남은 찰흙은 처음에 있던 찰흙의 얼마인지 분수로 나타내 보시오.

풀이

❶ 영주가 찰흙 1조각을 사용하고 남은 찰흙의 조각 수 구하기
$$10-1=9(조각)$$

❷ 영주가 사용하고 남은 찰흙 조각 중에서 윤호가 $\frac{5}{9}$만큼 사용하고 남은 찰흙의 조각 수 구하기
윤호는 남은 9조각 중에서 5조각을 사용했으므로 남은 찰흙은 $9-5=4(조각)$입니다.

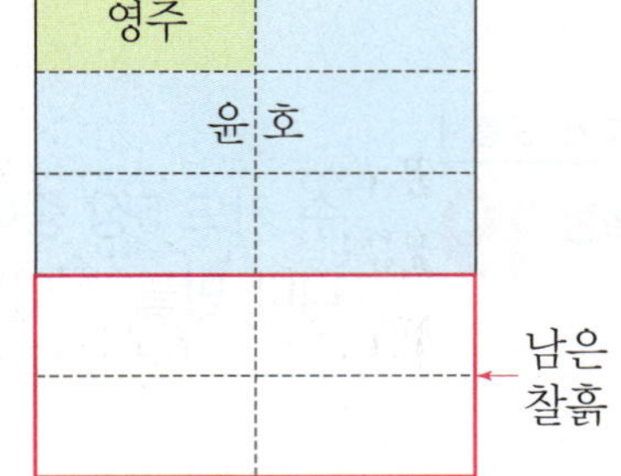

❸ 영주와 윤호가 사용하고 남은 찰흙은 처음에 있던 찰흙의 얼마인지 분수로 나타내기
영주와 윤호가 사용하고 남은 찰흙은 전체를 똑같이 10조각으로 나눈 것 중의 4조각이므로 처음에 있던 찰흙의 $\frac{4}{10}$입니다.

답 $\frac{4}{10}$

| 단계형 |
확인 21

빵 한 개를 똑같이 7조각으로 나누었습니다. 그중 민재는 2조각을 먹었고, 은서는 민재가 먹고 남은 빵의 $\frac{4}{5}$만큼 먹었습니다. 민재와 은서가 먹고 남은 빵은 처음에 있던 빵의 얼마인지 분수로 나타내 보시오.

(1) 민재가 먹고 남은 **빵**은 몇 조각입니까?

(   )

(2) 민재와 은서가 먹고 남은 **빵**은 몇 조각입니까?

(   )

(3) 민재와 은서가 먹고 남은 **빵**은 처음에 있던 **빵**의 얼마인지 분수로 나타내 보시오.

(   )

| 조 건 변 형 |

확인 22 혜수는 도화지 전체의 $\dfrac{4}{10}$에 노란색을 칠했고, 남은 도화지의 $\dfrac{3}{6}$에 파란색을 칠했습니다. 혜수가 노란색과 파란색을 칠하고 남은 도화지는 도화지 전체의 얼마인지 분수로 나타내 보시오.

(   )

| 조 건 추 가 |

확인 23 밭 전체의 $\dfrac{6}{12}$에는 옥수수를 심었고, 옥수수를 심고 남은 밭의 $\dfrac{1}{6}$에는 양파를, 양파를 심고 남은 밭의 $\dfrac{2}{5}$에는 고추를 심었습니다. 아무것도 심지 않은 부분은 밭 전체의 얼마인지 분수로 나타내 보시오.

(   )

| 조 건 추 가 |

확인 24 주호는 피자 한 판의 $\dfrac{3}{8}$을 먹은 다음 동생에게 남은 피자의 $\dfrac{1}{5}$을 주었고, 누나에게는 동생에게 준 피자의 2배만큼을 주었습니다. 주호에게 남은 피자는 처음에 있던 피자 한 판의 얼마인지 분수로 나타내 보시오.

(   )

예제 7 **조건에 알맞은 소수**

조건에 알맞은 소수를 모두 구해 보시오.

> • 0.▲ 형태의 소수입니다.
> • 0.1이 4개인 수보다 큽니다.
> • $\dfrac{7}{10}$보다 작습니다.

풀이

❶ 0.1이 4개인 수와 $\dfrac{7}{10}$을 각각 소수로 나타내기

0.1이 4개인 수는 0.4이고, $\dfrac{7}{10}$은 0.7입니다.

❷ 조건에 알맞은 소수를 모두 구하기

0.4보다 크고 0.7보다 작은 0.▲ 형태의 소수는 0.5, 0.6입니다.

답 0.5, 0.6

| 단 계 형 |
확인 25 조건에 알맞은 소수를 모두 구해 보시오.

> • 0.▲ 형태의 소수입니다.
> • $\dfrac{5}{10}$보다 큽니다.
> • 0.1이 9개인 수보다 작습니다.

(1) $\dfrac{5}{10}$와 0.1이 9개인 수를 각각 소수로 나타내 보시오.

$\dfrac{5}{10}$는 ☐이고, 0.1이 9개인 수는 ☐입니다.

(2) 조건에 알맞은 소수를 모두 구해 보시오.

( )

| 조건 변형 |

확인 26 조건에 알맞은 소수를 모두 구해 보시오.

> - ■.▲ 형태의 소수입니다.
> - $\dfrac{3}{10}$ 보다 크고 0.1이 8개인 수보다 작습니다.
> - ▲는 홀수입니다.

(   )

| 조건 변형 |

확인 27 조건에 알맞은 소수는 모두 몇 개입니까? (단, ▲에는 0이 올 수 없습니다.)

> - ■.▲ 형태의 소수입니다.
> - $\dfrac{1}{10}$ 이 55개인 수보다 큽니다.
> - 6과 0.2만큼인 수보다 작습니다.

(   )

| 조건 변형 |

확인 28 조건에 알맞은 소수를 모두 구해 보시오. (단, ▲에는 0이 올 수 없습니다.)

> - ■.▲ 형태의 소수입니다.
> - 6보다 크고 9보다 작습니다.
> - ■＋▲＝8입니다.

(   )

창의 융합형

예제 8

부분은 전체의 얼마인지 분수로 나타내기

칠교놀이는 큰 정사각형을 7조각으로 나누어 그 조각들을 하나씩 사용해 모양을 만드는 놀이입니다. 오른쪽 칠교판에서 ㉠과 ㉡ 조각은 각각 칠교판 전체의 얼마인지 단위분수로 나타내 보시오.

(1) 오른쪽 칠교판을 ㉠ 조각의 크기로 똑같이 나누고, ㉠ 조각은 칠교판 전체의 얼마인지 단위분수로 나타내 보시오.

(   )

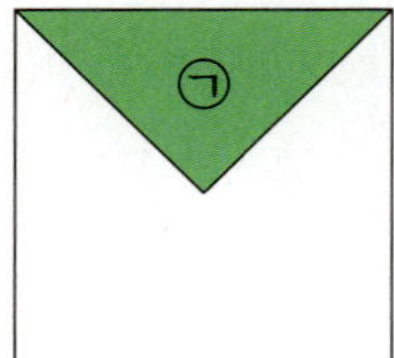

(2) 오른쪽 칠교판을 ㉡ 조각의 크기로 똑같이 나누고, ㉡ 조각은 칠교판 전체의 얼마인지 단위분수로 나타내 보시오.

(   )

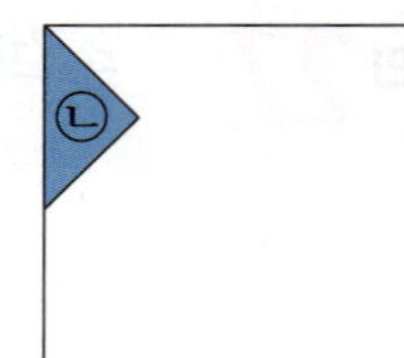

확인 29

복사할 때 흔히 사용하는 A4 용지는 A0 용지를 잘라서 만듭니다. 다음과 같이 A0 용지를 반으로 자르면 A1 용지가 되고, A1 용지를 다시 반으로 자르면 A2 용지가 됩니다. 이와 같은 방법으로 용지를 만들 때, A3 용지와 A4 용지는 각각 A0 용지의 얼마인지 단위분수로 나타내 보시오.

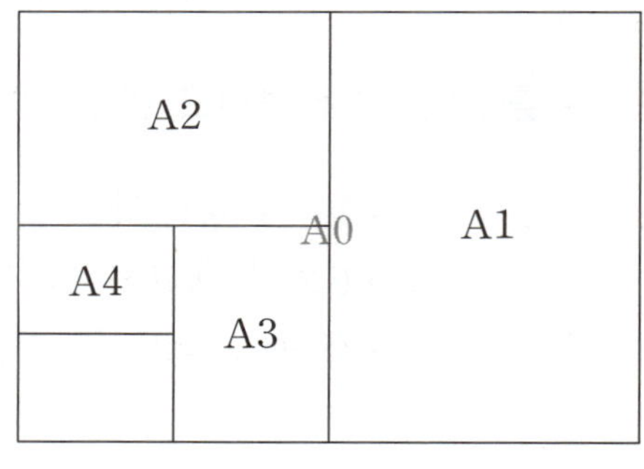

A3 (   )

A4 (   )

창의 융합형

예제 9 · **길이와 관련된 소수의 활용**

고드름은 추운 날씨에 지붕, 나뭇가지와 같은 높은 곳에서 아래로 떨어지는 물이 차례로 얼어붙어 만들어집니다. 역고드름은 물이 아래에서 위로 자라면서 거꾸로 선 고드름 모양을 말하는데, 위에서 떨어지거나 아래에서 나온 물이 차가운 공기 때문에 바로 얼면서 만들어집니다. 아래로 자라는 고드름과 위로 자라는 역고드름이 만나면 얼음 기둥 모양이 만들어집니다. 6분에 0.2 cm씩 아래로 자라는 고드름과 6분에 0.1 cm씩 위로 자라는 역고드름이 만나서 얼음 기둥이 되는 때는 몇 시간 후입니까? (단, 현재 아래로 자라는 고드름과 역고드름 사이의 거리는 3 cm입니다.)

▲ 고드름과 역고드름

(1) 아래로 자라는 고드름과 위로 자라는 역고드름 사이의 거리는 6분에 몇 mm씩 가까워집니까?

(   )

(2) 아래로 자라는 고드름과 위로 자라는 역고드름이 만나 얼음 기둥이 되는 때는 몇 시간 후입니까?

(   )

확인 30 담쟁이덩굴과 나팔꽃은 덩굴 식물로 줄기가 길쭉하여 곧게 서지 않고 지면을 기어가거나 다른 물건에 붙어서 자라는 식물입니다. 주영이네 집 담장에는 담쟁이덩굴의 줄기 끝과 나팔꽃의 줄기 끝이 서로를 향해 자라고 있고, 담쟁이덩굴은 2일에 0.8 cm씩, 나팔꽃은 2일에 0.1 cm씩 줄기가 자랍니다. 담쟁이덩굴과 나팔꽃의 줄기 끝이 만나는 때는 며칠 후입니까?

(단, 현재 담쟁이덩굴과 나팔꽃의 줄기 끝 사이의 거리는 9 cm입니다.)

▲ 담쟁이덩굴

▲ 나팔꽃

(   )

1 세 변의 길이가 다음과 같은 삼각형이 있습니다. 가장 긴 변의 길이는 몇 cm인지 소수로 나타내 보시오.

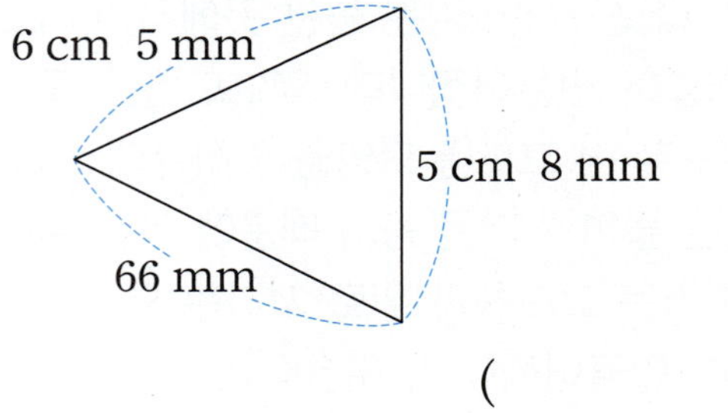

(   )

2 수민이는 가지고 있던 찰흙의 $\dfrac{3}{12}$ 을 사용하여 코끼리를 만들었습니다. 남은 찰흙은 사용한 찰흙의 몇 배입니까?

(   )

3 1부터 9까지의 수 중에서 ☐ 안에 공통으로 들어갈 수 있는 수를 구해 보시오.

$$\text{㉠ } \frac{3}{17} < \frac{\square}{17} < \frac{6}{17} \qquad \text{㉡ } \frac{2}{8} < \frac{2}{\square} < \frac{2}{4}$$

(   )

분자가 같을 때에는 분모가 작을수록 더 큰 분수입니다.

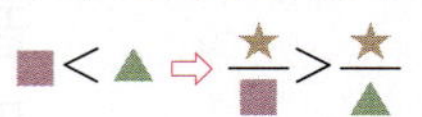

4 조건에 알맞은 분수를 구해 보시오.

> • 분자가 7입니다.
>
> • $\dfrac{7}{17}$보다 크고 $\dfrac{7}{14}$보다 작습니다.
>
> • 분모는 짝수입니다.

(   )

5 0.3보다 크고 $\dfrac{9}{10}$보다 작은 수를 모두 찾아 써 보시오.

$\dfrac{7}{10}$	1	0.5	0.2	$\dfrac{8}{10}$	1.1

(   )

> 분수를 소수로 나타낸 다음 소수의 크기를 비교합니다.

서술형

6 성은이와 영희는 똑같은 초콜릿을 한 개씩 샀습니다. 초콜릿을 성은이는 전체의 $\dfrac{8}{9}$만큼 먹었고, 영희는 전체의 $\dfrac{10}{11}$만큼 먹었습니다. 초콜릿을 더 많이 먹은 사람은 누구인지 풀이 과정을 쓰고 답을 구해 보시오.

풀이

답

7 길이가 25 cm인 끈 중에서 연정이는 9.4 cm를 사용했고, 승현이는 8 cm 5 mm를 사용했습니다. 연정이와 승현이가 사용하고 남은 끈의 길이는 몇 cm인지 소수로 나타내 보시오.

(   )

8 수 카드 4장 중에서 2장을 뽑아 한 번씩만 사용하여 ■.▲ 형태의 소수를 만들려고 합니다. $\frac{5}{10}$보다 크고 5보다 작은 소수는 모두 몇 개 만들 수 있습니까? (단, ▲에는 0이 올 수 없습니다.)

$$\boxed{4} \quad \boxed{0} \quad \boxed{3} \quad \boxed{6}$$

(   )

> 수 카드를 한 번씩만 사용해야 하므로 ■와 ▲에 같은 수가 올 수 없는 것에 주의합니다.

서술형

9 1부터 9까지의 수 중에서 ☐ 안에 들어갈 수 있는 수를 모두 구하려고 합니다. 풀이 과정을 쓰고 답을 구해 보시오.

> 0.1이 57개인 수 < ☐.7 < 8과 0.6만큼인 수

풀이 ____

____

____

답 ____

10 수 카드 3장을 모두 한 번씩만 사용하여 분자가 3인 분수를 만들려고 합니다. 만들 수 있는 가장 큰 분수를 구해 보시오.

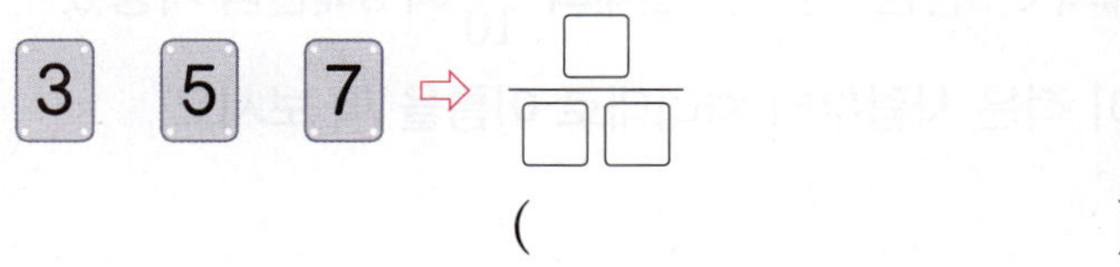

(   )

신유형

11 음표란 음의 길이 또는 높이를 나타내는 기호로 ♩(2분음표), ♩(4분음표), ♪(8분음표), ♬(16분음표) 등이 있습니다. 음표 사이의 관계가 다음과 같을 때, ♪의 음의 길이는 ♩의 음의 길이의 얼마인지 분수로 나타내 보시오.

$$♩ = ♩ + ♩, \quad ♩ = ♪ + ♪, \quad ♪ = ♬ + ♬$$

(   )

12 철물점에서 ㉠ 철사는 7 mm당 50원을 받고, ㉡ 철사는 9 mm당 20원을 받습니다. ㉠ 철사 5.6 cm와 ㉡ 철사 8.1 cm를 사려고 할 때, 내야 하는 금액은 얼마입니까?

(   )

> 5.6 cm와 8.1 cm는 각각 7 mm와 9 mm의 몇 배인지 알아봅니다.

13 다은, 혜원, 하나는 똑같은 털실을 한 개씩 샀습니다. 털실을 다은이는 전체의 $\frac{2}{7}$만큼, 혜원이는 전체의 0.5만큼, 하나는 전체의 $\frac{1}{10}$의 8배만큼 사용했습니다. 남은 털실의 양이 적은 사람부터 차례대로 이름을 써 보시오.

(   )

14 어떤 양초는 불을 붙이면 24분 동안 처음 양초의 길이의 $\frac{5}{11}$만큼 탑니다. 이 양초에 불을 붙인 후 몇 분이 지났더니 처음 양초의 길이의 $\frac{1}{11}$만큼이 남았습니다. 양초에 불을 붙인 후 몇 분이 지났을 때입니까?
(단, 양초는 일정한 빠르기로 탑니다.)

(   )

> 탄 양초의 길이는 처음 양초의 길이의 얼마만큼인지 분수로 나타냅니다.

서술형

15 규칙에 따라 소수를 늘어놓은 것입니다. 규칙을 찾아 20번째 소수는 얼마인지 풀이 과정을 쓰고 답을 구해 보시오.

> 0.1, 2.3, 4.5, 6.7, 8.9, 10.1, 12.3, 14.5, 16.7, …

풀이

답

> 소수점 왼쪽에 있는 수와 소수점 오른쪽에 있는 수를 따로 떼어 규칙을 각각 찾아봅니다.

16 현무는 자전거를 타고 공원을 한 바퀴 돌려고 합니다. 일정한 빠르기로 공원의 $\frac{5}{14}$만큼 도는 데 10분이 걸렸습니다. 같은 빠르기로 남은 거리를 도는 데 걸리는 시간은 몇 분입니까?

( )

17 승재는 위인전을 읽었습니다. 어제 전체의 $\frac{2}{9}$를 읽고, 오늘 또 읽었더니 전체의 $\frac{1}{3}$이 남았습니다. 오늘 읽은 양은 전체의 얼마인지 분수로 나타내 보시오.

( )

18 학교에서 박물관까지 가는 데 전체 거리의 $\frac{6}{14}$은 지하철을 타고, 지하철을 타고 남은 거리의 $\frac{3}{8}$은 버스를 타고, 지하철과 버스를 타고 남은 거리의 $\frac{3}{5}$은 택시를 탔습니다. 남은 거리가 4 km일 때, 학교에서 박물관까지의 거리는 몇 km입니까?

( )

> 남은 거리는 전체 거리의 얼마 인지 분수로 나타낸 후 이를 이용하여 전체 거리를 구해 봅니다.

1 수직선에서 ㉠이 나타내는 분수보다 더 큰 분수를 모두 찾아 써 보시오.

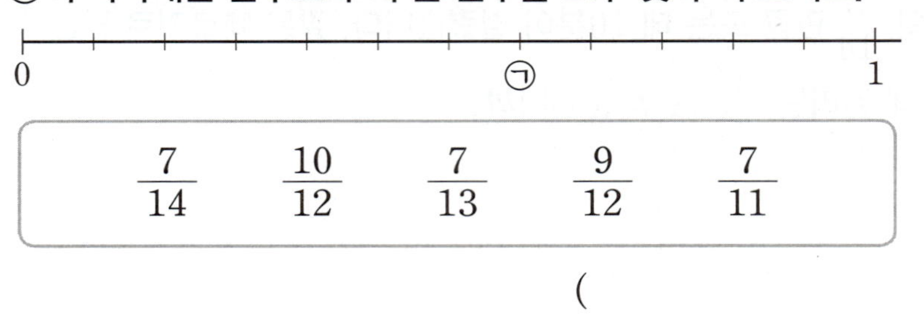

| $\dfrac{7}{14}$ | $\dfrac{10}{12}$ | $\dfrac{7}{13}$ | $\dfrac{9}{12}$ | $\dfrac{7}{11}$ |

(   )

2 혜민, 성우, 지영이가 각각 다른 책을 읽고 있습니다. 세 사람이 지금까지 읽은 책의 쪽수가 같을 때, 혜민이는 책 전체의 $\dfrac{1}{3}$, 성우는 책 전체의 $\dfrac{1}{4}$, 지영이는 책 전체의 $\dfrac{1}{6}$을 읽었다고 합니다. 전체 쪽수가 가장 많은 책은 누구의 책입니까?

(   )

3 1부터 9까지의 수 카드가 각각 1장씩 있습니다. 수 카드 2장을 뽑아 소수를 만들 때, 3.8보다 크고 6.4보다 작은 소수는 모두 몇 개 만들 수 있습니까?

(   )

4 크기가 같은 정사각형 ㉮와 ㉯ 2개를 겹쳤더니 오른쪽과 같이 두 도형의 일부분이 겹쳤습니다. 색칠한 부분의 크기가 정사각형 1개의 크기의 $\frac{6}{9}$일 때, 색칠한 부분의 크기는 도형 전체 크기의 얼마인지 분수로 나타내 보시오.

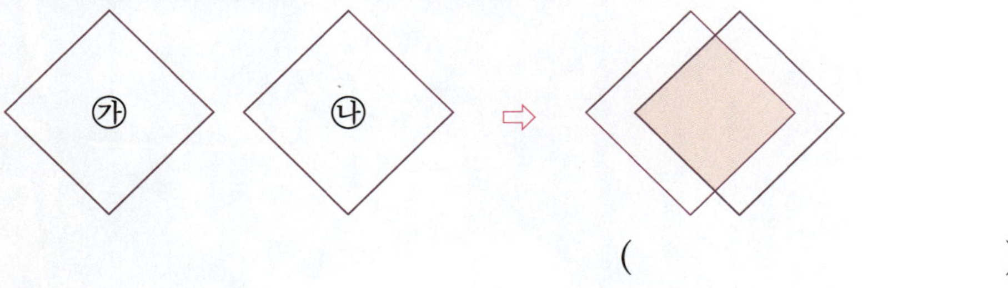

( )

5 직사각형 모양의 케이크를 잘라 3일 동안 나누어 먹었습니다. 월요일에는 전체의 $\frac{1}{4}$을 잘라 먹고, 화요일에는 월요일에 먹고 남은 케이크의 $\frac{1}{2}$을 잘라 먹고, 수요일에는 월요일과 화요일에 먹고 남은 케이크의 $\frac{2}{3}$를 잘라 먹었습니다. 남은 케이크는 전체의 얼마인지 분수로 나타내 보시오.

( )

6 규칙에 따라 분수를 늘어놓은 것입니다. 규칙을 찾아 26번째 분수의 분모와 분자의 합을 구해 보시오.

$$\frac{1}{2},\ \frac{1}{4},\ \frac{2}{4},\ \frac{3}{4},\ \frac{1}{6},\ \frac{2}{6},\ \frac{3}{6},\ \frac{4}{6},\ \frac{5}{6},\ \frac{1}{8},\ \cdots$$

( )

푸른 초원과 풍차가 있는
네덜란드의 수도

빠른 정답 7쪽 | 정답 48쪽

네덜란드는 유럽의 북서쪽에 위치한 아름다운 나라예요. 이곳은 바다와 가까워서 물이 많고, 땅이 아주 평평해요. 그래서 자전거를 타고 다니기 정말 좋은 환경이죠. 네덜란드는 다양한 문화가 어우러진 곳으로, 사람들은 서로 다른 배경을 가진 친구들처럼 함께 살아가고 있어요.

네덜란드의 유명한 특징 중 하나는 바로 아름다운 풍차예요. 풍차는 예전부터 농사를 짓거나 물을 퍼내는 데 사용되었답니다. 지금은 관광 명소로 유명해, 많은 사람들이 이곳의 풍경을 즐기러 와요. 특히, 푸른 초원과 함께 있는 풍차의 모습은 정말 멋지답니다. 바람이 불면 돌아가는 풍차를 보며, 자연과 사람의 조화로운 삶을 느낄 수 있어요. 이렇게 네덜란드는 역사와 자연이 어우러진 특별한 나라랍니다.

네덜란드

- **언어**: 네덜란드어
- **땅 넓이**: 4만 1540 km^2
- **화폐 단위**: 유로(EUR, €)
- **인구**: 1790만 4000명(세계 68위)

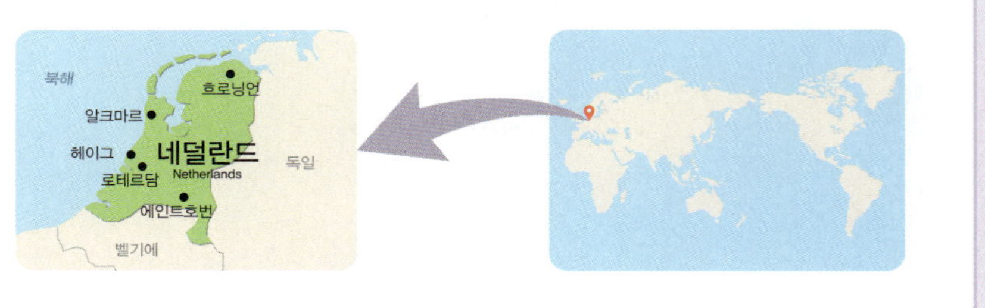

Memo

수학의 신

| 정답과 풀이 |

책 속의 가접 별책 (특허 제 0557442호)

visang

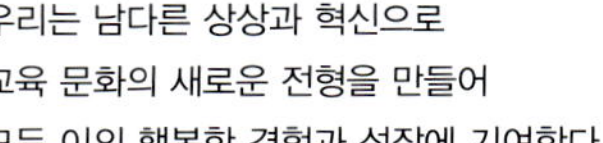

수학의 신

| 정답과 풀이 |

1 덧셈과 뺄셈

20~21쪽 CHECK 핵심 문제

1
```
    3 4 9
+   2 3 9
─────────
    5 8 8
```
2 <
3 709
4 622 cm
5 1417 m
6 492
7 ㉡, ㉢, ㉠
8 세희네 가족, 113개
9 652, 587, 1239(또는 587, 652, 1239)
10 627
11 308개
12 508, 339

22~37쪽 PRACTICE 심화 문제

확인 **1** (1) 554 (2) 287
확인 **2** 550
확인 **3** 1386
확인 **4** 296
확인 **5** (1) 377＋587－149(또는 587＋377－149)
　　　　(2) 815 cm
확인 **6** 734 m
확인 **7** 235 cm
확인 **8** 648 cm
확인 **9** (1) 871, 107 (2) 978
확인 **10** 750
확인 **11** 1171
확인 **12** 858
확인 **13** (1) 617 (2) 122
확인 **14** 248
확인 **15** 314
확인 **16** 956
확인 **17** (1) 3 (2) 8 (3) 7
확인 **18** 9, 5, 7
확인 **19** 4
확인 **20** 9
확인 **21** (1) 527, 259, 188(또는 259, 527, 188)
　　　　(2) 598
확인 **22** 815, 266, 369(또는 815, 369, 266) / 180
확인 **23** 351, 496, 624(또는 496, 351, 624) / 223
확인 **24** 예 240, 289, 437, 295 / 387
확인 **25** (1) 628 (2) 627
확인 **26** 861
확인 **27** 289
확인 **28** 390
예제 **8** (1) 847 m, 836 m (2) 11 m
확인 **29** 386 m
예제 **9** (1) 646, 613, 701
　　　　(2) 수영, 줄넘기 / 701킬로칼로리
확인 **30** 인형, 머리핀 / 930원

38~43쪽 MASTER 심화 변형 문제

1 1721
2 성수네 학교, 25명
3 728
4 71개
5 58 cm
6 156개
7 566 m
8 5
9 351
10 260원, 200원
11 182명
12 80원
13 330
14 6
15 5개
16 97
17 857, 349
18 250

44~45쪽 CHALLENGE 최고수준 문제

1 595
2 138
3 100 m
4 344
5 480점
6 (위에서부터) 9 / 7, 4 / 1, 0, 3, 5

46쪽 초성으로 맞히는 세계 수도

파리

2 평면도형

48~49쪽 CHECK 핵심 문제

1
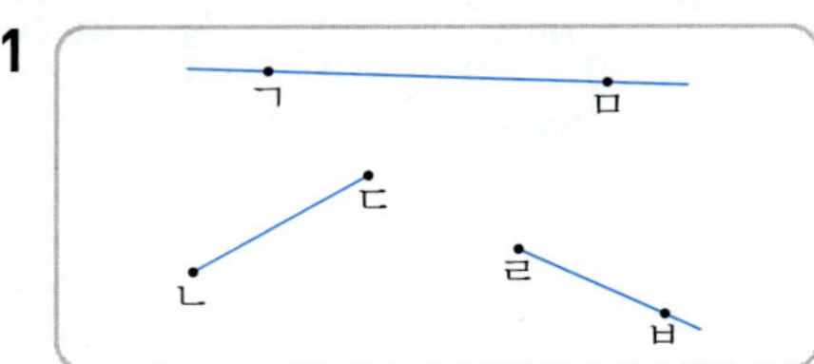

2 가, 라, 바 / 가, 라
3 (위에서부터) 12, 6
4 ④
5 10개
6 160 m
7 ㉠, ㉣
8 ㉠, ㉡, ㉢
9 6개
10 6개
11 10
12 6개

확인 **1** (1) 4, 3, 2, 1 (2) 10개

확인 **2** 15개   확인 **3** 12개

확인 **4** 10개

확인 **5** (1) 9, 4, 1 (2) 14개

확인 **6** 14개   확인 **7** 13개

확인 **8** 7개

확인 **9** (1) 36 cm (2) 9 cm

확인 **10** 10 m   확인 **11** 11 cm

확인 **12** 11 cm

확인 **13** (1) 19 cm / 13 cm (2) 64 cm

확인 **14** 52 cm   확인 **15** 64 cm

확인 **16** 96 cm

확인 **17** (1) 14, 6, 2 (2) 22개

확인 **18** 21개   확인 **19** 17개

확인 **20** 16개

예제 **6** (1) 1, 2 (2) 3개

확인 **21** 8개

예제 **7** (1) 각 ㄴㄱㄷ, 각 ㄴㄱㄹ, 각 ㄷㄱㄹ /
　　　　 각 ㄱㄴㄷ, 각 ㄱㄴㄹ, 각 ㄷㄴㄹ /
　　　　 각 ㄱㄷㄴ, 각 ㄱㄷㄹ, 각 ㄴㄷㄹ /
　　　　 각 ㄱㄹㄴ, 각 ㄱㄹㄷ, 각 ㄴㄹㄷ
　　　　 (2) 12개

확인 **22** 30개

| 62~65쪽 | **MASTER** 심화 변형 문제 |

1 16개   **2** 4가지

3 20개   **4** 20개

5 36 cm   **6** 293

7 80 cm   **8** 14 cm

9 92 cm   **10** 20 cm

11 18개   **12** 4번

| 66~67쪽 | **CHALLENGE** 최고수준 문제 |

1 48개   **2** 98 cm

3 36개   **4** 32 cm

5 4 cm   **6** 40개

| 68쪽 | 초성으로 맞히는 **세계 수도** |

카이로

3 나눗셈

| 70~71쪽 | **CHECK** 핵심 문제 |

1 2, 7, 14 / 7, 2, 14

2 36÷9＝4 / 9×4＝36 또는 4×9＝36 / 4명

3 1, 2, 3, 4

4 7×9＝63 또는 9×7＝63 /
　 63÷7＝9, 63÷9＝7

5 ㉢   **6** ⑤

7 3   **8** 8개

9 2장   **10** 5 cm

11 2   **12** 9 cm

| 72~87쪽 | **PRACTICE** 심화 문제 |

확인 **1** (1) 12, 18, 24 (2) 24, 32 (3) 24

확인 **2** 35   확인 **3** 2개

확인 **4** 2

확인 **5** (1) 7칸 (2) 4칸 (3) 28개

확인 **6** 32개   확인 **7** 12개

확인 **8** 80 cm

확인 **9** (1) 4군데 (2) 5개 (3) 10개

확인 **10** 16그루   확인 **11** 6 m

확인 **12** 28개

확인 **13** (1) 예

㉠	5	10	15	20	25	30	35	40	…
㉡	1	2	3	4	5	6	7	8	…

(2) 30, 6

확인 **14** 36, 6 확인 **15** 24

확인 **16** 4, 12

확인 **17** (1) 1, 2, 3, 4, 4 (2) 4

확인 **18** □ 확인 **19** 검은색

확인 **20** 14

확인 **21** (1) 7시간 (2) 3시간 (3) ㉴ 달팽이, 4시간

확인 **22** 토끼, 1분 확인 **23** 코알라, 18 m

확인 **24** 84 m

확인 **25** (1) $16 \div 2 = 8$, $24 \div 3 = 8$, $32 \div 4 = 8$, $40 \div 5 = 8$

(2) $24 \div 3 = 8$, $32 \div 4 = 8$

확인 **26** $14 \div 2 = 7$, $21 \div 3 = 7$

확인 **27** 24, 56, 64 확인 **28** 2가지

예제 **8** (1) 48줄 (2) 24줄 (3) 6대

확인 **29** 7대

예제 **9** (1) 16분 (2) 8분 (3) 4분 (4) 28분

확인 **30** 26분

88~93쪽 **MASTER** 심화 변형 문제

1 42 **2** 2일

3 8 cm **4** 8마리

5 40 cm **6** 3일

7 104 cm **8** 13, 14

9 54개 **10** 9 cm

11 15그루 **12** 2개

13 54 m **14** 4개

15 54전 **16** ①

17 6바퀴 **18** 2 m

94~95쪽 **CHALLENGE** 최고수준 문제

1 52칸 **2** 36

3 1시간 9분 **4** 36분

5 5개 **6** 36

96쪽 초성으로 맞히는 **세계 수도**

캔버라

---

4 **곱셈**

98~99쪽 **CHECK** 핵심 문제

1
$$\begin{array}{r} \overset{1}{3}\,6 \\ \times\ \ 2 \\ \hline 7\,2 \end{array}$$

2 62, 186

3 102 **4** >

5 100권 **6** 64바퀴

7 ㉠, ㉢ **8** 145개

9 92 m **10** 3

11 1, 2, 3, 4, 5 **12** 206개

100~115쪽 **PRACTICE** 심화 문제

확인 **1** (1) 15그루 (2) 14군데 (3) 126 m

확인 **2** 88 m 확인 **3** 336 cm

확인 **4** 25그루

확인 **5** (1) 93, 186 (2) 5, 6, 7, 8

확인 **6** 4개 확인 **7** 13

확인 **8** 2 확인 **9** (1) 8 (2) 5, 4

확인 **10** 6, 7 확인 **11** 12

확인 **12** 6 확인 **13** (1) 8배 (2) 136개

확인 **14** 16, 32, 64, 128 확인 **15** 11바퀴

확인 **16** 72마리

확인 **17** (1) 161 cm (2) 48 cm (3) 113 cm

확인 **18** 15 cm   확인 **19** 18 cm

확인 **20** 248 cm

확인 **21** (1) 2, 3, 2, 3 (2) 40마리

확인 **22** 60개   확인 **23** 30 cm

확인 **24** 26개   확인 **25** (1) 576 (2) 564

확인 **26** 174   확인 **27** 315

확인 **28** 민수

예제 **8** (1) 58점, 57점 (2) 123점

확인 **29** 265점

예제 **9** (1) 75 g (2) 84 g (3) 지호

확인 **30** 연아

116~121쪽 MASTER 심화 변형 문제

1 392   **2** 108쪽

3 156   **4** 120번

5 4자루   **6** 148개

7 20개   **8** 6

9 21개   **10** 3

11 546   **12** 3개

13 15그루   **14** 52 cm

15 504개   **16** 8바퀴

17 686866   **18** 108

122~123쪽 CHALLENGE 최고수준 문제

1 497   **2** 51개

3 726권   **4** 6

5 4시간 7분   **6** 29개

124쪽 초성으로 맞히는 **세계 수도**

베이징

5 길이와 시간

126~127쪽 CHECK 핵심 문제

1 ①, ④   **2** 5 cm 6 mm

3 ㉠   **4** 4, 40, 20

5 ㉠, ㉣, ㉡, ㉢   **6** 영화관

7 3 cm 9 mm   **8** 3시 44분 30초

9 12초   **10** 경로 2

11 (위에서부터) 5, 41, 50

12 지후, 12분 10초

128~139쪽 PRACTICE 심화 문제

확인 **1** (1) 308 cm / 360 cm (2) 현우

확인 **2** 빨간색   확인 **3** 윤서, 세희, 민재

확인 **4** 하은

확인 **5** (1) 2시 24분 10초 (2) 1시간 40분 40초

   (3) 4시 4분 50초

확인 **6** 4시 33분 55초   확인 **7**

확인 **8** 11시 20분 45초

확인 **9** (1) 2 km 420 m (2) 2 km 970 m

확인 **10** 2 km 680 m   확인 **11** 720 m

확인 **12** 6 km 990 m

확인 **13** (1) 5 cm 2 mm (2) ☐ + 5 cm 2 mm

   (3) 9 cm 4 mm

확인 **14** 11 cm 2 mm

확인 **15** 20 cm 1 mm / 21 cm 9 mm

확인 **16** 33 cm 2 mm

확인 **17** (1) 72시간 (2) 2분 24초

   (3) 오후 3시 2분 24초

확인 **18** 오후 9시 52분

확인 **19** 오후 1시 22분 18초

확인 **20** 오후 4시

예제 **6** (1) 1200 m (2) 1분 12초

확인 **21** 1분 15초

예제 **7** (1) 14시간 (2) 5월 8일 오전 7시 20분

확인 **22** 11월 23일 오전 1시

140~143쪽　MASTER 심화 변형 문제

1 승호, 300 m

2 2시 57분 22초

3 1시간 10분 41초

4 38 cm 4 mm

5 8분 30초

6 1시간 52분 10초

7 1 km 200 m

8 2 km 300 m

9 오전 11시 45분 49초

10 36분

11 5 cm

12 2시간 30분

144~145쪽　CHALLENGE 최고수준 문제

1 5시 28분 12초

2 20분

3 2초

4 54분 45초

5 35분

6 1분 20초

146쪽　초성으로 맞히는 세계 수도

뉴델리

---

6 수학의 신 3-1

---

6 분수와 소수

148~149쪽　CHECK 핵심 문제

1 예 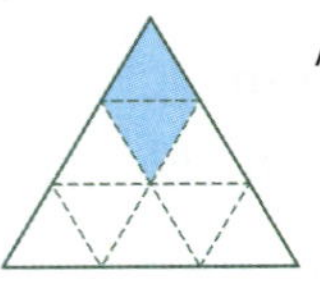 / 9분의 2

2 예 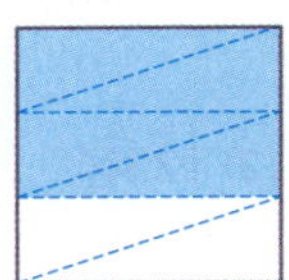

3 ㉡

4 예

5 0.4 m / 0.6 m

6 $\dfrac{4}{13}$, $\dfrac{7}{13}$

7 3칸

8 ㉢, ㉣, ㉡, ㉠

9 3개

10 $\dfrac{1}{3}$

11 7.2 cm

12 0.4

150~165쪽　PRACTICE 심화 문제

확인 **1** (1) 예 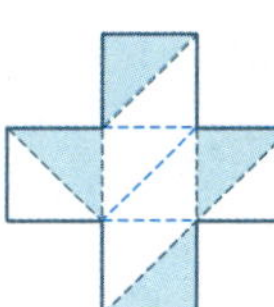　(2) $\dfrac{4}{10}$ / 0.4

확인 **2** $\dfrac{5}{10}$ / 0.5

확인 **3** $\dfrac{4}{10}$ / 0.4

확인 **4** 2.5

확인 **5** (1) 0.4컵 / 0.7컵 (2) 아버지

확인 **6** 혜영

확인 **7** 태연, 찬우, 정수, 민희

확인 **8** 위인전

확인 **9** (1) 작습니다 (2) 4개

확인 **10** 3개

확인 **11** 26

확인 **12** 9, 10

확인 **13** (1) 7.9 (2) 5개

확인 **14** 4개   확인 **15** 18

확인 **16** 4, 5   확인 **17** (1) 9.7 (2) 9.6

확인 **18** 0.4   확인 **19** 7.3 / 2.6

확인 **20** 10개

확인 **21** (1) 5조각 (2) 1조각 (3) $\dfrac{1}{7}$

확인 **22** $\dfrac{3}{10}$ 확인 **23** $\dfrac{3}{12}$

확인 **24** $\dfrac{2}{8}$

확인 **25** (1) 0.5, 0.9 (2) 0.6, 0.7, 0.8

확인 **26** 0.5, 0.7   확인 **27** 5개

확인 **28** 6.2, 7.1

예제 **8** (1) 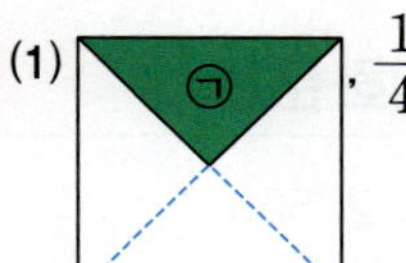 , $\dfrac{1}{4}$

(2) 예 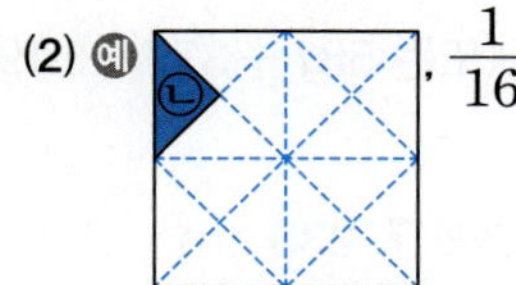 , $\dfrac{1}{16}$

확인 **29** $\dfrac{1}{8}$ / $\dfrac{1}{16}$

예제 **9** (1) 3 mm (2) 1시간

확인 **30** 20일

| 166~171쪽 | **MASTER** 심화 변형 문제 |

1 6.6 cm   **2** 3배

3 5   **4** $\dfrac{7}{16}$

5 $\dfrac{7}{10}$, 0.5, $\dfrac{8}{10}$ **6** 영희

7 7.1 cm   **8** 5개

9 6, 7   **10** $\dfrac{3}{57}$

11 $\dfrac{1}{8}$ **12** 580원

13 하나, 혜원, 다은   **14** 48분

15 38.9   **16** 18분

17 $\dfrac{4}{9}$ **18** 28 km

| 172~173쪽 | **CHALLENGE** 최고수준 문제 |

1 $\dfrac{10}{12}$, $\dfrac{9}{12}$, $\dfrac{7}{11}$ **2** 지영

3 20개   **4** $\dfrac{6}{12}$

5 $\dfrac{1}{8}$ **6** 13

| 174쪽 | 초성으로 맞히는 **세계 수도** |

암스테르담

정답과 풀이

1 덧셈과 뺄셈

1
$$\begin{array}{r} 3\ 4\ 9 \\ +\ 2\ 3\ 9 \\ \hline 5\ 8\ 8 \end{array}$$

2 <

3 709

4 622 cm

5 1417 m

6 492

7 ㉡, ㉢, ㉠

8 세희네 가족, 113개

9 652, 587, 1239(또는 587, 652, 1239)

10 627

11 308개

12 508, 339

---

1 십의 자리 계산에서 받아올림한 수를
더하지 않고 계산했습니다.
$$\begin{array}{r} \overset{1}{3}\ 4\ 9 \\ +\ 2\ 3\ 9 \\ \hline 5\ 8\ 8 \end{array}$$

2 $720-291=429$, $953-518=435$
➡ $429<435$

3 사각형 안에 있는 수는 193과 902입니다.
➡ $902-193=709$

4 (삼각형의 세 변의 길이의 합)
$=202+247+173$
$=449+173=622(cm)$

5 (학교에서 은행을 지나 서점까지 가는 거리)
$=849+568=1417(m)$

6 $743-\square=251$ ➡ $743-251=\square$, $\square=492$

7 ㉠ $159+526=685$
㉡ $942-155=787$
㉢ $463+311=774$
➡ $\underset{㉡}{787}>\underset{㉢}{774}>\underset{㉠}{685}$

8 $247>134$이므로 세희네 가족이 딸기를
$247-134=113(개)$ 더 많이 땄습니다.

9 $652>587>354>316$
가장 큰 수: 652, 두 번째로 큰 수: 587
➡ $652+587=1239$

10 100이 4개, 10이 3개, 1이 12개인 수: 442
➡ $442+185=627$

11 (바구니 안에 있던 사탕의 수)
$=156+267=423(개)$
➡ (친구에게 주고 남은 사탕의 수)
$=423-115=308(개)$
다른 풀이 (친구에게 주고 남은 사탕의 수)
$=156+267-115=423-115=308(개)$

12 일의 자리 수의 차가 9인 두 수는
339와 160, 508과 339, 558과 339입니다.
$339-160=179$, $508-339=169$,
$558-339=219$
➡ $508-339=169$

확인 **1** (1) 554　(2) 287　　확인 **2** 550

확인 **3** 1386　　확인 **4** 296

확인 **5** (1) $377+587-149$(또는 $587+377-149$)
(2) 815 cm

확인 **6** 734 m　　확인 **7** 235 cm

확인 **8** 648 cm

확인 **9** (1) 871, 107　(2) 978

확인 **10** 750　　확인 **11** 1171

확인 **12** 858　　확인 **13** (1) 617　(2) 122

확인 **14** 248　　확인 **15** 314

확인 **16** 956　　확인 **17** (1) 3　(2) 8　(3) 7

확인 **18** 9, 5, 7　　확인 **19** 4

확인 **20** 9

확인 **21** (1) 527, 259, 188(또는 259, 527, 188)
(2) 598

확인 **22** 815, 266, 369(또는 815, 369, 266) / 180

확인 **23** 351, 496, 624(또는 496, 351, 624) / 223

확인 **24** 예 240, 289, 437, 295 / 387

확인 **25** (1) 628　(2) 627　　확인 **26** 861

확인 **27** 289　　확인 **28** 390

예제 **8** (1) 847 m, 836 m　(2) 11 m

확인 **29** 386 m

예제 **9** (1) 646, 613, 701
(2) 수영, 줄넘기 / 701킬로칼로리

확인 **30** 인형, 머리핀 / 930원

확인 1 (1) 어떤 수를 □라 하여 잘못 계산한 식을 쓰면
　　　　□＋267＝821입니다.
　　　　□＋267＝821
　　　⇨ 821－267＝□, □＝554
　　(2) 554－267＝287

확인 2 어떤 수를 □라 하여 잘못 계산한 식을 쓰면
　　□＋512＝910입니다.
　　⇨ 910－512＝□, □＝398
　　따라서 바르게 계산하면 398＋152＝550입니다.

확인 3 어떤 수를 □라 하여 잘못 계산한 식을 쓰면
　　□－265＝428입니다.
　　⇨ 428＋265＝□, □＝693
　　바르게 계산하면 693＋265＝958이므로
　　바르게 계산한 값과 잘못 계산한 값의 합은
　　958＋428＝1386입니다.

확인 4 어떤 수를 □라 하여 잘못 계산한 식을 쓰면
　　□－157＋329＝640입니다.
　　⇨ □－157＝640－329＝311,
　　　311＋157＝□, □＝468
　　따라서 바르게 계산하면
　　468＋157－329＝625－329＝296입니다.

확인 5 (1) (㉠에서 ㉣까지의 길이)
　　　　＝(㉠에서 ㉢까지의 길이)
　　　　　＋(㉡에서 ㉣까지의 길이)
　　　　　－(㉡에서 ㉢까지의 길이)
　　　　＝377＋587－149
　　(2) (㉠에서 ㉣까지의 길이)
　　　　＝377＋587－149
　　　　＝964－149＝815(cm)

확인 6 (지석이네 집에서 공원까지의 거리)
　　＝(지석이네 집에서 학교까지의 거리)
　　　＋(문구점에서 공원까지의 거리)
　　　－(문구점에서 학교까지의 거리)
　　＝486＋435－187
　　＝921－187＝734(m)

확인 7 (㉡에서 ㉢까지의 길이)
　　＝(㉠에서 ㉢까지의 길이)
　　　＋(㉡에서 ㉣까지의 길이)
　　　－(㉠에서 ㉣까지의 길이)
　　＝529＋452－746
　　＝981－746＝235(cm)

확인 8 (㉠에서 ㉢까지의 길이)
　　＝(㉡에서 ㉣까지의 길이)－178
　　＝492－178＝314(cm)
　　(㉠에서 ㉣까지의 길이)
　　＝(㉠에서 ㉢까지의 길이)
　　　＋(㉡에서 ㉣까지의 길이)
　　　－(㉡에서 ㉢까지의 길이)
　　＝314＋492－158
　　＝806－158＝648(cm)

확인 9 (1) 수 카드의 수의 크기를 비교하면 8＞7＞1＞0
　　이므로 만들 수 있는 세 자리 수 중에서 가장
　　큰 수는 871, 가장 작은 수는 107입니다.
　　(2) 871＋107＝978

확인 10 공에 적힌 수의 크기를 비교하면
　　9＞5＞3＞2＞0이므로 만들 수 있는 세 자리
　　수 중에서 가장 큰 수는 953, 가장 작은 수는
　　203입니다.
　　⇨ 953－203＝750

확인 11 ·수 카드의 수의 크기를 비교하면
　　　8＞6＞5＞3＞0이므로 만들 수 있는 세 자리
　　　수 중에서 가장 큰 수는 865입니다.
　　·수 카드의 수의 크기를 비교하면
　　　0＜3＜5＜6＜8이므로 만들 수 있는 세 자리
　　　수 중에서 가장 작은 수는 305, 두 번째로 작은
　　　수는 306입니다.
　　⇨ 865＋306＝1171

확인 12 수 카드의 수의 크기를 비교하면
　　9＞7＞6＞1＞0이므로 만들 수 있는 세 자리
　　수 중에서 십의 자리 수가 6인 가장 큰 수는
　　967, 일의 자리 수가 9인 가장 작은 수는 109입
　　니다.
　　⇨ 967－109＝858

확인 13 (1) 183＋■＝800에서
　　　800－183＝■, ■＝617입니다.
　　(2) ■＝617이므로 617－495＝★, ★＝122입
　　니다.

확인 14 $761-◆=325$에서
$761-325=◆$, $◆=436$입니다.
$◆=436$이므로 $684-436=♥$, $♥=248$입니다.

확인 15 $●-227=249$에서
$249+227=●$, $●=476$입니다.
$●=476$이므로 $■+476=638$에서
$638-476=■$, $■=162$입니다.
$⇨ 476-162=314$

확인 16 $452+363=815$이므로 $815-▲=570$에서
$815-570=▲$, $▲=245$입니다.
$▲=245$이므로 $245+466=★$, $★=711$입니다.
$⇨ 245+711=956$

확인 17 (1) 일의 자리 계산에서 계산 결과 9는 더하는 수인 6보다 더 크므로 십의 자리로 받아올림이 없습니다.
$㉠+6=9 ⇨ ㉠=3$
(2) 십의 자리 계산에서 계산 결과 6은 더해지는 수인 8보다 더 작으므로 백의 자리로 받아올림을 한 것입니다.
$8+㉡=16 ⇨ ㉡=8$
(3) 계산 결과의 천의 자리 수가 1이므로 백의 자리 계산에서 받아올림이 있습니다.
$1+9+7=1㉢ ⇨ ㉢=7$

확인 18
$$\begin{array}{r} ■\,4\,8 \\ -\ 6\,7\,▲ \\ \hline 2\,●\,3 \end{array}$$
· 일의 자리 계산: 계산 결과 3은 빼지는 수인 8보다 더 작으므로 십의 자리에서 받아내림이 없습니다.
$8-▲=3 ⇨ ▲=5$
· 십의 자리 계산: 4에서 7을 뺄 수 없으므로 백의 자리에서 받아내림을 한 것입니다.
$10+4-7=● ⇨ ●=7$
· 백의 자리 계산: 십의 자리로 받아내림이 있으므로 $■-1-6=2$입니다.
$■-1-6=2 ⇨ ■=9$

확인 19 · 일의 자리 계산: 계산 결과 8은 빼지는 수인 1보다 더 크므로 십의 자리에서 받아내림을 한 것입니다.
$10+1-㉡=8 ⇨ ㉡=3$
· 십의 자리 계산: ㉠이 한 자리 수일 때 $㉠-1-2$는 7이 될 수 없으므로 백의 자리에서 받아내림을 한 것입니다.
$10+㉠-1-2=7 ⇨ ㉠=0$
· 백의 자리 계산: 십의 자리로 받아내림이 있으므로 $4-1-2=㉢$입니다.
$4-1-2=㉢ ⇨ ㉢=1$
따라서 ㉠, ㉡, ㉢에 알맞은 수의 합은 $0+3+1=4$입니다.

확인 20 · 백의 자리 계산: 십의 자리에서 받아올림한 1이 있으므로 $1+8+㉡=14$입니다.
$1+8+㉡=14 ⇨ ㉡=5$
· 일의 자리 계산: 십의 자리로 받아올림이 있으므로 $5+㉠=13$입니다.
$5+㉠=13 ⇨ ㉠=8$
· 십의 자리 계산: 일의 자리에서 받아올림한 1이 있고, 백의 자리로 받아올림이 있으므로 $1+8+5=1㉢$입니다.
$1+8+5=1㉢ ⇨ ㉢=4$
따라서 $㉠+㉡-㉢=8+5-4=13-4=9$입니다.

확인 21 (1) 계산 결과가 가장 큰 식:
(가장 큰 수)+(두 번째로 큰 수)
$-$(가장 작은 수)
수의 크기를 비교하면 $527>259>188$이므로 계산 결과가 가장 큰 식은
$527+259-188$입니다.
(2) $527+259-188=786-188=598$

확인 22 계산 결과가 가장 큰 식:
(가장 큰 수)-(가장 작은 수)
$-$(두 번째로 작은 수)
수 카드의 수의 크기를 비교하면
$815>548>369>266$이므로 계산 결과가 가장 큰 식은 $815-266-369$입니다,
$⇨ 815-266-369=549-369=180$

확인 23 계산 결과가 가장 작은 식:
(가장 작은 수)＋(두 번째로 작은 수)
－(가장 큰 수)
수의 크기를 비교하면 $351<496<558<624$
이므로 계산 결과가 가장 작은 식은
$351＋496－624$입니다.
➡ $351＋496－624＝847－624＝223$

확인 24 계산 결과가 가장 작은 식:
(가장 작은 수)＋(두 번째로 작은 수)
－(가장 큰 수)＋(세 번째로 작은 수)
수의 크기를 비교하면
$437>328>295>289>240$이므로
계산 결과가 가장 작은 식은
$240＋289－437＋295$입니다.
➡ $240＋289－437＋295$
$＝529－437＋295$
$＝92＋295＝387$

참고 $240＋295－437＋289$,
$289＋240－437＋295$, $289＋295－437＋240$,
$295＋240－437＋289$, $295＋289－437＋240$으로
식을 만들어도 계산 결과가 387로 같습니다.

확인 25 (1) $173＋\square<801$
➡ $173＋\square＝801$에서
$801－173＝\square$, $\square＝628$입니다.
(2) $173＋\square<801$이 되려면 $\square<628$이어야
합니다.
따라서 $\square$ 안에 들어갈 수 있는 세 자리 수
중에서 가장 큰 수는 627입니다.

확인 26 물감이 떨어져서 보이지 않는 수를 $\square$라 하면
$\square－265<597$이므로 기호 ＜를 ＝로 놓고
계산합니다.
➡ $\square－265＝597$에서
$597＋265＝\square$, $\square＝862$입니다.
$\square－265<597$이려면 $\square<862$이어야 합니다.
따라서 $\square$ 안에 들어갈 수 있는 세 자리 수 중에서
가장 큰 수는 861입니다.

확인 27 $623>911－\square$에서 기호 ＞를 ＝로 놓고 계산
합니다.
➡ $623＝911－\square$에서
$911－623＝\square$, $\square＝288$입니다.
$623>911－\square$이려면 $\square>288$이어야 합니다.
따라서 $\square$ 안에 들어갈 수 있는 세 자리 수 중에서
가장 작은 수는 289입니다.

참고 $623>911－\square$에서 $\square$ 안에 288보다 큰 수가
들어가야 $911－\square$의 값이 623보다 작아지므로
$\square>288$이어야 합니다.

확인 28 $307＋125＝432$이므로 $821－\square<432$에서
기호 ＜를 ＝로 놓고 계산합니다.
➡ $821－\square＝432$에서
$821－432＝\square$, $\square＝389$입니다.
$821－\square<432$이려면 $\square>389$이어야 합니다.
따라서 $\square$ 안에 들어갈 수 있는 세 자리 수 중에서
가장 작은 세 자리 수는 390입니다.

예제 8 (1) (계룡산의 높이)
$＝722＋125＝847(m)$
(북한산의 높이)
$＝722＋114＝836(m)$
(2) (계룡산과 북한산의 높이의 차)
$＝847－836＝11(m)$

확인 29 (부르즈 할리파의 높이)
$＝555＋273＝828(m)$
(윌리스 타워의 높이)
$＝555－113＝442(m)$
(윌리스 타워와 부르즈 할리파의 높이의 차)
$＝828－442＝386(m)$

예제 9 (1) (달리기와 수영의 열량의 합)
$＝279＋367＝646(킬로칼로리)$
(달리기와 줄넘기의 열량의 합)
$＝279＋334＝613(킬로칼로리)$
(수영과 줄넘기의 열량의 합)
$＝367＋334＝701(킬로칼로리)$
(2) 위 (1)에서 소모되는 열량의 합이
700킬로칼로리보다 많은 운동은
701킬로칼로리인 수영과 줄넘기입니다.

확인 30 (인형과 머리핀의 가격의 합)
$=650+280=930$(원)
(인형과 물총의 가격의 합)
$=650+730=1380$(원)
(머리핀과 물총의 가격의 합)
$=280+730=1010$(원)
따라서 가격의 합이 1000원을 넘지 않는 물건은
930원인 인형과 머리핀입니다.

38~43쪽 MASTER 심화 변형 문제

1 1721			
2 풀이 참조 / 성수네 학교, 25명			
3 728		**4** 71개	
5 58 cm		**6** 156개	
7 566 m		**8** 5	
9 풀이 참조, 351		**10** 260원, 200원	
11 182명		**12** 80원	
13 330		**14** 6	
15 풀이 참조, 5개		**16** 97	
17 857, 349		**18** 250	

1 • 100이 6개, 10이 34개, 1이 5개인 수:
$600+340+5=945$
• 100이 7개, 10이 6개, 1이 16개인 수:
$700+60+16=776$
⇨ $945+776=1721$

2 예 은지네 학교 학생은 $255+221=476$(명)입니다. ❶
성수네 학교 학생은 $226+275=501$(명)입니다. ❷
따라서 $476<501$이므로 성수네 학교 학생이
$501-476=25$(명) 더 많습니다. ❸

채점 기준

❶ 은지네 학교 학생 수 구하기
❷ 성수네 학교 학생 수 구하기
❸ 누구네 학교 학생이 몇 명 더 많은지 구하기

3 어떤 세 자리 수의 백의 자리 수와 십의 자리 수가
바뀐 수를 ▢라 하여 잘못 계산한 식을 쓰면
▢$+189=548$입니다.
⇨ $548-189=$▢, ▢$=359$
어떤 세 자리 수는 359의 백의 자리 수와 십의 자리
수를 바꾼 539이므로 바르게 계산하면
$539+189=728$입니다.

4 완두콩이 ㉮ 통보다 ㉯ 통에
$618-476=142$(개) 더 많이 들어 있습니다.
$71+71=142$이므로 ㉯ 통에 들어 있는 완두콩 71개
를 ㉮ 통으로 옮기면 두 통에 들어 있는 완두콩의 수가
같아집니다.
참고 ㉯ 통에 들어 있는 완두콩 71개를 ㉮ 통으로 옮기면
㉮ 통에 들어 있는 완두콩은 $476+71=547$(개), ㉯ 통에
들어 있는 완두콩은 $618-71=547$(개)로 같아집니다.

5 (색 테이프 3장의 길이의 합)
$=128+256+384$
$=384+384=768$(cm)
(겹쳐진 부분의 길이의 합)
$=$(색 테이프 3장의 길이의 합)
$-$(이어 붙인 색 테이프의 전체 길이)
$=768-652=116$(cm)
겹쳐진 부분은 2군데이고, $58+58=116$이므로
겹쳐진 한 부분의 길이는 58 cm입니다.

6 사과의 수를 ▢개라 하면
배의 수는 (▢-119)개입니다.
▢$+$▢$-119=431$, ▢$+$▢$=550$이고,
$275+275=550$이므로 사과는 275개입니다.
⇨ (배의 수)$=275-119=156$(개)

7 (㉣에서 ㉤까지의 길이)
$=$(㉠에서 ㉢까지의 길이)$+$(㉢에서 ㉤까지의 길이)
$-$(㉠에서 ㉣까지의 길이)
$=407+294-515=701-515=186$(m)
(㉡에서 ㉤까지의 길이)
$=$(㉡에서 ㉣까지의 길이)$+$(㉣에서 ㉤까지의 길이)
$=380+186=566$(m)

8 • 일의 자리 계산: ▲$+$■$=1$ 또는 ▲$+$■$=11$인데
백의 자리 계산 ■$+$▲에서 천의 자리로 받아올림이
있으므로 ▲$+$■$=11$입니다.
• 십의 자리 계산: 백의 자리로 받아올림이 있으므로
$1+$●$+8=15$입니다.
$1+$●$+8=15$ ⇨ ●$=6$

따라서 ■＋▲＝▲＋■＝11이므로
■＋▲－●＝11－6＝5입니다.
참고 ■＋▲－●의 값을 구하는 것이므로 ■와 ▲의 값을
각각 구하지 않고 ■＋▲의 값을 구해서 ●를 빼면 됩니다.

9 예 번호표의 수 중에서 가운데 수를 □라 하면 세 수
는 □－1, □, □＋1입니다. ❶
□－1＋□＋□＋1＝1050,
□＋□＋□＝1050이므로
350＋350＋350＝1050에서 □＝350입니다. ❷
따라서 번호표에 써 있는 수 중에서 가장 큰 수는
350＋1＝351입니다. ❸

채점 기준
❶ 번호표의 수 중에서 가운데 수를 □라 할 때 세 수를 □를 사용하여 나타내기
❷ □에 알맞은 수 구하기
❸ 번호표에 써 있는 수 중에서 가장 큰 수 구하기

10 은하는 미리보다 지우개 2개를 더 많이 샀고,
두 사람이 산 물건 가격의 차는 980－460＝520(원)
이므로 지우개 2개의 가격은 520원입니다.
260＋260＝520이므로 지우개 1개의 가격은 260원
입니다.
자 1개의 가격을 □원이라 하면
260＋□＝460, 460－260＝□, □＝200이므로
자 1개의 가격은 200원입니다.

11 산과 바다를 둘 다 좋아하지 않는 학생이 56명이므로
산 또는 바다를 좋아하는 학생은
500－56＝444(명)입니다.

산 또는 바다를 좋아하는 학생 수(444명)
산과 바다를 모두 좋아하는 학생 수
산을 좋아하는 학생 수(289명)　바다를 좋아하는 학생 수(337명)

⇨ (산과 바다를 모두 좋아하는 학생 수)
　＝289＋337－444＝626－444＝182(명)

12 8월 16일에 남은 돈을 ㉠, 8월 19일에 나간 돈을 ㉡,
8월 20일에 들어온 돈을 ㉢이라 하여 식을 만듭니다.
270＋500＝㉠, ㉠＝770
⇨ 8월 16일에 남은 돈은 770원입니다.
770－㉡＝290, 770－290＝㉡, ㉡＝480
⇨ 8월 19일에 나간 돈은 480원입니다.
290＋㉢＝640, 640－290＝㉢, ㉢＝350
⇨ 8월 20일에 들어온 돈은 350원입니다.

8월 12일부터 8월 20일까지
들어온 돈의 합은 500＋350＝850(원),
나간 돈의 합은 450＋480＝930(원)이므로
나간 돈의 합은 들어온 돈의 합보다
930－850＝80(원) 더 많습니다.

13 436＋182＋□＝900이라 하면 618＋□＝900,
900－618＝□, □＝282이므로 □ 안에 282에
가장 가까운 수를 넣으면 세 수의 합이 900에 가장
가깝습니다.
백의 자리 수와 십의 자리 수가 같은 수 중에서 282에
가까운 수는 229, 330입니다.
282－229＝53, 330－282＝48이므로 282에 더
가까운 수는 330입니다.
따라서 □ 안에 알맞은 수는 330입니다.

14 비어 있는 수 카드의 수를 □라 하여 만들 수 있는
세 자리 수 중에서 가장 큰 수, 가장 작은 수, 가장 큰
수와 가장 작은 수의 합을 써 보면 다음과 같습니다.

□	0	1	3	4	6	7	9
가장 큰 수	852	852	853	854	865	875	985
가장 작은 수	205	125	235	245	256	257	258
합	1057	977	1088	1099	1121	1132	1243

따라서 □＝6일 때 만들 수 있는 가장 큰 수와 가장
작은 수의 합이 1121이므로 비어 있는 수 카드에 써
야 하는 수는 6입니다.

15 예 □＋319＜908－132에서
□＋319＝908－132라 하면 □＋319＝776,
776－319＝□, □＝457입니다. ❶
845－□＜267＋127에서 845－□＝267＋127
이라 하면 845－□＝394, 845－394＝□,
□＝451입니다. ❷
따라서 □ 안에 공통으로 들어갈 수 있는 세 자리 수
는 451보다 크고 457보다 작아야 하므로 모두 5개
입니다. ❸

채점 기준
❶ □＋319＝908－132라 할 때 □의 값 구하기
❷ 845－□＝267＋127이라 할 때 □의 값 구하기
❸ □ 안에 공통으로 들어갈 수 있는 세 자리 수는 모두 몇 개인지 구하기

16 만들 수 있는 세 자리 수 중에서 가장 큰 수는 4□8
의 십의 자리에 9를 넣은 498이고, 가장 작은 수는
4□□의 십의 자리에 0, 일의 자리에 1을 넣은 401
입니다.
⇨ $498-401=97$

17 [덧셈식]
• 일의 자리 계산: $7+$㉣$=16$ ⇨ ㉣$=9$
• 십의 자리 계산: $1+$㉡$+4=10$ ⇨ ㉡$=5$
• 백의 자리 계산: $1+$㉠$+$㉢$=12$ ⇨ ㉠$+$㉢$=11$
[뺄셈식]
• 백의 자리 계산: ㉠$-$㉢$=5$
합이 11이고, 차가 5인 두 수는 8, 3이므로
㉠$=8$, ㉢$=3$입니다.
따라서 두 수는 각각 857, 349입니다.

18 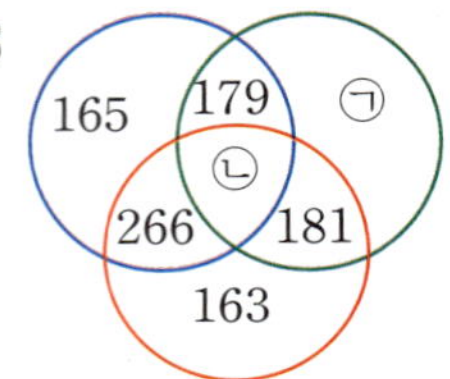

한 원 안에 있는 네 수의 합을 구합니다.
• 파란색 원: $165+266+$㉡$+179=610+$㉡
• 초록색 원: $179+$㉡$+181+$㉠$=360+$㉡$+$㉠
• 빨간색 원: $266+163+181+$㉡$=610+$㉡
한 원 안에 있는 네 수의 합은 모두 같으므로
$360+$㉠$+$㉡$=610+$㉡입니다.
$360+$㉠$=610$, $610-360=$㉠, ㉠$=250$
따라서 ㉠에 알맞은 수는 250입니다.

<table>
<tr><td>44~45쪽</td><td colspan="2">CHALLENGE 최고수준 문제</td></tr>
</table>

1 595   **2** 138
3 100 m   **4** 344
5 480점
6 (위에서부터) 9 / 7, 4 / 1, 0, 3, 5

1 • □◈$408=408+408-$□$=816-$□
• 329◈$275=275+275-329=550-329=221$
⇨ $816-$□$=221$, $816-221=$□, □$=595$

2 세 자리 수를 ■▲●라 하면
• 십의 자리 수는 일의 자리 수의 3배이므로
▲$=$●$×3$이고 (▲, ●)로 나타내면
(3, 1), (6, 2), (9, 3)입니다.
• 일의 자리 수와 백의 자리 수의 합이 9이므로
●$+$■$=9$이고 일의 자리 수가 1, 2, 3일 때
(■, ●)로 나타내면 (8, 1), (7, 2), (6, 3)입니다.
두 조건을 모두 만족하는 경우를 (■, ▲, ●)로
나타내면 (8, 3, 1), (7, 6, 2), (6, 9, 3)이므로
세 자리 수는 831, 762, 693입니다.
따라서 조건을 모두 만족하는 세 자리 수 중에서
가장 큰 수와 가장 작은 수의 차는
$831-693=138$입니다.

참고 일의 자리 수를 기준으로 표를 만들어서 세 자리 수를
구할 수도 있습니다.

일의 자리 수	십의 자리 수	백의 자리 수	세 자리 수
1	$1×3=3$	$9-1=8$	831
2	$2×3=6$	$9-2=7$	762
3	$3×3=9$	$9-3=6$	693

3 비법 PLUS +
6분 동안 달리는 거리는 2분 동안 달리는 거리와 3분 동안
달리는 거리를 각각 몇 번씩 더해서 구할 수 있는지 알아봅니다.

유정이가 2분 동안 달리는 거리는 294 m이므로
6분 동안 달리는 거리는 $294+294+294=882$(m)
입니다.
다희가 3분 동안 달리는 거리는 457 m이므로 6분
동안 달리는 거리는 $457+457=914$(m)입니다.
유정이와 다희 모두 산책로를 반 넘게 달렸지만 한
바퀴는 돌지 못했고, 한 바퀴 돌 때까지 남은 거리는
유정이가 $948-882=66$(m),
다희가 $948-914=34$(m)입니다.

따라서 두 사람 사이의 거리 중 더 짧은 거리는
$66+34=100$(m)입니다.

4 선아가 가지고 있는 수 카드로 만든 두 수가 9852, 2058이므로 선아가 가지고 있는 수 카드는 0, 2, 5, 8, 9이고, 다솜이가 가지고 있는 수 카드는 1, 3, 4, 6, 7입니다.

선아가 만들 수 있는 가장 작은 세 자리 수는 205, 두 번째로 작은 세 자리 수는 208입니다.

다솜이가 만들 수 있는 가장 작은 세 자리 수는 134, 두 번째로 작은 세 자리 수는 136입니다.

⇨ 208+136=344

5

이긴 모둠의 이기기 전 점수를 □점이라 하여 이긴 후의 점수를 □를 사용한 식으로 나타내 봅니다.

두 번째 게임에서 다 모둠이 이겼으므로 다 모둠의 점수만큼 가 모둠과 나 모둠의 점수를 각각 가져오면 세 모둠의 점수가 270점으로 같아집니다.

두 번째 게임을 시작하기 전 다 모둠의 점수를 □점이라 하면 □+□+□=270이고,

90+90+90=270이므로 □=90입니다.

이때 가 모둠의 점수는 270+90=360(점),

나 모둠의 점수는 270+90=360(점)입니다.

첫 번째 게임에서 가 모둠이 이겼으므로 가 모둠의 점수만큼 나 모둠과 다 모둠의 점수를 각각 가져오면 가 모둠의 점수가 360점이 됩니다.

첫 번째 게임을 시작하기 전 가 모둠의 점수를 △점이라 하면 △+△+△=360이고,

120+120+120=360이므로 △=120입니다.

이때 나 모둠의 점수는 360+120=480(점),

다 모둠의 점수는 90+120=210(점)입니다.

따라서 480>210>120이므로 처음에 점수가 가장 높았던 모둠의 점수는 480점입니다.

6

계산 결과의 천의 자리 수를 먼저 알아본 다음 백의 자리부터 거꾸로 계산하여 □ 안에 알맞은 수를 구해 봅니다.

$$\begin{array}{r} 2\ 8\ ⊙ \\ +\ ⊙\ ⊙\ 6 \\ \hline ⊙\ ⊙\ ⊙\ ⊙ \end{array}$$

0부터 9까지의 수 중에서 2, 6, 8은 이미 사용하였으므로 남은 수는 0, 1, 3, 4, 5, 7, 9입니다.

㉣은 백의 자리 계산에서 받아올림한 수이므로 1입니다.

백의 자리 계산에서 받아올림이 있으므로 ㉡에 알맞은 수는 7 또는 9입니다.

㉡=9일 때 십의 자리 계산에서 받아올림이 없으면 ㉢=1이고, 받아올림이 있으면 ㉢=2로 1과 2가 각각 2번씩 사용되므로 ㉡은 9가 될 수 없습니다.

㉡=7일 때 백의 자리 계산에서 받아올림이 있어야 ㉣=1이 될 수 있으므로 1+2+7=10에서 ㉢=0입니다.

남은 수인 3, 4, 5, 9를 사용하여 일의 자리 계산을 해 보면 3+6=9, 9+6=15이므로 ㉠과 ㉺에 알맞은 수는 3과 9 또는 9와 5입니다.

㉠=3, ㉺=9일 때 십의 자리 계산에서 ㉢, ㉤에 남은 수인 4와 5가 들어갈 수 없으므로 ㉠=9, ㉺=5이고 이때 ㉢=4, ㉤=3입니다.

파리

2 평면도형

48~49쪽 **CHECK 핵심 문제**

1 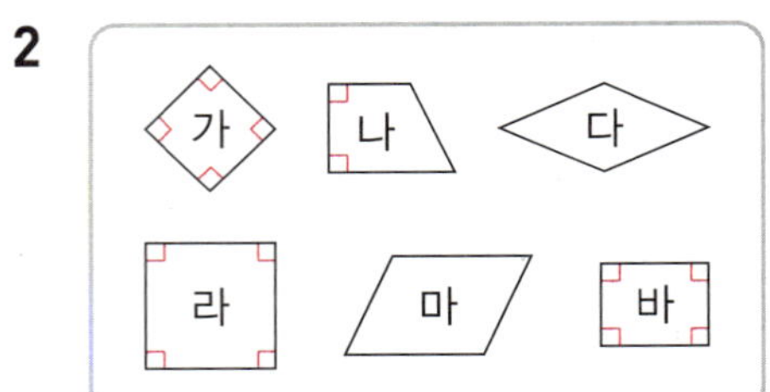

2 가, 라, 바 / 가, 라   **3** (위에서부터) 12, 6
4 ④   **5** 10개
6 160 m   **7** ㉠, ㉣
8 ㉠, ㉡, ㉢   **9** 6개
10 6개   **11** 10
12 6개

1 • 선분 ㄴㄷ: 곧은자를 이용하여 점 ㄴ과 점 ㄷ을 잇는 곧은 선을 긋습니다.
  • 반직선 ㄹㅂ: 곧은자를 이용하여 점 ㄹ에서 시작하여 점 ㅂ을 지나는 곧은 선을 긋습니다.
  • 직선 ㅁㄱ: 곧은자를 이용하여 점 ㅁ과 점 ㄱ을 지나는 곧은 선을 긋습니다.

2 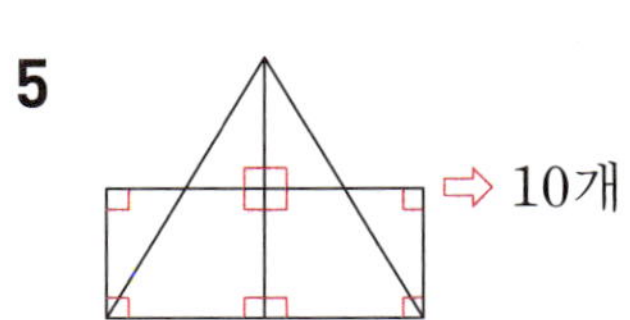

직사각형은 가, 라, 바이고 정사각형은 가, 라입니다.

3 직사각형은 마주 보는 변의 길이가 같습니다.

4 ④ 직사각형 중에서 네 변의 길이가 모두 같은 직사각형만 정사각형입니다.

5 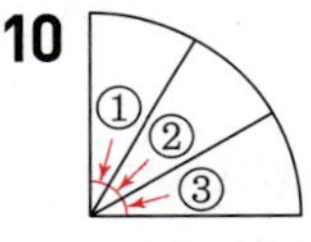 ⇨ 10개

6 (태호가 뛴 거리)
  =(정사각형 모양 공원의 네 변의 길이의 합)
  =40+40+40+40=160(m)

7 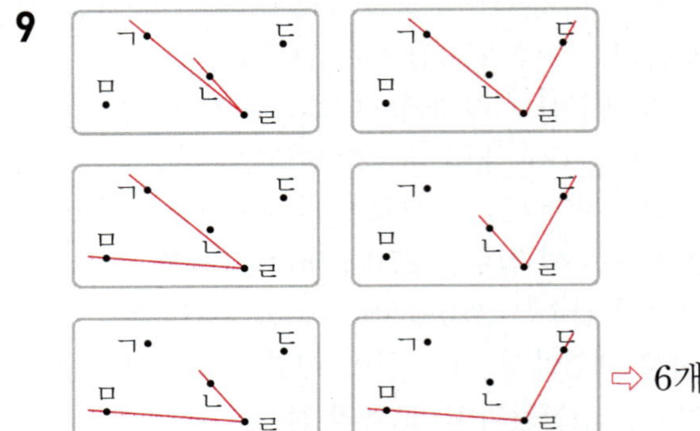

3시   4시
7시   9시

8 네 각이 모두 직각이고 네 변의 길이가 모두 같은 사각형이므로 정사각형입니다. 또한 정사각형은 네 각이 모두 직각이므로 직사각형이라고 할 수 있습니다.

9 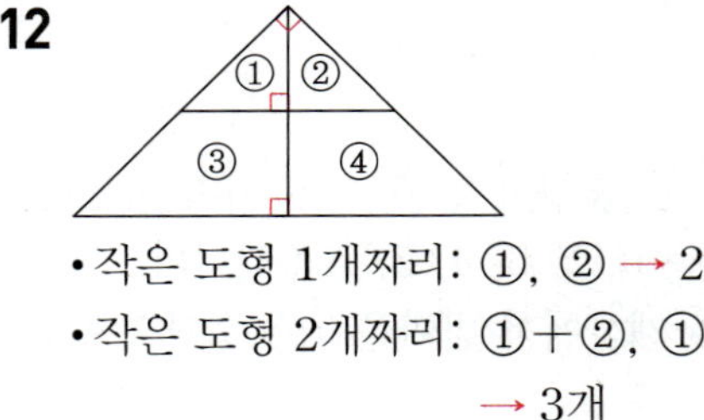 ⇨ 6개

10
• 작은 각 1개짜리: ①, ②, ③ → 3개
• 작은 각 2개짜리: ①+②, ②+③ → 2개
• 작은 각 3개짜리: ①+②+③ → 1개
⇨ 3+2+1=6(개)

11 4+□+4+□=28, 8+□+□=28,
  □+□=20, □=10입니다.

12
• 작은 도형 1개짜리: ①, ② → 2개
• 작은 도형 2개짜리: ①+②, ①+③, ②+④ → 3개
• 작은 도형 4개짜리: ①+②+③+④ → 1개
⇨ 2+3+1=6(개)

확인 1 (1) 4, 3, 2, 1　(2) 10개

확인 2 15개　　　　**확인 3** 12개

확인 4 10개

확인 5 (1) 9, 4, 1　(2) 14개

확인 6 14개　　　　**확인 7** 13개

확인 8 7개

확인 9 (1) 36 cm　(2) 9 cm

확인 10 10 m　　　　**확인 11** 11 cm

확인 12 11 cm

확인 13 (1) 19 cm / 13 cm　(2) 64 cm

확인 14 52 cm　　　　**확인 15** 64 cm

확인 16 96 cm

확인 17 (1) 14, 6, 2　(2) 22개

확인 18 21개　　　　**확인 19** 17개

확인 20 16개

예제 6 (1) 1, 2　(2) 3개

확인 21 8개

예제 7 (1) 각 ㄴㄱㄷ, 각 ㄴㄱㄹ, 각 ㄷㄱㄹ /
　　　　각 ㄱㄴㄷ, 각 ㄱㄴㄹ, 각 ㄷㄴㄹ /
　　　　각 ㄱㄷㄴ, 각 ㄱㄷㄹ, 각 ㄴㄷㄹ /
　　　　각 ㄱㄹㄴ, 각 ㄱㄹㄷ, 각 ㄴㄹㄷ
　　　　(2) 12개

확인 22 30개

확인 1 (2) $4+3+2+1=10$(개)

확인 2 점 ㄱ을 지나는 직선은 5개, 점 ㄴ을 지나는 직선은 직선 ㄱㄴ을 제외하면 4개입니다. 이와 같이 겹치는 직선을 제외하면 점 ㄷ을 지나는 직선은 3개, 점 ㄹ을 지나는 직선은 2개, 점 ㅁ을 지나는 직선은 1개, 점 ㅂ을 지나는 직선은 없습니다.
⇨ $5+4+3+2+1=15$(개)

확인 3 각 점에서 그을 수 있는 반직선은 다음과 같습니다.

점 ㄱ	점 ㄴ	점 ㄷ	점 ㄹ
반직선 ㄱㄴ	반직선 ㄴㄱ	반직선 ㄷㄱ	반직선 ㄹㄱ
반직선 ㄱㄷ	반직선 ㄴㄷ	반직선 ㄷㄴ	반직선 ㄹㄴ
반직선 ㄱㄹ	반직선 ㄴㄹ	반직선 ㄷㄹ	반직선 ㄹㄷ

⇨ $3+3+3+3=3\times4=12$(개)

확인 4
· 그을 수 있는 직선의 수: $4+3+2+1=10$(개)
· 그을 수 있는 반직선의 수:
　$4+4+4+4+4=4\times5=20$(개)
⇨ $20-10=10$(개)

확인 5 (1)

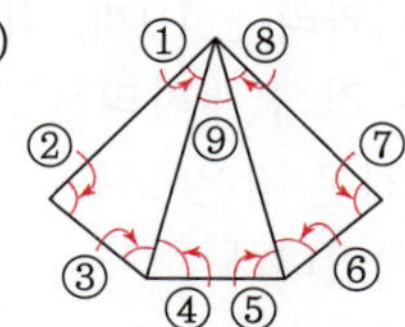

· 작은 각 1개짜리: ①, ②, ③, ④, ⑤, ⑥, ⑦, ⑧, ⑨ → 9개
· 작은 각 2개짜리: ③+④, ⑤+⑥, ⑧+⑨, ⑨+① → 4개
· 작은 각 3개짜리: ①+⑨+⑧ → 1개
(2) $9+4+1=14$(개)

확인 6

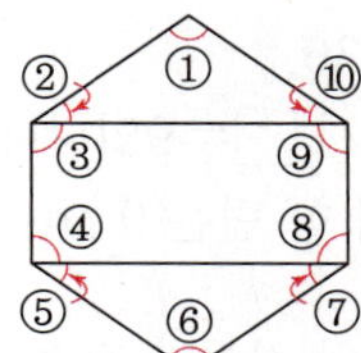

· 작은 각 1개짜리: ①, ②, ③, ④, ⑤, ⑥, ⑦, ⑧, ⑨, ⑩ → 10개
· 작은 각 2개짜리: ②+③, ④+⑤, ⑦+⑧, ⑨+⑩ → 4개
⇨ $10+4=14$(개)

확인 7

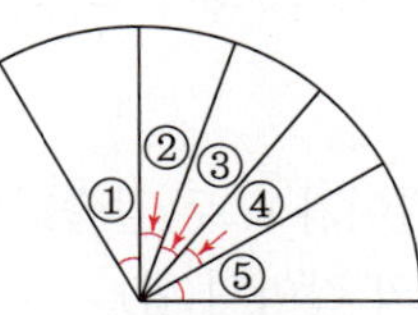

· 작은 각 1개짜리: ①, ②, ③, ④, ⑤ → 5개
· 작은 각 2개짜리: ①+②, ②+③, ③+④, ④+⑤ → 4개
· 작은 각 3개짜리: ①+②+③, ②+③+④, ③+④+⑤ → 3개
· 작은 각 4개짜리: ①+②+③+④, ②+③+④+⑤ → 2개
· 작은 각 5개짜리: ①+②+③+④+⑤ → 1개
⇨ $5+4+3+2+1=15$(개)
· 직각: ①+②+③+④, ②+③+④+⑤ → 2개
따라서 각의 수와 직각 수의 차는 $15-2=13$(개)입니다.

확인 8 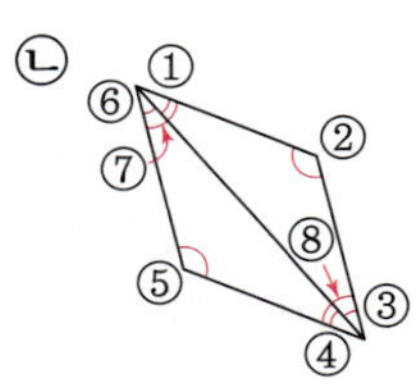

- ㉠에서 작은 각 1개짜리는 10개, 작은 각 2개
  짜리는 4개, 작은 각 3개짜리는 1개이므로
  찾을 수 있는 크고 작은 각은 모두
  $10+4+1=15$(개)입니다.
- ㉡에서 작은 각 1개짜리는 6개, 작은 각 2개짜
  리는 2개이므로 찾을 수 있는 크고 작은 각은
  모두 $6+2=8$(개)입니다.
  ⇨ $15-8=7$(개)

확인 9 (1) 직사각형은 마주 보는 변의 길이가 같습니다.
  (직사각형 ㉮의 네 변의 길이의 합)
  $=12+6+12+6=36$(cm)
(2) $\square+\square+\square+\square=36$,
  $9+9+9+9=36$에서 $\square=9$입니다.
  따라서 정사각형 ㉯의 한 변은 9 cm입니다.

확인 10 직사각형은 마주 보는 변의 길이가 같습니다.
  (직사각형 모양의 밭 ㉮의 네 변의 길이의 합)
  $=13+7+13+7=40$(m)
  밭 ㉯의 한 변을 $\square$m라 하면
  $\square+\square+\square+\square=40$,
  $10+10+10+10=40$에서 $\square=10$입니다.
  따라서 정사각형 모양의 밭 ㉯의 한 변은 10 m
  입니다.

확인 11 정사각형은 네 변의 길이가 모두 같습니다.
  (정사각형 ㉯의 네 변의 길이의 합)
  $=13+13+13+13=52$(cm)
  $\square+15+\square+15=52$, $\square+\square+30=52$,
  $\square+\square=22$, $\square=11$입니다.
  따라서 직사각형 ㉮의 가로는 11 cm입니다.

확인 12 • 직사각형 모양을 만드는 데 사용한 철사의 길이
  는 $30+14+30+14=88$(cm)입니다.
- 정사각형 모양을 만드는 데 사용한 철사의 길이
  는 $44+44=88$이므로 44 cm입니다.
  정사각형의 한 변을 $\square$cm라 하면
  $\square+\square+\square+\square=44$,
  $11+11+11+11=44$에서 $\square=11$입니다.
  따라서 정사각형의 한 변은 11 cm가 됩니다.

확인 13 (1) 만든 직사각형의 가로는 $6+13=19$(cm),
  세로는 13 cm입니다.
(2) 도형을 둘러싼 굵은 선의 길이는 만든
  직사각형의 네 변의 길이의 합과 같습니다.
  ⇨ $19+13+19+13=64$(cm)

확인 14 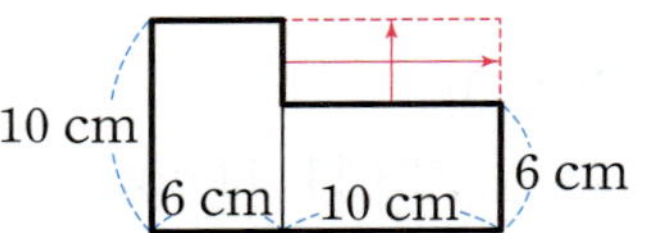

도형을 둘러싼 굵은 선의 길이는
가로가 $6+10=16$(cm), 세로가 10 cm인
직사각형의 네 변의 길이의 합과 같습니다.
  ⇨ (도형을 둘러싼 굵은 선의 길이)
  $=16+10+16+10=52$(cm)

확인 15 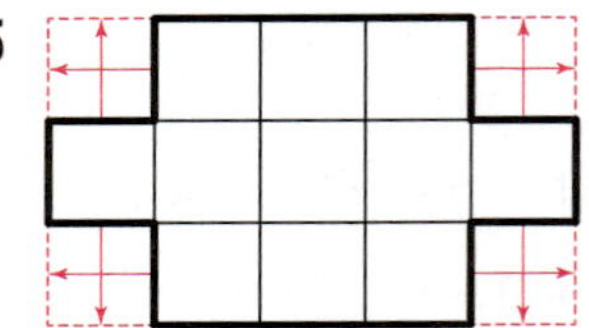

도형을 둘러싼 굵은 선의 길이는
가로가 $4\times5=20$(cm), 세로가 $4\times3=12$(cm)
인 직사각형의 네 변의 길이의 합과 같습니다.
  ⇨ (도형을 둘러싼 굵은 선의 길이)
  $=20+12+20+12=64$(cm)

확인 16 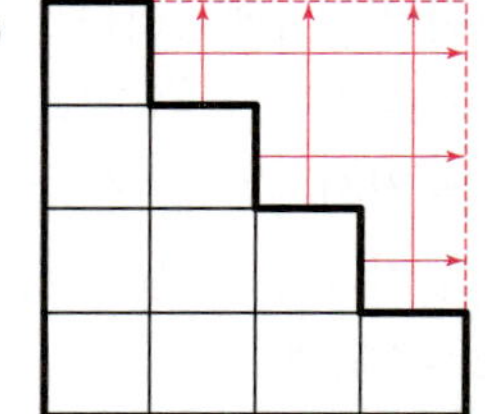

가장 작은 정사각형의 한 변은
$6+6+6+6=24$에서 6 cm입니다.
도형을 둘러싼 굵은 선의 길이는
한 변이 $6\times4=24$(cm)인 정사각형의 네 변의
길이의 합과 같습니다.
  ⇨ (도형을 둘러싼 굵은 선의 길이)
  $=24+24+24+24=96$(cm)

확인 17 (1) • 작은 정사각형 1개짜리:

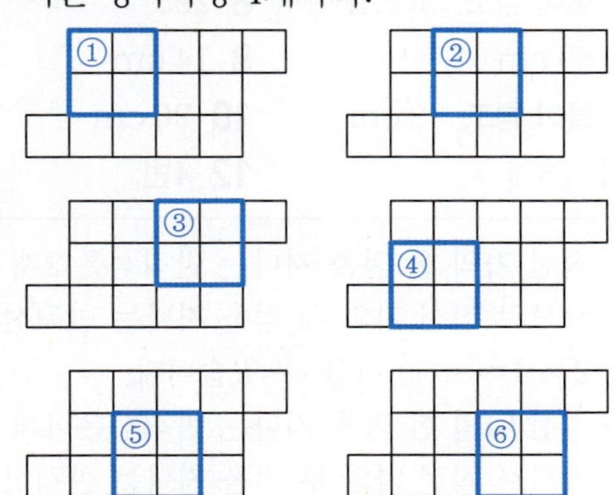

→ 14개

• 작은 정사각형 4개짜리:

→ 6개

• 작은 정사각형 9개짜리:

→ 2개

(2) $14+6+2=22$(개)

확인 18

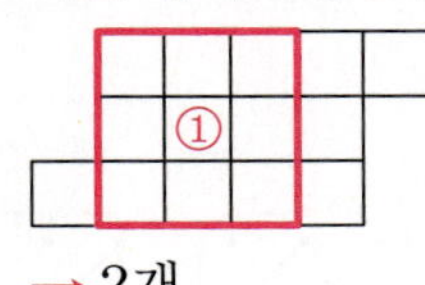

• 작은 직사각형 1개짜리:

①, ②, ③, ④, ⑤, ⑥, ⑦ → 7개

• 작은 직사각형 2개짜리:

①＋②, ②＋⑤, ③＋⑥, ④＋⑦, ②＋③,

③＋④, ⑤＋⑥, ⑥＋⑦ → 8개

• 작은 직사각형 3개짜리:

①＋②＋⑤, ②＋③＋④, ⑤＋⑥＋⑦

→ 3개

• 작은 직사각형 4개짜리:

②＋③＋⑤＋⑥, ③＋④＋⑥＋⑦ → 2개

• 작은 직사각형 6개짜리:

②＋③＋④＋⑤＋⑥＋⑦ → 1개

⇨ $7+8+3+2+1=21$(개)

확인 19

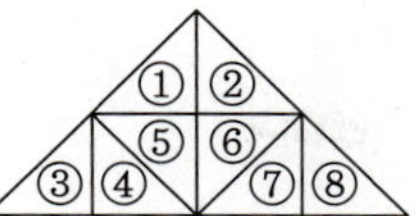

• 작은 직각삼각형 1개짜리:

①, ②, ③, ④, ⑤, ⑥, ⑦, ⑧ → 8개

• 작은 직각삼각형 2개짜리:

①＋②, ③＋④, ⑤＋⑥, ⑦＋⑧, ①＋⑤,

②＋⑥ → 6개

• 작은 직각삼각형 4개짜리:

①＋③＋④＋⑤, ②＋⑥＋⑦＋⑧ → 2개

• 작은 직각삼각형 8개짜리:

①＋②＋③＋④＋⑤＋⑥＋⑦＋⑧ → 1개

⇨ $8+6+2+1=17$(개)

확인 20

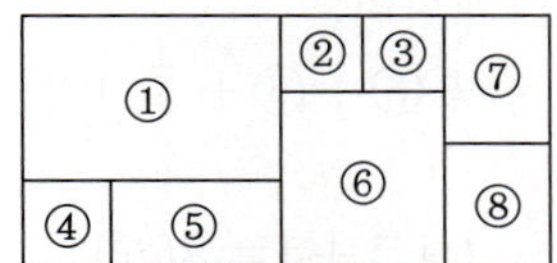

• 작은 직사각형 1개짜리:

①, ②, ③, ④, ⑤, ⑥, ⑦, ⑧ → 8개

• 작은 직사각형 2개짜리:

②＋③, ④＋⑤, ⑦＋⑧ → 3개

• 작은 직사각형 3개짜리:

①＋④＋⑤, ②＋③＋⑥ → 2개

• 작은 직사각형 5개짜리:

②＋③＋⑥＋⑦＋⑧ → 1개

• 작은 직사각형 6개짜리:

①＋②＋③＋④＋⑤＋⑥ → 1개

• 작은 직사각형 8개짜리:

①＋②＋③＋④＋⑤＋⑥＋⑦＋⑧ → 1개

⇨ $8+3+2+1+1+1=16$(개)

예제 6 (1)

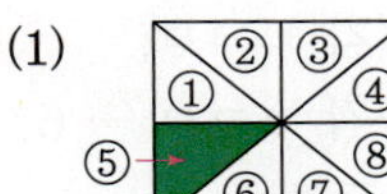

• 작은 직각삼각형 1개짜리: ⑤ → 1개

• 작은 직각삼각형 4개짜리:

①＋⑤＋⑥＋⑦, ⑤＋①＋②＋③

→ 2개

(2) $1+2=3$(개)

정답과 풀이

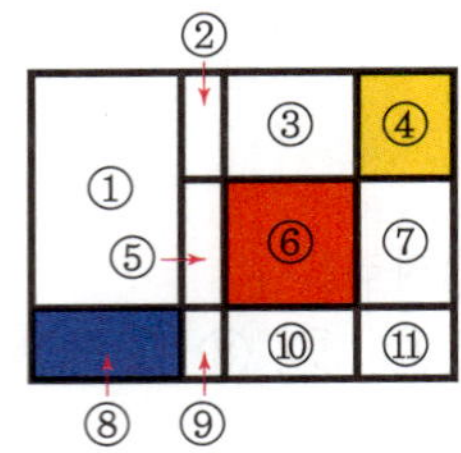

확인 21

- 작은 직사각형 1개짜리: ⑧ → 1개
- 작은 직사각형 2개짜리:
  ①＋⑧, ⑧＋⑨ → 2개
- 작은 직사각형 3개짜리: ⑧＋⑨＋⑩ → 1개
- 작은 직사각형 4개짜리:
  ⑧＋⑨＋⑩＋⑪ → 1개
- 작은 직사각형 5개짜리:
  ①＋②＋⑤＋⑧＋⑨ → 1개
- 작은 직사각형 8개짜리:
  ①＋②＋③＋⑤＋⑥＋⑧＋⑨＋⑩ → 1개
- 작은 직사각형 11개짜리:
  ①＋②＋③＋④＋⑤＋⑥＋⑦＋⑧＋⑨＋⑩＋⑪ → 1개
  ⇨ $1+2+1+1+1+1+1=8$(개)

예제 7

(1) 각 점을 각의 꼭짓점으로 하는 각은 각각 3개씩입니다.

(2) $3+3+3+3=12$(개)

확인 22

- 점 ㄱ을 각의 꼭짓점으로 하는 각:
  각 ㄴㄱㄷ, 각 ㄴㄱㄹ, 각 ㄴㄱㅁ,
  각 ㄷㄱㄹ, 각 ㄷㄱㅁ, 각 ㄹㄱㅁ → 6개
- 점 ㄴ을 각의 꼭짓점으로 하는 각:
  각 ㄱㄴㄷ, 각 ㄱㄴㄹ, 각 ㄱㄴㅁ,
  각 ㄷㄴㄹ, 각 ㄷㄴㅁ, 각 ㄹㄴㅁ → 6개

같은 방법으로 점 ㄷ, 점 ㄹ, 점 ㅁ을 각의 꼭짓점으로 하는 각은 각각 6개씩입니다.
⇨ $6+6+6+6+6=30$(개)

---

1 16개		**2** 4가지	
3 20개		**4** 20개	
5 풀이 참조, 36 cm		**6** 293	
7 80 cm		**8** 14 cm	
9 풀이 참조, 92 cm		**10** 20 cm	
11 18개		**12** 4번	

1
- 직선 가의 한 점을 지나는 반직선은 2개 그을 수 있으므로 직선 가의 네 점을 지나는 반직선은
  $2×4=8$(개) 그을 수 있습니다.
- 직선 나의 한 점을 지나는 반직선은 4개 그을 수 있으므로 직선 나의 두 점을 지나는 반직선은
  $4×2=8$(개) 그을 수 있습니다.

따라서 그을 수 있는 반직선은 모두 $8+8=16$(개)입니다.

2

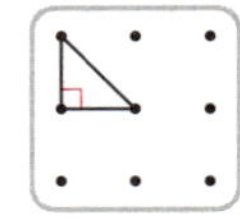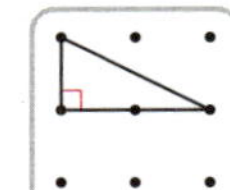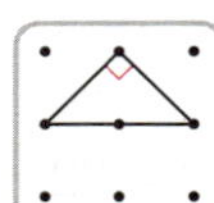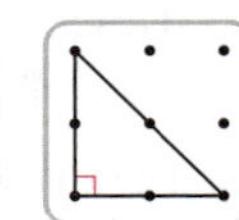

⇨ 4가지

3

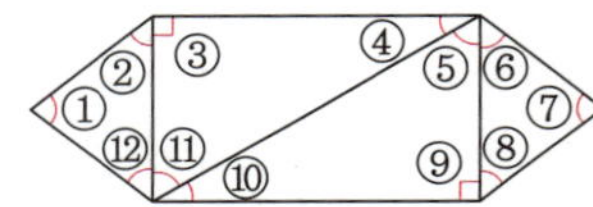

- 작은 각 1개짜리: ①, ②, ③, ④, ⑤, ⑥, ⑦, ⑧, ⑨, ⑩, ⑪, ⑫ → 12개
- 작은 각 2개짜리: ②＋③, ④＋⑤, ⑤＋⑥, ⑧＋⑨, ⑩＋⑪, ⑪＋⑫ → 6개
- 작은 각 3개짜리: ④＋⑤＋⑥, ⑩＋⑪＋⑫ → 2개

⇨ $12+6+2=20$(개)

4

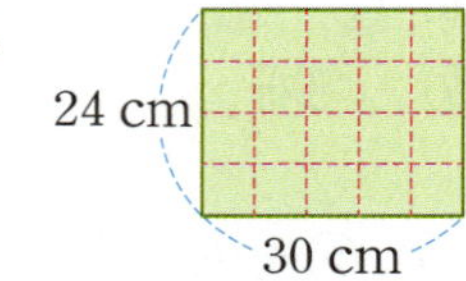

- $6×5=30$이므로 직사각형의 가로 한 줄에는 정사각형을 5개까지 만들 수 있습니다.
- $6×4=24$이므로 직사각형의 세로 한 줄에는 정사각형을 4개까지 만들 수 있습니다.

따라서 정사각형은 5개씩 4줄이 되므로 $5×4=20$(개)까지 만들 수 있습니다.

5 예 직각삼각형의 나머지 한 변은
$12-3-4=5$(cm)입니다. ❶
따라서 도형을 둘러싼 굵은 선의 길이는 직각삼각형
의 각 변의 길이의 3배와 같으므로
$3×3+4×3+5×3=9+12+15=36$(cm)입니
다. ❷

채점 기준	
❶ 직각삼각형의 나머지 한 변의 길이 구하기	
❷ 도형을 둘러싼 굵은 선의 길이 구하기	

6

도형			
직각의 수	2개	9개	3개

➡ 직각의 수가 각 자리의 숫자를 나타냅니다.
백의 자리 숫자가 2, 십의 자리 숫자가 9, 일의
자리 숫자가 3이므로 293을 나타낸 것입니다.

7

남은 종이의 모든 변의 길이의 합은 한 변이 20 cm
인 정사각형의 네 변의 길이의 합과 같습니다.
➡ (남은 종이의 모든 변의 길이의 합)
$=20+20+20+20=80$(cm)

8 (직사각형 ㄱㄴㄷㄹ의 네 변의 길이의 합)
$-$(정사각형 ㄱㄴㅂㅁ의 네 변의 길이의 합)
$=$(선분 ㅁㄹ)$+$(선분 ㅂㄷ)$=10$ cm
➡ (선분 ㅁㄹ)$=$(선분 ㅂㄷ)$=5$ cm
따라서 변 ㄴㄷ은 $9+5=14$(cm)입니다.

9 예 직사각형 모양의 종이 5장의 가로의 합은
$10+10+10+10+10=50$(cm)이고, 겹쳐진
부분의 길이의 합은 $2+2+2+2=8$(cm)이므로
만든 직사각형의 가로는 $50-8=42$(cm)입니다. ❶
따라서 만든 직사각형의 네 변의 길이의 합은
$42+4+42+4=92$(cm)입니다. ❷

채점 기준	
❶ 만든 직사각형의 가로 구하기	
❷ 만든 직사각형의 네 변의 길이의 합 구하기	

10 • 정사각형 모양을 만드는 데 사용한 철사의 길이는
$15+15+15+15=60$(cm)입니다.
• 직사각형의 가로와 세로의 합은 60 cm의 반인
30 cm입니다.
직사각형의 가로를 ☐ cm라 하면
세로는 (☐-10) cm이고
☐$+$☐$-10=30$, ☐$+$☐$=40$, ☐$=20$입니다.
따라서 직사각형의 가로는 20 cm가 됩니다.

11 • 작은 정사각형 1개짜리: 1개
• 작은 정사각형 2개짜리: 3개
• 작은 정사각형 3개짜리: 3개
• 작은 정사각형 4개짜리: 3개
• 작은 정사각형 6개짜리: 4개
• 작은 정사각형 8개짜리: 1개
• 작은 정사각형 9개짜리: 2개
• 작은 정사각형 12개짜리: 1개
➡ $1+3+3+3+4+1+2+1=18$(개)

12 시계가 나타내는 시각은 3시입니다.

3시부터 4시 사이: 2번

4시부터 5시까지: 2번

따라서 3시부터 2시간 동안 긴바늘과 짧은바늘이 이
루는 작은 쪽의 각이 직각인 시각은 모두
$2+2=4$(번) 있습니다.

참고 몇 시 몇 분인지 정확한 시각을 구할 필요는 없으므로
시계의 긴바늘을 움직이면서 짧은바늘과 직각을 이루는 시각
을 찾도록 지도합니다.

<table>
<tr><td colspan="3">66~67쪽   CHALLENGE 최고수준 문제</td></tr>
<tr><td>1 48개</td><td>2 98 cm</td></tr>
<tr><td>3 36개</td><td>4 32 cm</td></tr>
<tr><td>5 4 cm</td><td>6 40개</td></tr>
</table>

1 직각삼각형이 3개, 5개, … 늘어나는 규칙이므로 다섯 번째 모양은 다음과 같습니다.

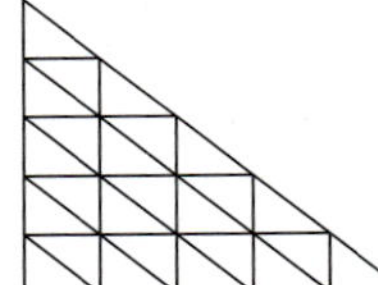

- 작은 직각삼각형 1개짜리: 25개
- 작은 직각삼각형 4개짜리: 13개
- 작은 직각삼각형 9개짜리: 6개
- 작은 직각삼각형 16개짜리: 3개
- 작은 직각삼각형 25개짜리: 1개
⇨ $25+13+6+3+1=48$(개)

2

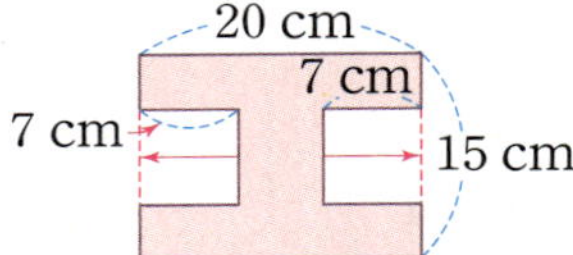

남은 도화지의 모든 변의 길이의 합은 직사각형의 네 변의 길이의 합에 7 cm인 변 4개의 길이를 더한 것과 같습니다.
⇨ (남은 도화지의 모든 변의 길이의 합)
  $=20+15+20+15+7+7+7+7=98$(cm)

3 비법 PLUS +

직사각형의 네 꼭짓점 부분에도 정사각형을 붙이는 것에 주의합니다.

- $3 \times 9 = 27$이므로 직사각형의 가로의 한 변에 붙일 수 있는 정사각형은 9개입니다.
- $3 \times 7 = 21$이므로 직사각형의 세로의 한 변에 붙일 수 있는 정사각형은 7개입니다.
- 직사각형의 네 꼭짓점 부분에 붙일 수 있는 정사각형은 4개입니다.

따라서 필요한 정사각형은 모두
$9+7+9+7+4=36$(개)입니다.

4 비법 PLUS +

자른 직사각형의 가로는 세로의 2배가 됩니다.

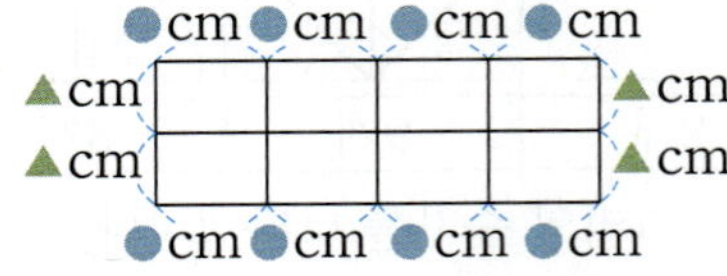

자른 직사각형의 세로를 $\square$ cm라 하면 가로는 ($\square + \square$) cm입니다.

자른 직사각형 한 개의 네 변의 길이의 합이 24 cm이므로 ($\square + \square$) + $\square$ + ($\square + \square$) + $\square$ = 24,
(가로) (세로) (가로) (세로)
$\square \times 6 = 24$이고 $4 \times 6 = 24$이므로 $\square = 4$입니다.
⇨ (처음 정사각형의 한 변의 길이)
  $= \square + \square = 4 + 4 = 8$(cm)
따라서 처음 정사각형의 네 변의 길이의 합은
$8+8+8+8=32$(cm)입니다.

5 비법 PLUS +

가장 작은 직사각형의 긴 변과 짧은 변의 길이의 합을 구하는 식을 만들어 봅니다.

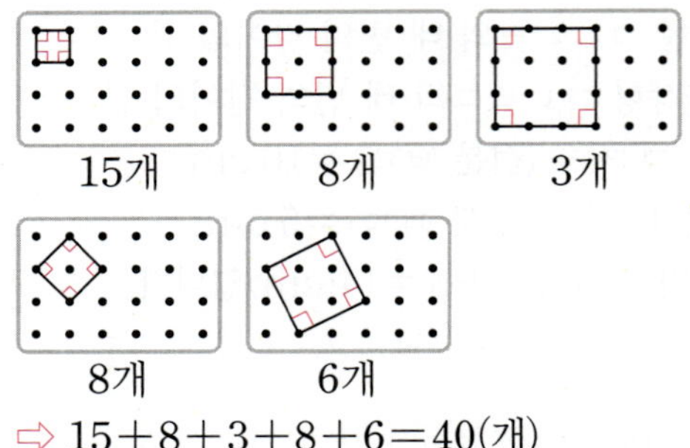

가장 작은 직사각형의 긴 변을 ● cm, 짧은 변을 ▲ cm라 하면 네 변의 길이의 합이 20 cm이므로
● + ▲ = 10입니다.
큰 직사각형의 네 변의 길이의 합이 64 cm이므로 $32+32=64$에서 큰 직사각형의 긴 변과 짧은 변의 길이의 합은 32 cm입니다.
● + ● + ● + ● + ▲ + ▲ = 32,
● + ● + 10 + 10 = 32, ● + ● = 12, ● = 6
따라서 ● + ▲ = 10, 6 + ▲ = 10, ▲ = 4입니다.

6 만들 수 있는 서로 다른 크기의 정사각형은 모두 5가지이고 각 경우에 만들 수 있는 정사각형의 수는 다음과 같습니다.

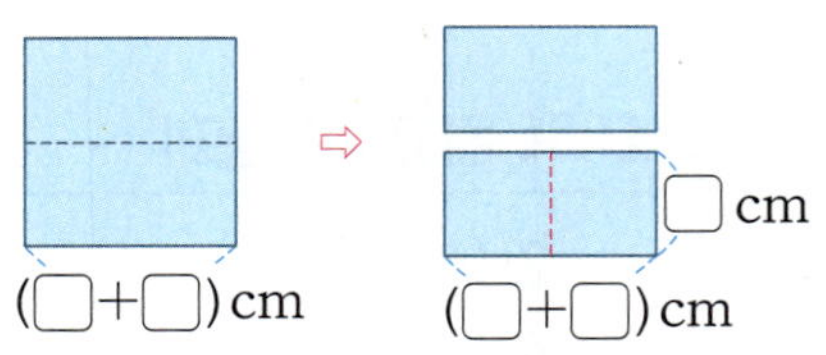

15개　　8개　　3개

8개　　6개

⇨ $15+8+3+8+6=40$(개)

68쪽 초성으로 맞히는 **세계 수도**

카이로

70~71쪽 **CHECK 핵심 문제**

1 2, 7, 14 / 7, 2, 14
2 36÷9=4 / 9×4=36 또는 4×9=36 / 4명
3 1, 2, 3, 4
4 7×9=63 또는 9×7=63 /
　63÷7=9, 63÷9=7
5 ㉢　　　　　　　　　**6** ⑤
7 3　　　　　　　　　**8** 8개
9 2장　　　　　　　　**10** 5 cm
11 2　　　　　　　　　**12** 9 cm

1 　14÷2=7　　14÷2=7
　　2×7=14　　7×2=14

2 　36÷9=$\boxed{4}$ ⇨ 9×$\boxed{4}$=36

따라서 4명에게 나누어 줄 수 있습니다.

3 30÷6=5
따라서 ☐ 안에 들어갈 수 있는 수는 5보다 작은
1, 2, 3, 4입니다.

4 수 카드 3장을 뽑아 한 번씩만 사용하여 만들 수 있는
곱셈식은 7×9=63 또는 9×7=63입니다.
곱셈과 나눗셈의 관계를 이용하여 곱셈식을 나눗셈
식으로 나타내면 63÷7=9, 63÷9=7입니다.

5 ㉠ 4명이 색종이를 1장씩 번갈아 가며 가지면 한 명
　이 5장씩 갖고 1장이 남습니다.
㉡ 5명이 연필을 1자루씩 번갈아 가며 가지면 한 명
　이 4자루씩 갖고 2자루가 남습니다.
㉢ 6명이 지우개를 1개씩 번갈아 가며 가지면 한 명
　이 4개씩 갖고 남는 것이 없습니다.
㉣ 7명이 볼펜을 1자루씩 번갈아 가며 가지면 한 명
　이 3자루씩 갖고 4자루가 남습니다.

6 나누어지는 수가 같을 때에는 나누는 수가 작을수록
몫이 커집니다.
나누어지는 수가 12로 모두 같으므로
나누는 수 6, 3, 12, 4, 1을 비교합니다.
따라서 나누는 수가 1인 12÷1의 몫이 가장 큽니다.

7 45÷5=9이므로 27÷㉠=9입니다.
27÷㉠=9 ⇨ ㉠×9=27, ㉠=3

8 (오전과 오후에 딴 귤의 수)=35+29=64(개)
　⇨ (한 봉지에 담은 귤의 수)=64÷8=8(개)

9 (한 상자에 담은 색종이의 수)=48÷6=8(장)
　⇨ (친구 한 명이 받게 되는 색종이의 수)
　　　=8÷4=2(장)

10 (직사각형의 네 변의 길이의 합)÷2
　＝(가로)+(세로)이므로
가로를 ☐cm라 하면
18÷2=☐+4, 9=☐+4, ☐=5입니다.
따라서 직사각형의 가로는 5 cm입니다.

11 어떤 수를 ☐라 하면
　☐÷3=6 ⇨ 3×6=☐, ☐=18입니다.
따라서 바르게 계산하면 18÷9=2입니다.

12 (종이띠 도막의 수)=6+1=7(도막)
　⇨ (자른 종이띠 한 도막의 길이)=63÷7=9(cm)

72~87쪽 **PRACTICE 심화 문제**

확인 **1** (1) 12, 18, 24　(2) 24, 32　(3) 24
확인 **2** 35　　　　　　　확인 **3** 2개
확인 **4** 2
확인 **5** (1) 7칸　(2) 4칸　(3) 28개
확인 **6** 32개　　　　　　확인 **7** 12개
확인 **8** 80 cm
확인 **9** (1) 4군데　(2) 5개　(3) 10개
확인 **10** 16그루　　　　　확인 **11** 6 m
확인 **12** 28개
확인 **13** (1) 예

㉠	5	10	15	20	25	30	35	40	…
㉡	1	2	3	4	5	6	7	8	…

　　　　(2) 30, 6
확인 **14** 36, 6　　　　　확인 **15** 24
확인 **16** 4, 12
확인 **17** (1) 1, 2, 3, 4, 4　(2) 4
확인 **18** 　　　　　　　　확인 **19** 검은색
확인 **20** 14
확인 **21** (1) 7시간　(2) 3시간　(3) ㉯ 달팽이, 4시간
확인 **22** 토끼, 1분　　　　확인 **23** 코알라, 18 m
확인 **24** 84 m

확인 **25** (1) $16 \div 2 = 8$, $24 \div 3 = 8$, $32 \div 4 = 8$,
$40 \div 5 = 8$
(2) $24 \div 3 = 8$, $32 \div 4 = 8$

확인 **26** $14 \div 2 = 7$, $21 \div 3 = 7$

확인 **27** 24, 56, 64　　확인 **28** 2가지

예제 **8** (1) 48줄　(2) 24줄　(3) 6대

확인 **29** 7대

예제 **9** (1) 16분　(2) 8분　(3) 4분　(4) 28분

확인 **30** 26분

확인 **1** (1) 6으로 남김없이 똑같이 나눌 수 있는 수는
6단 곱셈구구의 수이므로 $6 \times 2 = 12$,
$6 \times 3 = 18$, $6 \times 4 = 24$입니다.
(2) 8로 남김없이 똑같이 나눌 수 있는 수는 8단
곱셈구구의 수이므로 $8 \times 3 = 24$, $8 \times 4 = 32$
입니다.
(3) 6과 8로 남김없이 똑같이 나눌 수 있는 수는
24입니다.

확인 **2** • 5로 남김없이 똑같이 나눌 수 있는 수는 5단
곱셈구구의 수이므로 $5 \times 5 = 25$, $5 \times 7 = 35$
입니다.
• 7로 남김없이 똑같이 나눌 수 있는 수는 7단
곱셈구구의 수이므로 $7 \times 2 = 14$, $7 \times 5 = 35$,
$7 \times 6 = 42$입니다.
따라서 5와 7로 남김없이 똑같이 나눌 수 있는
수는 35입니다.

확인 **3** • 6으로 남김없이 똑같이 나눌 수 있는 수는 6단
곱셈구구의 수이므로 $6 \times 3 = 18$, $6 \times 5 = 30$,
$6 \times 9 = 54$입니다.
• 9로 남김없이 똑같이 나눌 수 있는 수는 9단
곱셈구구의 수이므로 $9 \times 2 = 18$, $9 \times 3 = 27$,
$9 \times 6 = 54$, $9 \times 7 = 63$입니다.
따라서 6과 9로 남김없이 똑같이 나눌 수 있는
수는 18, 54로 모두 2개입니다.

확인 **4** • 4단 곱셈구구에서 십의 자리 수가 3인 것은
$4 \times 8 = 32$, $4 \times 9 = 36$입니다.
• 8단 곱셈구구에서 십의 자리 수가 3인 것은
$8 \times 4 = 32$입니다.
따라서 십의 자리 수가 3인 두 자리 수 중에서 4와
8로 남김없이 똑같이 나누어지는 수는 32이므로
☐ 안에 알맞은 수는 2입니다.

확인 **5** (1) 종이의 가로를 $21 \div 3 = 7$(칸)으로 나눌 수
있습니다.
(2) 종이의 세로를 $12 \div 3 = 4$(칸)으로 나눌 수
있습니다.
(3) 정사각형을 $7 \times 4 = 28$(개)까지 만들 수 있습
니다.

확인 **6** 종이의 한 변은 $24 \div 3 = 8$(칸), 다른 한 변은
$24 \div 6 = 4$(칸)으로 나눌 수 있습니다.
따라서 직사각형을 $8 \times 4 = 32$(개)까지 만들 수
있습니다.

확인 **7** 도화지의 가로는 $15 \div 5 = 3$(칸),
세로는 $32 \div 8 = 4$(칸)으로 나눌 수 있습니다.
따라서 직사각형을 $3 \times 4 = 12$(개)까지 만들 수
있습니다.

확인 **8** 종이의 세로를 4칸으로 나누었으므로 정사각형의
한 변은 $16 \div 4 = 4$(cm)입니다.
종이의 가로를 6칸으로 나누었으므로 종이의
가로는 $4 \times 6 = 24$(cm)입니다.
따라서 종이의 네 변의 길이의 합은
$24 + 16 + 24 + 16 = 80$(cm)입니다.

확인 **9** (1) (가로등 사이의 간격 수) $= 36 \div 9 = 4$(군데)
(2) (도로의 한쪽에 필요한 가로등의 수)
$= 4 + 1 = 5$(개)
(3) (도로의 양쪽에 필요한 가로등의 수)
$= 5 \times 2 = 10$(개)

확인 **10** • (나무 사이의 간격 수) $= 42 \div 6 = 7$(군데)
• (도로의 한쪽에 필요한 나무의 수)
$= 7 + 1 = 8$(그루)
⇨ (도로의 양쪽에 필요한 나무의 수)
$= 8 \times 2 = 16$(그루)

확인 **11** (깃발 사이의 간격 수) $= 10 - 1 = 9$(군데)
⇨ (깃발 사이의 간격) $= 54 \div 9 = 6$(m)

확인 **12** • (한 변에 놓는 화분 사이의 간격의 수)
$= 28 \div 4 = 7$(군데)
• (한 변에 놓는 화분의 수) $= 7 + 1 = 8$(개)
• 한 변에 8개씩 화분을 놓으면 $8 \times 4 = 32$(개)이
지만 네 꼭짓점에 놓는 화분은 두 번씩 겹치므로
4개를 빼야 합니다.
⇨ (필요한 화분의 수) $= 32 - 4 = 28$(개)

확인 **13** (1) ㉠÷㉡=5 ➡ ㉡×5=㉠이므로 ㉡에 1부터
차례대로 수를 써넣어 봅니다.
(2) 위 (1)에서 ㉠+㉡=36인 경우는
30+6=36이므로 ㉠=30, ㉡=6입니다.

확인 **14** ㉠÷㉡=6 ➡ ㉡×6=㉠이므로
㉡에 1부터 차례대로 수를 써넣어 봅니다.

㉠	6	12	18	24	30	36	…
㉡	1	2	3	4	5	6	…

㉠-㉡=30인 경우는 36-6=30이므로
㉠=36, ㉡=6입니다.

확인 **15** ㉠÷㉡=3 ➡ ㉡×3=㉠이므로
㉡에 1부터 차례대로 수를 써넣어 봅니다.

㉠	3	6	9	12	15	18	…
㉡	1	2	3	4	5	6	…

㉠-㉡=12인 경우는 18-6=12이므로
㉠=18, ㉡=6입니다.
➡ ㉠+㉡=18+6=24

확인 **16** 4로 남김없이 똑같이 나누어지는 수 중에서
20보다 작은 수는 4, 8, 12, 16입니다.
두 수의 합을 ■라 하면 ■÷8=2
➡ 8×2=■, ■=16입니다.
따라서 4로 남김없이 똑같이 나누어지는 수 중
에서 20보다 작은 두 수 중 합이 16인 수는 4와
12입니다.

확인 **17** (1) (1 2 3 4)(1 2 3 4)(1 2 3 4)(1 2 3 4)
에서 규칙적으로 반복되는 수는 1, 2, 3, 4이
고, 한 묶음 안의 수는 4개입니다.
(2) 28÷4=7이므로 28번째 수는 7번째 묶음
의 마지막 수인 4입니다.

확인 **18** (△ ○ ▽ □)(△ ○ ▽ □)
(△ ○ ▽ □)에서 규칙적으로 반복되는
모양은 △, ○, ▽, □이고, 한 묶음 안의
모양은 4개입니다.
따라서 32÷4=8이므로 32번째에 놓이는 모양은
8번째 묶음의 마지막 모양인 □입니다.

확인 **19** (● ○ ● ○ ○)(● ○ ● ○ ○)
(● ○ ● ○ ○)에서 규칙적으로 반복되는
바둑돌은 ●, ○, ●, ○, ○이고, 한 묶음
안의 바둑돌은 5개입니다.
따라서 40÷5=8이므로 40번째에 놓이는 바
둑돌은 8번째 묶음의 마지막 바둑돌인 ○이고,
41번째에 놓이는 바둑돌은 9번째 묶음의 첫 번
째 바둑돌인 ●입니다.

확인 **20** (5 7 9)(5 7 9)(5 7 9)(5 7 9)에서 규칙적
으로 반복되는 수는 5, 7, 9이고, 한 묶음 안의
수는 3개입니다.
• 15÷3=5이므로 15번째 수는 5번째 묶음의
마지막 수인 9이고, 16번째 수는 6번째 묶음의
첫 번째 수인 5입니다.
• 27÷3=9이므로 27번째 수는 9번째 묶음의
마지막 수인 9입니다.
따라서 16번째 수와 27번째 수의 합은
5+9=14입니다.

확인 **21** (1) (㉮ 달팽이가 가는 데 걸리는 시간)
=21÷3=7(시간)
(2) (㉯ 달팽이가 가는 데 걸리는 시간)
=21÷7=3(시간)
(3) 7>3이므로 ㉯ 달팽이가 ㉮ 달팽이보다
7-3=4(시간) 더 먼저 도착합니다.

확인 **22** • (원숭이가 움직이는 시간)=18÷6=3(분)
• (토끼가 움직이는 시간)=18÷9=2(분)
따라서 3>2이므로 토끼가 원숭이보다
3-2=1(분) 더 먼저 도착합니다.

확인 **23** • (나무늘보가 30 m를 가는 데 걸린 시간)
=30÷5=6(분)
• (코알라가 6분 동안 가는 거리)
=8×6=48(m)
따라서 48>30이므로 코알라가 나무늘보보다
48-30=18(m) 더 앞서 있습니다.

확인 24 • (장난감 자동차가 35 m를 달리는 데 걸린 시간)
　　　　 $=35\div5=7$(분)
　　　• (장난감 기차가 7분 동안 달린 거리)
　　　　 $=7\times7=49$(m)

장난감 기차		장난감 자동차
←		→

　　　　 49 m　　출발　　35 m

　　　따라서 장난감 기차와 장난감 자동차는
　　　$49+35=84$(m) 떨어져 있습니다.

확인 25 (2) • $16\div2=8$의 경우 수 카드 1, 6이 없으므로
　　　　　　만들 수 없습니다.
　　　　　• $40\div5=8$의 경우 수 카드 0이 없으므로 만
　　　　　　들 수 없습니다.

확인 26 7단 곱셈구구에서 곱하는 수가 1, 2, 3, 4, 5일
　　　때의 곱셈식을 찾고 몫이 7이 되는 나눗셈식으
　　　로 나타내 봅니다.

곱셈식	$7\times1=7$	$7\times2=14$	$7\times3=21$
나눗셈식	$7\div1=7$	$14\div2=7$	$21\div3=7$
곱셈식	$7\times4=28$	$7\times5=35$	
나눗셈식	$28\div4=7$	$35\div5=7$	

　　　이 중에서 공에 적힌 수를 한 번씩만 사용하여
　　　만들 수 있는 나눗셈식은 $14\div2=7$,
　　　$21\div3=7$입니다.

확인 27 만들 수 있는 두 자리 수는 24, 25, 26, 42, 45,
　　　46, 52, 54, 56, 62, 64, 65입니다.
　　　$24\div8=3$, $56\div8=7$, $64\div8=8$이므로 8로
　　　남김없이 똑같이 나누어지는 수는 24, 56, 64입
　　　니다.

확인 28 수 카드로 만들 수 있는 곱셈식을 나눗셈식으로
　　　나타내 봅니다.
　　　$3\times\boxed{4}=12 \Rightarrow 12\div3=\boxed{4}$,
　　　$3\times\boxed{7}=21 \Rightarrow 21\div3=\boxed{7}$
　　　따라서 남김없이 똑같이 나누어지는 경우는 모두
　　　2가지입니다.

예제 8 (1) (기타의 줄 수)$=6\times8=48$(줄)
　　　(2) (첼로의 줄 수)$=72-48=24$(줄)
　　　(3) (첼로의 수)$=24\div4=6$(대)

확인 29 • (가야금의 줄 수)$=12+12+12+12=48$(줄)
　　　• (거문고의 줄 수)$=90-48=42$(줄)
　　　$\Rightarrow$ (거문고의 수)$=42\div6=7$(대)

예제 9 (1) 8명이 2명씩 경기를 하여 $8\div2=4$(경기)를
　　　하므로 $4\times4=16$(분) 동안 경기를 합니다.
　　　(2) 이긴 4명이 2명씩 경기를 하여 $4\div2=2$(경기)
　　　를 하므로 $4\times2=8$(분) 동안 경기를 합니다.
　　　(3) 나머지 2명이 결승전 1경기를 하므로
　　　4분 동안 경기를 합니다.
　　　(4) 첫 경기부터 결승전을 마칠 때까지의
　　　경기 시간은 모두 $16+8+4=28$(분)입니다.

확인 30 • 27명이 3명씩 경기를 하여 $27\div3=9$(경기)를
　　　하므로 $2\times9=18$(분) 동안 경기를 합니다.
　　　• 1등 한 9명이 3명씩 경기를 하여 $9\div3=3$(경기)
　　　를 하므로 $2\times3=6$(분) 동안 경기를 합니다.
　　　• 두 번 1등 한 3명이 2분 동안 경기를 하여 우승
　　　자를 가립니다.
　　　따라서 첫 경기부터 우승자가 나올 때까지의
　　　경기 시간은 모두 $18+6+2=26$(분)입니다.

88~93쪽　MASTER 심화 변형 문제

1 42		**2** 2일	
3 풀이 참조, 8 cm		**4** 8마리	
5 40 cm		**6** 3일	
7 104 cm		**8** 13, 14	
9 54개		**10** 9 cm	
11 15그루		**12** 풀이 참조, 2개	
13 54 m		**14** 풀이 참조, 4개	
15 54전		**16** ①	
17 6바퀴		**18** 2 m	

1 • $4\times\blacktriangle=28$에서 $28\div4=\blacktriangle$, $\blacktriangle=7$입니다.
　　• $\blacksquare\div5=7$에서 $5\times7=\blacksquare$, $\blacksquare=35$입니다.
　　따라서 $\blacksquare+\blacktriangle=35+7=42$입니다.

2 (한 명이 가진 색종이 수)=42÷7=6(장)
⇨ (사용할 수 있는 날수)=6÷3=2(일)

3 📖 정사각형을 만드는 데 사용한 철사의 길이는
38−6=32(cm)입니다.」❶
따라서 만든 정사각형의 한 변은 32÷4=8(cm)입니다.」❷

4 • (소 8마리의 다리 수)=4×8=32(개)
• (오리의 다리 수)=48−32=16(개)
⇨ (오리의 수)=16÷2=8(마리)

5 정사각형은 네 변의 길이가 모두 같으므로 한 변은
20÷4=5(cm)입니다.
직사각형의 네 변의 길이의 합은 정사각형의 한 변의 8배입니다.
⇨ (직사각형의 네 변의 길이의 합)
＝5×8=40(cm)

6 • (토끼 한 마리가 하루에 먹는 당근 수)
＝6÷2=3(개)
• (토끼 한 마리가 먹어야 하는 당근 수)
＝63÷7=9(개)
⇨ (토끼 한 마리가 당근 9개를 먹는 데 걸리는 날수)
＝9÷3=3(일)
따라서 토끼 7마리가 당근 63개를 먹는 데에는 3일이 걸립니다.

7 도화지의 세로는 20÷4=5(칸)으로 나눌 수 있습니다.
도화지의 가로는 40÷5=8(칸)으로 나누어지므로
도화지의 가로는 4×8=32(cm)입니다.
따라서 자르기 전 도화지의 네 변의 길이의 합은
32+20+32+20=104(cm)입니다.

8 연속하는 두 수의 합을 ■라 하면 ■÷9=3,
9×3=■, ■=27입니다.
연속하는 두 수를 □, □+1이라 하면
□+□+1=27, □+□=26, □=13입니다.
따라서 연속하는 두 수는 13, 14입니다.

9 • (㉮ 공장에서 시계 56개를 만드는 데 걸린 시간)
＝56÷7=8(분)
• (㉯ 공장에서 시계를 만든 시간)=8−2=6(분)
⇨ (㉯ 공장에서 6분 동안 만든 시계 수)
＝9×6=54(개)

10 종이띠에서 접힌 부분의 길이가 ㉠이므로 55 cm에
㉠의 길이를 2번 더한 길이가 종이띠 전체의 길이가
됩니다.
55+㉠+㉠=73, ㉠+㉠=73−55=18,
㉠=9
따라서 ㉠의 길이는 9 cm입니다.

11 • (한 변에 심는 나무 사이의 간격의 수)
＝30÷6=5(군데)
• (한 변에 심는 나무의 수)=5+1=6(그루)
• 한 변에 6그루씩 나무를 심으면 6×3=18(그루)
이지만 세 꼭짓점에 심는 나무는 두 번씩 겹치므로
3그루를 빼야 합니다.
⇨ (필요한 나무의 수)=18−3=15(그루)

12 📖 6단 곱셈구구에서 곱하는 수가 2, 4, 5, 7, 9일
때의 곱셈식을 찾고 몫이 6이 되는 나눗셈식으로
나타내 보면 6×2=12 ⇨ 12÷2=6,
6×4=24 ⇨ 24÷4=6,
6×5=30 ⇨ 30÷5=6,
6×7=42 ⇨ 42÷7=6,
6×9=54 ⇨ 54÷9=6입니다.」❶
이 중에서 수 카드를 한 번씩만 사용하여 만들 수 있
는 나눗셈식은 42÷7=6, 54÷9=6으로 모두 2개
입니다.」❷

13 • (지네가 36 m 가는 데 걸린 시간)=36÷4=9(분)
• (지렁이가 9분 동안 가는 거리)=2×9=18(m)

지렁이　　　　　지네

18 m 출발　　36 m

따라서 지렁이와 지네는 18+36=54(m) 떨어져
있습니다.

14 예 짧은 막대의 길이를 □cm라 하면
긴 막대의 길이는 (□+12) cm입니다. ❶
□+(□+12)=20, □+□=8, □=4이므로
짧은 막대의 길이는 4 cm이고, 긴 막대의 길이는
4+12=16(cm)입니다. ❷
따라서 긴 막대를 잘라 짧은 막대와 길이가 같은 막
대를 16÷4=4(개) 만들 수 있습니다. ❸

채점 기준	
❶ 짧은 막대와 긴 막대의 길이를 □를 사용하여 나타내기	
❷ 짧은 막대와 긴 막대의 길이 각각 구하기	
❸ 긴 막대를 잘라 짧은 막대와 길이가 같은 막대를 몇 개 만들 수 있는지 구하기	

15 물건을 구매하려는 사람을 □명이라 하면
6×□=(물건값)−18, 9×□=(물건값)이므로
3×□=18, 18÷3=□, □=6입니다.
따라서 물건을 구매하려는 사람이 6명이므로
물건값은 9×6=54(전)입니다.

16 규칙적으로 반복되는 모양은 ○, □, □, △이
고, 한 묶음 안의 모양은 4개입니다.
⇨ 20÷4=5이므로 20번째에 놓이는 모양은 5번
째 묶음의 마지막 모양인 △이고, 21번째에 놓
이는 모양은 6번째 묶음의 첫 번째 모양인 ○입
니다.
규칙적으로 반복되는 수는 7, 2, 1이고, 한 묶음 안
의 수는 3개입니다.
⇨ 21÷3=7이므로 21번째에 놓이는 수는 7번째
묶음의 마지막 수인 1입니다.
따라서 21번째에 놓이는 모양과 수는 ①입니다.

17 톱니바퀴 ㉮의 톱니 수가 6개이므로 8바퀴를 돌면
6×8=48(개)의 톱니가 다른 톱니에 맞물려 돌게
됩니다.
톱니바퀴 ㉯의 톱니 수는 8개이고 48개의 톱니가
맞물려 돌아갔으므로 ㉯가 □바퀴 돌았다고 하면
8×□=48, 48÷8=□, □=6입니다.

18 • (종이 7장의 폭의 합)=3×7=21(m)
• (종이를 붙이지 않은 벽의 가로 길이의 합)
=37−21=16(m)
• (양쪽 벽의 끝과 종이 사이, 종이와 종이 사이의 모
든 간격 수)=(종이의 수)+1=7+1=8(군데)
따라서 간격을 16÷8=2(m)로 해야 합니다.

94~95쪽	CHALLENGE 최고수준 문제

1 52칸	**2** 36
3 1시간 9분	**4** 36분
5 5개	**6** 36

1 규칙적으로 반복되는 모양은
□, □, □, □ 이고, 한 묶음 안의
모양은 4개입니다.
20÷4=5이므로 21번째에 놓이는 모양은 6번째
묶음의 첫 번째 모양인 □ 입니다.
따라서 색칠된 칸의 수는 차례대로 2, 1, 3, 4가 반
복되므로 색칠된 칸은 2+1+3+4=10(칸)씩 5번
있고 2칸이 더 있으므로 모두
10+10+10+10+10+2=52(칸)입니다.

2 • 6으로 남김없이 똑같이 나누어지는 두 자리 수 중에
서 50보다 작은 수: 12, 18, 24, 30, 36, 42, 48
• 9로 남김없이 똑같이 나누어지는 두 자리 수 중에
서 50보다 작은 수: 18, 27, 36, 45
• 6과 9로 남김없이 똑같이 나누어지는 수 중에서
50보다 작은 수는 18, 36입니다.
따라서 18, 36은 십의 자리 수와 일의 자리 수의 합
이 모두 9이고, 이 중에서 십의 자리 수와 일의 자리
수의 곱이 18인 수는 36입니다.

3 비법 PLUS +
• (자른 횟수)=(도막 수)−1
• (쉬는 횟수)=(자른 횟수)−1

• 5도막으로 자르려면 5−1=4(번) 잘라야 하므로
통나무를 한 번 자르는 데 걸리는 시간은
24÷4=6(분)입니다.
• 9도막으로 자르려면 9−1=8(번) 자르고,
8−1=7(번) 쉬어야 합니다.
⇨ (통나무를 8번 자르는 데 걸리는 시간)
=6×8=48(분),
(쉬는 시간)=3×7=21(분)
따라서 통나무를 9도막으로 자르는 데 걸리는 시간
은 모두 48+21=69(분) ⇨ 1시간 9분입니다.

4

먼저 송충이와 굼벵이가 같은 시간 동안 몇 m씩 가는지 알아봅니다.

6분 동안 송충이는 $4 \times 3 = 12(m)$를 가고,
굼벵이는 $4 \times 2 = 8(m)$를 가므로
송충이와 굼벵이 사이의 거리는 6분마다
$12 - 8 = 4(m)$씩 줄어듭니다.
따라서 굼벵이가 송충이보다 24 m 앞에서 출발했고
$24 \div 4 = 6$이므로 송충이와 굼벵이는 $6 \times 6 = 36(분)$
후에 만납니다.

5

먼저 ㉯, ㉰ 막대의 길이를 각각 구합니다.

㉮$+$㉯$+$㉰$=54$, ㉮$=18$에서
㉯$+$㉰$=54-18=36$이고 ㉰$=$㉯$+18$입니다.
㉯$+$㉰$=36$, ㉯$+$㉯$+18=36$, ㉯$+$㉯$=18$,
㉯$=9$
㉰$=9+18=27$
따라서 ㉮와 ㉰ 막대의 길이의 합은
$18+27=45(cm)$이므로 ㉮와 ㉰ 막대로 ㉯ 막대와
길이가 같은 막대를 $45 \div 9 = 5(개)$ 만들 수 있습니다.

6

먼저 민주가 1분 동안 걷는 나무 사이의 간격 수를 구합니다.

- (첫 번째 나무부터 25번째 나무까지의 간격 수)
  $=25-1=24(군데)$
- (민주가 1분 동안 걷는 나무 사이의 간격 수)
  $=24 \div 4 = 6(군데)$

민주가 25번째 나무부터 ●번째 나무까지 걸은 후
뒤돌아서 앞에서부터 5번째 나무까지 되돌아오므로
$(●-25)+(●-5)=6 \times 7$, $●+●=72$,
●$=36$입니다.

25번째~●번째 나무 사이의 간격 수
●번째~5번째 나무 사이의 간격 수
7분 동안 걷는 나무 사이의 간격 수

캔버라

---

4 곱셈

1
$$\begin{array}{r} \overset{1}{3\ 6} \\ \times \quad 2 \\ \hline 7\ 2 \end{array}$$

2 62, 186

3 102

4 $>$

5 100권

6 64바퀴

7 ㉠, ㉢

8 145개

9 92 m

10 3

11 1, 2, 3, 4, 5

12 206개

---

1 $6 \times 2 = 12$에서 십의 자리로 올림한 수 1을
$3 \times 2 = 6$에 더하여 계산하지 않았습니다.

2
$$\begin{array}{r} 3\ 1 \\ \times \quad 2 \\ \hline 6\ 2 \end{array} \qquad \begin{array}{r} 6\ 2 \\ \times \quad 3 \\ \hline 1\ 8\ 6 \end{array}$$

3 $17 > 8 > 6$이므로 $17 \times 6 = 102$입니다.

4 $22 \times 3 = 66$, $11 \times 5 = 55$
⇨ $66 > 55$

5 (5상자에 들어 있는 동화책 수)$=20 \times 5 = 100(권)$

6 (4일 동안 운동장을 돈 바퀴 수)
$=16 \times 4 = 64(바퀴)$

7 ㉠ $67 \times 6 = 402$ ㉡ $72 \times 4 = 288$
㉢ $85 \times 5 = 425$ ㉣ $94 \times 3 = 282$
⇨ 곱이 300보다 큰 것은 ㉠, ㉢입니다.

8 (판 오이 수)$=15 \times 7 = 105(개)$
⇨ (남은 오이 수)$=250-105=145(개)$

9 (나무 사이의 간격 수)$=$(나무 수)$=4$군데
⇨ (연못의 둘레)$=23 \times 4 = 92(m)$

10 $6 \times \square$의 일의 자리 수가 8이므로
$6 \times 3 = 18$, $6 \times 8 = 48$에서 $\square = 3$ 또는 $\square = 8$입니다.
따라서 $46 \times 3 = 138$, $46 \times 8 = 368$이므로 $\square = 3$입니다.

11 $70 \times 4 = 280$이므로 $50 \times \square < 280$입니다.
$50 \times 6 = 300$, $50 \times 5 = 250$이므로 $\square$ 안에는 6보다 작은 1, 2, 3, 4, 5가 들어갈 수 있습니다.

12 ·(돼지의 다리 수)$=38\times4=152$(개)
·(닭의 다리 수)$=27\times2=54$(개)
➡ (돼지와 닭의 다리 수)$=152+54=206$(개)

<table>
<tr><td colspan="2">100~115쪽   PRACTICE 심화 문제</td></tr>
</table>

확인 1 (1) 15그루 (2) 14군데 (3) 126 m

확인 2 88 m   **확인 3** 336 cm

확인 4 25그루

확인 5 (1) 93, 186 (2) 5, 6, 7, 8

확인 6 4개   **확인 7** 13

확인 8 2   **확인 9** (1) 8 (2) 5, 4

확인 10 6, 7   **확인 11** 12

확인 12 6   **확인 13** (1) 8배 (2) 136개

확인 14 16, 32, 64, 128   **확인 15** 11바퀴

확인 16 72마리

확인 17 (1) 161 cm (2) 48 cm (3) 113 cm

확인 18 15 cm   **확인 19** 18 cm

확인 20 248 cm

확인 21 (1) 2, 3, 2, 3 (2) 40마리

확인 22 60개   **확인 23** 30 cm

확인 24 26개   **확인 25** (1) 576 (2) 564

확인 26 174   **확인 27** 315

확인 28 민수

예제 8 (1) 58점, 57점 (2) 123점

확인 29 265점

예제 9 (1) 75 g (2) 84 g (3) 지호

확인 30 연아

확인 1 (1) $30=15+15$이므로 도로의 한쪽에 심은 나무 수는 15그루입니다.
(2) (나무 사이의 간격 수)
$=$(나무 수)$-1=15-1=14$(군데)
(3) (도로의 길이)
$=$(간격 수)$\times$(나무 사이의 간격의 길이)
$=14\times9=126$(m)

확인 2 $24=12+12$이므로 도로의 한쪽에 심은 가로등 수는 12개입니다.
(가로등 사이의 간격 수)$=12-1=11$(군데)
➡ (도로의 길이)$=11\times8=88$(m)

확인 3 ·(한 변에 꽂은 누름 못 사이의 간격 수)
$=8-1=7$(군데)
·(게시판의 한 변의 길이)$=12\times7=84$(cm)
➡ (게시판의 네 변의 길이의 합)
$=84\times4=336$(cm)

확인 4 ·(나무 사이의 간격 수)$=21-1=20$(군데)
·(도로의 길이)$=20\times6=120$(m)
반대쪽 도로의 첫 번째 나무와 마지막 나무 사이의 간격 수를 $\square$군데라 하면 $\square\times5=120$에서 $24\times5=120$이므로 $\square=24$입니다.
따라서 도로의 반대쪽에 필요한 나무는
(간격 수)$+1=24+1=25$(그루)입니다.

확인 5 (1) $31\times3=93$, $63\times3=186$
(2) $93<22\times\square<186$입니다.
22를 약 20으로 어림하면 $20\times5=100$이므로 $\square$ 안에 5부터 넣어 봅니다.
$22\times\boxed{5}=110$, $22\times\boxed{6}=132$,
$22\times\boxed{7}=154$, $22\times\boxed{8}=176$,
$22\times\boxed{9}=198$
따라서 $\square$ 안에 들어갈 수 있는 수는 5, 6, 7, 8입니다.

확인 6 $53\times2=106$, $73\times4=292$이므로
$106<48\times\square<292$입니다.
48을 약 50으로 어림하면 $50\times2=100$이므로 $\square$ 안에 3부터 넣어 봅니다.
$48\times\boxed{3}=144$, $48\times\boxed{4}=192$, $48\times\boxed{5}=240$,
$48\times\boxed{6}=288$, $48\times\boxed{7}=336$, …
따라서 $\square$ 안에 들어갈 수 있는 수는 3, 4, 5, 6이므로 모두 4개입니다.

확인 7 $24\times6=144$, $45\times6=270$이므로
$144<32\times\square<270$입니다.
32를 약 30으로 어림하면 $30\times4=120$이므로 $\square$ 안에 5부터 넣어 봅니다.
$32\times\boxed{5}=160$, $32\times\boxed{6}=192$, $32\times\boxed{7}=224$,
$32\times\boxed{8}=256$, $32\times\boxed{9}=288$
따라서 $\square$ 안에 들어갈 수 있는 수는 5, 6, 7, 8이므로 가장 큰 수와 가장 작은 수의 합은 $8+5=13$입니다.

확인 8 $14 \times 3 = 42$이므로 ☐ 안에 들어갈 수 있는 수는 43부터이고 모두 5개이므로 43, 44 45, 46, 47 입니다.
따라서 $24 \times ㉠ = 48$에서 $24 \times 2 = 48$이므로 ㉠$=2$입니다.

확인 9 (1) $9 \times ㉡$의 일의 자리 수가 2이므로
　　$9 \times 8 = 72$에서 ㉡$=8$입니다.
(2) • $9 \times 8 = 72$에서 7을 십의 자리로 올림하면
　　㉠$\times 8$의 일의 자리 수는 $7 - 7 = 0$입니다.
　• ㉠$\times 8$의 일의 자리 수가 0이고 두 자리 수이
　어야 하므로 $5 \times 8 = 40$에서 ㉠$=5$, ㉡$=4$
　입니다.

확인 10 ㉡$\times ㉡$의 일의 자리 수가 9이므로 $3 \times 3 = 9$,
$7 \times 7 = 49$에서 ㉡$=3$ 또는 ㉡$=7$입니다.
• ㉡$=3$인 경우 ➡ ㉠$\times 3 = 46$을 만족하는 ㉠은
　　　　　　　　없습니다.
• ㉡$=7$인 경우 ➡ $7 \times 7 = 49$에서 4를 십의 자리
　　　　　　　로 올림하면
　　　　　　　㉠$\times 7 = 46 - 4 = 42$이므로
　　　　　　　㉠$=6$입니다.
따라서 ㉠$=6$, ㉡$=7$입니다.

확인 11 ㉠$\times ㉠$의 일의 자리 수가 4이므로 $2 \times 2 = 4$,
$8 \times 8 = 64$에서 ㉠$=2$ 또는 ㉠$=8$입니다.
• ㉠$=2$인 경우 ➡ $62 \times 2 = 124$이므로 주어진
　　　　　　　곱셈식을 만족하지 않습니다.
• ㉠$=8$인 경우 ➡ $68 \times 8 = 544$이므로 ㉡$=4$
　　　　　　　입니다.
따라서 ㉠$+㉡ = 8 + 4 = 12$입니다.

확인 12 ♥$\times$♥의 일의 자리 수가 6이므로 $4 \times 4 = 16$,
$6 \times 6 = 36$에서 ♥$=4$ 또는 ♥$=6$입니다.
• ♥$=4$인 경우 ➡ $44 \times 4 = 176$이므로 주어진
　　　　　　　곱셈식을 만족하지 않습니다.
• ♥$=6$인 경우 ➡ $66 \times 6 = 396$이므로 ♥$=6$
　　　　　　　입니다.

확인 13 (1) 전날의 2배씩 종이비행기를 접으므로
　　둘째 날은 (17×2)개, 셋째 날은
　　$17 \times 2 \times 2 = (17 \times 4)$개, 넷째 날은
　　$17 \times 4 \times 2 = (17 \times 8)$개를 접어야 합니다.
(2) (넷째 날에 접어야 할 종이비행기 수)
　　$= 17 \times 8 = 136$(개)

확인 14 $6 \times 2 = 12$, $12 \times 2 = 48$, $48 \times 2 = 96$이므로
바로 앞의 수에 2를 곱하는 규칙입니다.
따라서 빈칸에 알맞은 수는 $8 \times 2 = 16$,
$16 \times 2 = 32$, $32 \times 2 = 64$, $64 \times 2 = 128$입니다.

확인 15 전날의 2배씩 운동장을 돌므로 첫째 날 돈 바퀴
수를 ☐바퀴라 하면
둘째 날에는 (☐$\times 2$)바퀴, 셋째 날에는
☐$\times 2 \times 2 = ($☐$\times 4)$바퀴, 넷째 날에는
☐$\times 4 \times 2 = ($☐$\times 8)$바퀴를 돌았습니다.
☐$\times 8 = 88$에서 $11 \times 8 = 88$이므로 ☐$=11$입
니다.
➡ (첫째 날 돈 바퀴 수)$=11$바퀴

확인 16 세균은 처음 2일 동안은 전날의 3배, 나중 2일
동안은 전날의 2배가 됩니다.
다음 날은 (2×3)마리,
2일째 날은 $2 \times 3 \times 3 = (2 \times 9)$마리,
3일째 날은 $2 \times 9 \times 2 = (2 \times 18)$마리,
4일째 날은 $2 \times 18 \times 2 = (2 \times 36)$마리가 됩니다.
➡ (4일째 날의 세균 수)
　$= 2 \times 36 = 36 \times 2 = 72$(마리)

확인 17 (1) (색 테이프 7장의 길이의 합)
　　$= 23 \times 7 = 161$(cm)
(2) (겹쳐진 부분의 수)$= 7 - 1 = 6$(군데)
　➡ (겹쳐진 부분의 길이의 합)
　　　$= 8 \times 6 = 48$(cm)
(3) (이어 붙인 색 테이프의 전체 길이)
　　$= 161 - 48 = 113$(cm)

확인 18 • (색 테이프 9장의 길이의 합)
　　$= 65 \times 9 = 585$(cm)
• (겹쳐진 부분의 길이의 합)
　　$= 585 - 465 = 120$(cm)
• 겹쳐진 한 부분의 길이를 ☐cm라 하면 겹쳐
　진 부분의 수는 $9 - 1 = 8$(군데)이므로
　☐$\times 8 = 120$, ☐$=15$입니다.
따라서 색 테이프를 $15\,$cm씩 겹쳐서 이어 붙인
것입니다.

확인 19 • 색 테이프 한 장의 길이를 ☐cm라 하면
　(색 테이프 6장의 길이의 합)$= ($☐$\times 6)\,$cm입
　니다.
• 겹쳐진 부분의 수는 $6 - 1 = 5$(군데)이므로
　(겹쳐진 부분의 길이의 합)$= 4 \times 5 = 20$(cm)
　입니다.

• (이어 붙인 색 테이프의 전체 길이)
　＝□×6－20＝88(cm)
⇨ □×6－20＝88, □×6＝108에서
　□＝18이므로 색 테이프 한 장의 길이는
　18 cm입니다.

확인 20 • (색 테이프 6장의 길이의 합)
　＝24×6＝144(cm)
• (겹쳐진 부분의 수)＝6－1＝5(군데)
• (겹쳐진 부분의 길이의 합)＝6×5＝30(cm)
• (이어 붙인 색 테이프의 전체 길이)
　＝144－30＝114(cm)
⇨ (이어 붙인 색 테이프 전체의 네 변의 길이의 합)
　＝114＋10＋114＋10＝248(cm)

확인 21 (2) (■×2)＋(■×3)
　＝(■＋■)＋(■＋■＋■)＝200이므로
　■×5＝200입니다.
　40×5＝200이므로 ■＝40입니다.
따라서 사자는 40마리입니다.

확인 22 초콜릿 수를 □개라 하면 사탕 수는 (□×7)개,
젤리 수는 (□×4)개입니다.
(□×7)－(□×4)
＝(□＋□＋□＋□＋□＋□＋□)
　－(□＋□＋□＋□)＝180이므로
□×3＝180입니다.
60×3＝180이므로 □＝60입니다.
따라서 초콜릿은 60개입니다.

확인 23 ㉮의 한 변의 길이를 □cm라 하면
㉯의 한 변의 길이는 (□×2) cm입니다.
(□×2)＋(□×2)＋(□×2)＋(□×2)
＝(□＋□)＋(□＋□)＋(□＋□)＋(□＋□)
＝240이므로 □×8＝240입니다.
30×8＝240이므로 □＝30입니다.
따라서 ㉮의 한 변의 길이는 30 cm입니다.

확인 24 지우개 수를 □개라 하면 가위 수는 (□×3)개,
풀의 수는 (□＋4)개입니다.
(□×3)＋□＋(□＋4)
＝(□＋□＋□)＋□＋(□＋4)＝114에서
□×5＋4＝114, □×5＝110입니다.
22×5＝110이므로 □＝22입니다.
따라서 지우개가 22개이므로 풀은
22＋4＝26(개)입니다.

확인 25 (1) 수 카드의 수의 크기를 비교하면
　9＞6＞4＞1입니다.
　곱이 가장 크게 되려면 곱하는 수에 9를, 곱
　해지는 수의 십의 자리에 6을 놓아야 합니다.
　따라서 가장 큰 곱은 64×9＝576입니다.
(2) 다음으로 곱이 크게 되는 (몇십몇)×(몇)은
　61×9＝549, 94×6＝564입니다.
　따라서 549＜564이므로 두 번째로 큰 곱은
　564입니다.

확인 26 수 카드의 수의 크기를 비교하면 3＜5＜6＜8
입니다. 곱이 가장 작게 되려면 곱하는 수에 3을,
곱해지는 수의 십의 자리에 5를 놓아야 하므로
가장 작은 곱은 56×3＝168입니다.
다음으로 곱이 작게 되는 (몇십몇)×(몇)은
58×3＝174, 36×5＝180입니다.
따라서 174＜180이므로 두 번째로 작은 곱은
174입니다.

확인 27 주사위의 눈의 수의 크기를 비교하면
6＞5＞3＞2입니다. 곱이 가장 크게 되려면 곱
하는 수에 6을, 곱해지는 수의 십의 자리에 5를
놓아야 하므로 가장 큰 곱은 53×6＝318입니다.
다음으로 곱이 크게 되는 (몇십몇)×(몇)은
52×6＝312, 63×5＝315입니다.
따라서 312＜315이므로 두 번째로 큰 곱은
315입니다.

확인 28 • 수지: 가장 작은 곱이 57×3＝171이므로
　　　두 번째로 작은 곱은 58×3＝174입니다.
• 민수: 가장 작은 곱이 46×2＝92이므로
　　　두 번째로 작은 곱은 49×2＝98입니다.
따라서 98＜174이므로 더 작은 곱을 만든 사람은
민수입니다.

예제 8 (1) • (2점 슛을 성공하여 얻은 점수)
　＝29×2＝58(점)
• (3점 슛을 성공하여 얻은 점수)
　＝19×3＝57(점)
(2) (마지막 3경기에서 얻은 점수)
　＝58＋57＋8＝123(점)

확인 29 • (8점짜리를 12번 맞혀서 얻은 점수)
　＝12×8＝96(점)
• (9점짜리를 11번 맞혀서 얻은 점수)
　＝11×9＝99(점)

- (10점짜리를 7번 맞혀서 얻은 점수)
  $=10\times7=70$(점)
  $\Rightarrow$ (은주가 얻은 점수)
  $=96+99+70=265$(점)

예제 9 (1) 250 g은 50 g의 5배입니다.
  $\Rightarrow$ (하루 동안 다희가 섭취한 단백질의 양)
  $=15\times5=75$(g)
(2) 14개는 2개의 7배입니다.
  $\Rightarrow$ (하루 동안 지호가 섭취한 단백질의 양)
  $=12\times7=84$(g)
(3) $75<84$이므로 하루 동안 단백질을 더 많이 섭취한 사람은 지호입니다.

확인 30 • 20개는 4개의 5배입니다.
  $\Rightarrow$ (일주일 동안 재우가 섭취한 비타민의 양)
  $=58\times5=290$(mg)
• 18개는 2개의 9배입니다.
  $\Rightarrow$ (일주일 동안 연아가 섭취한 비타민의 양)
  $=60\times9=540$(mg)
따라서 $290<540$이므로 일주일 동안 비타민을 더 많이 섭취한 사람은 연아입니다.

116~121쪽 MASTER 심화 변형 문제

1 392		**2** 108쪽	
3 156		**4** 120번	
5 풀이 참조, 4자루		**6** 148개	
7 20개		**8** 6	
9 풀이 참조, 21개		**10** 3	
11 546		**12** 3개	
13 15그루		**14** 52 cm	
15 풀이 참조, 504개		**16** 8바퀴	
17 686866		**18** 108	

1 어떤 수를 □라 하면 □÷7=8입니다.
  $\Rightarrow$ $7\times8=$□, □$=56$
  따라서 바르게 계산하면 $56\times7=392$입니다.

2 3월 25일이 일요일이므로 4월 30일까지 일요일은
3월 25일, 4월 1일, 4월 8일, 4월 15일,
4월 22일, 4월 29일로 모두 6번입니다.

따라서 주혜는 동생에게 동화책을 모두
$18\times6=108$(쪽) 읽어 주어야 합니다.

3 $18\odot12=(18\times4)+(12\times7)=72+84=156$

4 전날의 2배씩 줄넘기를 하므로 첫째 날은 15번,
둘째 날은 (15×2)번,
셋째 날은 $15\times2\times2=(15\times4)$번,
넷째 날은 $15\times4\times2=(15\times8)$번을 해야 합니다.
  $\Rightarrow$ (넷째 날에 해야 하는 줄넘기 횟수)
  $=15\times8=120$(번)

5 예 아연이가 선물로 받은 연필은 $12\times4=48$(자루)입니다.」❶
친구들에게 나누어 준 연필은 $11\times4=44$(자루)입니다.」❷
따라서 친구들에게 나누어 주고 남은 연필은
$48-44=4$(자루)입니다.」❸

채점 기준
❶ 아연이가 선물로 받은 연필 수 구하기
❷ 친구들에게 나누어 준 연필 수 구하기
❸ 친구들에게 나누어 주고 남은 연필 수 구하기

6 (정사각형의 네 변에 그려야 할 별 모양의 수)
$=38\times4=152$(개)
네 꼭짓점에 그리는 별 모양 4개는 겹치므로 빼야 합니다.
따라서 별 모양을 모두 $152-4=148$(개) 그려야 합니다.

7 축구공 수를 □개라 하면 야구공 수는 $(□\times5)$개,
배구공 수는 $(□\times3)$개입니다.
$(□\times5)+(□\times3)$
$=(□+□+□+□+□)+(□+□+□)=160$
이므로 □$\times8=160$입니다.
$20\times8=160$이므로 □$=20$입니다.
따라서 축구공은 20개입니다.

8 ★×★의 일의 자리 수가 ★이므로 $1\times1=1$,
$5\times5=25$, $6\times6=36$에서 ★$=1$ 또는 ★$=5$ 또는
★$=6$입니다.
• ★$=1$인 경우 $\Rightarrow$ $71\times1=71$이므로 주어진 곱셈식을 만족하지 않습니다.
• ★$=5$인 경우 $\Rightarrow$ $75\times5=375$이므로 주어진 곱셈식을 만족하지 않습니다.
• ★$=6$인 경우 $\Rightarrow$ $76\times6=456$이므로 ★$=6$입니다.

9 예 $46 \times 6 = 276$ ⇨ $300 - 276 = 24$,
$46 \times 7 = 322$ ⇨ $322 - 300 = 22$에서
$24 > 22$이므로 ㉠은 322입니다. ❶
따라서 300과 322 사이에 있는 세 자리 수는 모두
$322 - 300 - 1 = 21$(개)입니다. ❷

채점 기준	
❶ ㉠ 구하기	
❷ 300과 ㉠ 사이에 있는 세 자리 수는 모두 몇 개인지 구하기	

10 $18 \times 5 = 90$이므로 □ 안에 들어갈 수 있는 수는
91부터이고 모두 11개이므로 91, 92, 93, 94, 95,
96, 97, 98, 99, 100, 101입니다.
따라서 $34 \times$ ㉠ $= 102$에서 $34 \times 3 = 102$이므로
㉠ $= 3$입니다.

11 어떤 두 자리 수를 ㉠㉡이라 하면 ㉡㉠ $\times 6 = 114$
입니다.
$$\begin{array}{r} ㉡㉠ \\ \times \quad 6 \\ \hline 1\,1\,4 \end{array}$$
㉠ $\times 6$의 일의 자리 수가 4이므로
$4 \times 6 = 24$, $9 \times 6 = 54$에서
㉠ $= 4$ 또는 ㉠ $= 9$입니다.
• ㉠ $= 4$인 경우 ⇨ ㉡ $\times 6 = 11 - 2$, ㉡ $\times 6 = 9$를
　　　　　　　　 만족하는 ㉡은 없습니다.
• ㉠ $= 9$인 경우 ⇨ ㉡ $\times 6 = 11 - 5$, ㉡ $\times 6 = 6$이므
　　　　　　　　 로 ㉡ $= 1$입니다.
따라서 ㉠ $= 9$, ㉡ $= 1$이므로 처음 두 자리 수 91에
6을 곱하면 $91 \times 6 = 546$입니다.

12 (긴 의자 9개에 앉을 수 있는 학생 수)
$= 15 \times 9 = 135$(명)이므로
$170 - 135 = 35$(명)이 앉을 긴 의자가 더 필요합니다.
긴 의자 한 개에 $15 \times 1 = 15$(명),
2개에 $15 \times 2 = 30$(명), 3개에 $15 \times 3 = 45$(명)이
앉을 수 있습니다.
따라서 학생 170명이 모두 앉으려면 긴 의자는 적어
도 3개 더 있어야 합니다.

13 • (나무 사이의 간격 수) $= 17 - 1 = 16$(군데)
• (도로의 길이) $= 16 \times 7 = 112$(m)
반대쪽 도로의 첫 번째 나무와 마지막 나무 사이의
간격 수를 □군데라 하면 □ $\times 8 = 112$에서
$14 \times 8 = 112$이므로 □ $= 14$입니다.
따라서 도로의 반대쪽에 필요한 나무는
(간격 수) $+ 1 = 14 + 1 = 15$(그루)입니다.

14 • (달팽이가 1분 동안 실제로 올라간 거리)
　　 $= 14 - 2 = 12$(cm)
• (달팽이가 4분 동안 실제로 올라간 거리)
　　 $= 12 \times 4 = 48$(cm)
따라서 $1\,$m $= 100\,$cm이고 달팽이가 먹이를 먹으
려면 $100 - 48 = 52$(cm)를 더 올라가야 합니다.

15 예 한 층에 3가구씩 살고 있는 아파트 한 동의 가구
수는 $3 \times 12 = 12 \times 3 = 36$(가구)이므로 3동에 살고
있는 가구 수는 $36 \times 3 = 108$(가구)이고, 한 층에
4가구씩 살고 있는 아파트 한 동의 가구 수는
$4 \times 12 = 12 \times 4 = 48$(가구)이므로 3동에 살고 있는
가구 수는 $48 \times 3 = 144$(가구)입니다.
홍구네 아파트 단지의 전체 가구 수는
$108 + 144 = 252$(가구)입니다. ❶
따라서 한 가구에 소화기가 2개씩 비치되어 있으므
로 소화기는 모두 $252 + 252 = 504$(개)입니다. ❷

채점 기준	
❶ 홍구네 아파트 단지의 전체 가구 수 구하기	
❷ 소화기의 전체 수 구하기	

16 톱니바퀴 ㉮가 6바퀴 도는 동안 톱니바퀴 ㉯와 맞물
려 돌아가는 톱니 수는 $48 \times 6 = 288$(개)입니다.
두 톱니바퀴가 맞물려 돌아가는 톱니 수는 서로 같
으므로 톱니바퀴 ㉯가 □바퀴 돈다고 하면
$36 \times$ □ $= 288$에서 $36 \times 8 = 288$이므로 □ $= 8$입
니다.
따라서 톱니바퀴 ㉮가 6바퀴 도는 동안 톱니바퀴 ㉯
는 8바퀴 돕니다.

17 합이 21이고, 차가 13인 두 수 중에서 작은 수를 □라
하면 큰 수는 □ $+ 13$입니다.
두 수의 합이 21이므로 □ $+ ($□ $+ 13) = 21$,
□ $+$ □ $= 8$, □ $= 4$입니다.
⇨ (큰 수) $= 4 + 13 = 17$, (작은 수) $= 4$
두 수의 곱은 $17 \times 4 = 68$이므로 ■ $= 6$, ● $= 8$입
니다.
따라서 대영이의 휴대 전화 비밀번호는
■●■●■■이므로 686866입니다.

18 가 대신 26, 나 대신 4를 넣어 계산하면
다 $= 26 \times 4 = 104$
⇨ ㉠ $=$ 다 $+$ 나 $= 104 + 4 = 108$입니다.

1 497		**2** 51개	
3 726권		**4** 6	
5 4시간 7분		**6** 29개	

1 비법 PLUS ✚

ⓒ×4＝28이므로 곱셈과 나눗셈의 관계를 이용하여 ⓒ을 먼저 구합니다.

ⓐ＝ⓑ×9, ⓑ＝ⓒ×7, ⓒ×4＝28

• ⓒ×4＝28, ⓒ＝28÷4＝7

• ⓑ＝ⓒ×7＝7×7＝49

• ⓐ＝ⓑ×9＝49×9＝441

⇨ ⓐ＋ⓑ＋ⓒ＝441＋49＋7＝497

2 • 쿠키 3개 → 11개: 3×4－1＝11(개)

• 쿠키 5개 → 19개: 5×4－1＝19(개)

• 쿠키 7개 → 27개: 7×4－1＝27(개)

따라서 요술 상자의 규칙은 (넣은 쿠키 수)×4－1이므로 요술 상자에 쿠키 13개를 넣으면

쿠키는 13×4－1＝52－1＝51(개)가 나옵니다.

3 • (도서관에 있는 책꽂이의 칸 수)＝16×6＝96(칸)

• (책이 꽂혀 있는 책꽂이의 칸 수)＝96－5＝91(칸)

• (책이 8권씩 꽂혀 있는 책꽂이의 칸 수)

  ＝91－1＝90(칸)

• (8권씩 꽂혀 있는 책꽂이 칸의 책 수)

  ＝8×90＝90×8＝720(권)

⇨ (도서관에 있는 책 수)＝6＋720＝726(권)

4 비법 PLUS ✚

★이 8보다 큰 수, 3과 8 사이의 수, 3보다 작은 수인 경우로 나누어 알아봅니다.

• ★＞8이라면 ★＝9에서 83×9＝747이므로 504가 될 수 없습니다.

• 8＞★＞3이라면 ★3×8에서 63×8＝504이므로 ★＝6입니다.

• 3＞★이라면 3★×8에서 ★이 3보다 작은 수 중 ★×8의 일의 자리 수가 4가 되는 경우는 없습니다.

5 비법 PLUS ✚

마지막 버팀목을 설치한 후에는 쉬지 않으므로 버팀목을 ■개 설치하면 쉬는 횟수는 (■－1)번입니다.

(도로의 한쪽에 있는 가로수 사이의 간격 수)

＝48÷6＝8(군데)

(도로의 한쪽에 있는 가로수 수)＝8＋1＝9(그루)

도로의 한쪽에 버팀목을 9개 설치해야 하므로 도로의 양쪽에 설치해야 하는 버팀목은 9×2＝18(개)입니다.

(버팀목을 18개 설치하는 데 걸리는 시간)

＝9×18＝18×9＝162(분)

마지막 버팀목을 설치한 후 쉬는 시간은 필요 없으므로 쉬는 시간의 합은 5×17＝17×5＝85(분)입니다.

따라서 버팀목을 모두 설치하는 데 걸리는 시간은 162＋85＝247(분)이므로 4시간 7분입니다.

6 비법 PLUS ✚

133개를 넘지 않게 똑같이 나누어 넣은 다음 통에 들어간 개수가 서로 다르게 넣습니다.

26×5＝130이고 남은 사탕이 5개보다 적으므로 먼저 통 5개에 26개씩 130개를 모두 넣습니다.

| 26 | 26 | 26 | 26 | 26 |

가운데 통을 중심으로 1개씩 적어지거나 많아지도록 다음과 같이 사탕을 넣습니다.

| 24 | 25 | 26 | 27 | 28 |

남은 사탕 3개를 많은 쪽의 통부터 차례로 한 개씩 더 넣습니다.

| 24 | 25 | 27 | 28 | 29 |

따라서 가장 많은 사탕이 들어간 통에는 최소 29개가 들어갑니다.

베이징

5 길이와 시간

126~127쪽 CHECK 핵심 문제

1 ①, ④   **2** 5 cm 6 mm
3 ㉠   **4** 4, 40, 20
5 ㉠, ㉢, ㉡, ㉢   **6** 영화관
7 3 cm 9 mm   **8** 3시 44분 30초
9 12초   **10** 경로 2
11 (위에서부터) 5, 41, 50
12 지후, 12분 10초

---

1 ② 2분 30초=60초+60초+30초=150초
    ③ 100초=60초+40초=1분 40초
    ⑤ 240초=60초+60초+60초+60초=4분

2 연필의 길이는 1 cm가 5번 들어간 길이보다 6 mm 더 길므로 5 cm 6 mm입니다.

3 ㉠ 13 cm 5 mm+7 cm 3 mm=20 cm 8 mm
    ㉡ 24 cm 9 mm−3 cm 5 mm=21 cm 4 mm
    ⇨ 20 cm 8 mm < 21 cm 4 mm
             ㉠   ㉡

4 6시간 50분 40초−2시간 10분 20초
    =4시간 40분 20초

5 ㉡ 4 km 900 m
       =4 km+900 m
       =4000 m+900 m=4900 m
    ㉢ 5 km=5000 m
    ⇨ 5100 m > 5000 m > 4900 m > 4090 m
        ㉠   ㉢   ㉡   ㉢

6 500 m+500 m+500 m=1500 m
                    =1 km 500 m
    집에서 약 1 km 500 m 떨어진 곳에 있는 장소는 집에서 버스 정류장까지의 거리의 약 3배만큼 떨어진 곳에 있는 영화관입니다.

7 68 mm=6 cm 8 mm
    ⇨ (두 끈의 길이의 차)
       =10 cm 7 mm−6 cm 8 mm
       =3 cm 9 mm

8 (축구 경기를 시작한 시각)
    =(축구 경기가 끝난 시각)
       −(축구 경기가 진행된 시간)
    =5시 20분−1시간 35분 30초
    =3시 44분 30초

9 294초=4분 54초
    4분 54초 < 4분 57초 < 5분 6초이므로
      2모둠   3모둠   1모둠
    가장 빠른 모둠과 가장 느린 모둠의 기록의 차는 5분 6초−4분 54초=12초입니다.

10 (경로 1의 거리)
    =4 km 700 m+3 km 400 m
    =8 km 100 m
    (경로 2의 거리)
    =2 km 100 m+6 km 300 m
    =8 km 400 m
    ⇨ 8 km 100 m < 8 km 400 m이므로 경로 2의 거리가 더 멉니다.

11 • 초 단위: 30+□=80
             ⇨ □=80−30=50
    • 분 단위: 1+25+□=67, 26+□=67
             ⇨ □=67−26=41
    • 시 단위: 1+□+3=9
             ⇨ □=9−1−3=5

12 (영주가 숙제를 한 시간)
    =5시 15분 23초−3시 52분 10초
    =1시간 23분 13초
    (지후가 숙제를 한 시간)
    =6시 3분 19초−4시 27분 56초
    =1시간 35분 23초
    ⇨ 1시간 35분 23초 > 1시간 23분 13초이므로 지후가 1시간 35분 23초−1시간 23분 13초 =12분 10초 더 오래 숙제를 했습니다.

확인 1 (1) 308 cm / 360 cm (2) 현우

확인 2 빨간색   **확인 3** 윤서, 세희, 민재

확인 4 하은

확인 5 (1) 2시 24분 10초 (2) 1시간 40분 40초
　　　 (3) 4시 4분 50초

확인 6 4시 33분 55초   **확인 7**

확인 8 11시 20분 45초

확인 9 (1) 2 km 420 m (2) 2 km 970 m

확인 10 2 km 680 m   **확인 11** 720 m

확인 12 6 km 990 m

확인 13 (1) 5 cm 2 mm (2) □＋5 cm 2 mm
　　　 (3) 9 cm 4 mm

확인 14 11 cm 2 mm

확인 15 20 cm 1 mm / 21 cm 9 mm

확인 16 33 cm 2 mm

확인 17 (1) 72시간 (2) 2분 24초
　　　 (3) 오후 3시 2분 24초

확인 18 오후 9시 52분

확인 19 오후 1시 22분 18초

확인 20 오후 4시

예제 6 (1) 1200 m (2) 1분 12초

확인 21 1분 15초

예제 7 (1) 14시간 (2) 5월 8일 오전 7시 20분

확인 22 11월 23일 오전 1시

확인 1 (1) • 하윤: 3 m 8 cm＝308 cm
　　　 • 준서: 3600 mm＝360 cm
　(2) 375 cm＞360 cm＞308 cm이므로 길이가
　　　 현우　　　 준서　　　 하윤
　가장 긴 실을 가지고 있는 사람은 현우입니다.

확인 2 • 빨간색 테이프: 1090 mm＝109 cm
　• 노란색 테이프: 1 m 90 cm＝190 cm
　⇨ 109 cm＜190 cm＜199 cm이므로 길이가
　　 빨간색　　 노란색　　 파란색
　가장 짧은 색 테이프는 빨간색입니다.

확인 3 • 세희: 4200 mm＝420 cm
　• 민재: 4 m 30 cm＝430 cm
　• 윤서: 420 cm－5 cm＝415 cm
　⇨ 415 cm＜420 cm＜430 cm
　　 윤서　　 세희　　 민재

확인 4 • 유하: 119 mm＝11 cm 9 mm
　• 하은: 11 cm 9 mm＋19 cm－13 cm
　　　＝30 cm 9 mm－13 cm
　　　＝17 cm 9 mm
　⇨ 19 cm＞17 cm 9 mm＞14 cm 8 mm
　　 도윤　　 하은　　 지훈
　＞11 cm 9 mm이므로 길이가 두 번째로 긴
　　 유하
　학용품을 가진 사람은 하은입니다.

확인 5 (1) 시계가 나타내는 시각은 2시 24분 10초입니다.
　(2) (청소를 한 시간)
　　　＝100분 40초＝60분＋40분 40초
　　　＝1시간 40분 40초
　(3) (청소를 끝낸 시각)
　　　＝(청소를 시작한 시각)＋(청소를 한 시간)
　　　＝2시 24분 10초＋1시간 40분 40초
　　　＝4시 4분 50초

확인 6 피아노 연습을 끝낸 시각은 6시 17분 15초이고,
　피아노 연습을 한 시간은
　103분 20초＝60분＋43분 20초
　　　　＝1시간 43분 20초입니다.
　⇨ (피아노 연습을 시작한 시각)
　　　＝(피아노 연습을 끝낸 시각)
　　　　－(피아노 연습을 한 시간)
　　　＝6시 17분 15초－1시간 43분 20초
　　　＝4시 33분 55초

확인 7 책 읽기를 시작한 시각은 5시 45분 8초이고,
　책을 읽은 시간은
　85분 58초＝60분＋25분 58초
　　　　＝1시간 25분 58초입니다.
　⇨ (책 읽기를 끝낸 시각)
　　　＝(책 읽기를 시작한 시각)＋(책을 읽은 시간)
　　　＝5시 45분 8초＋1시간 25분 58초
　　　＝7시 11분 6초

확인 8 공부를 시작한 시각은 9시 27분 25초이고,
공부를 한 시간은
55분 45초＋57분 35초
＝112분 80초＝1시간 53분 20초입니다.
⇨ (공부를 끝낸 시각)
　＝(공부를 시작한 시각)＋(공부를 한 시간)
　＝9시 27분 25초＋1시간 53분 20초
　＝11시 20분 45초

확인 9 (1) (학교에서 집까지의 거리)
　　＝3820 m＝3 km 820 m
　　(영화관에서 집까지의 거리)
　　＝(학교에서 집까지의 거리)
　　　－(학교에서 영화관까지의 거리)
　　＝3 km 820 m－1 km 400 m
　　＝2 km 420 m
(2) (더 가야 하는 거리)
　　＝(마트에서 영화관까지의 거리)
　　　＋(영화관에서 집까지의 거리)
　　＝550 m＋2 km 420 m＝2 km 970 m

확인 10

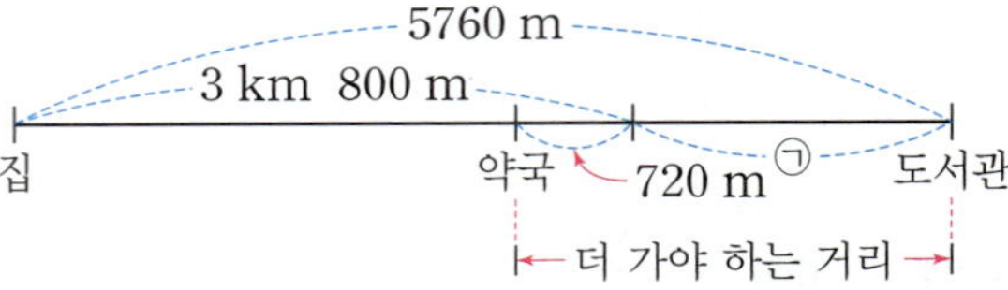

(집에서 도서관까지의 거리)
　＝5760 m＝5 km 760 m
㉠＝5 km 760 m－3 km 800 m
　＝1 km 960 m
⇨ (더 가야 하는 거리)
　　＝720 m＋1 km 960 m＝2 km 680 m

확인 11 (호수의 둘레)
　＝(재민이가 걸은 거리)＋(슬아가 걸은 거리)
　　＋(더 걸어야 하는 거리의 합)
3220 m＝3 km 220 m이므로
3 km 220 m
　＝1 km 150 m＋1 km 350 m
　　＋(더 걸어야 하는 거리의 합)
＝2 km 500 m＋(더 걸어야 하는 거리의 합)
⇨ (더 걸어야 하는 거리의 합)
　　＝3 km 220 m－2 km 500 m＝720 m

확인 12 (공원의 둘레)
　＝(지우가 걸은 거리)
　　＋(지우가 더 걸어야 하는 거리)
　＝3 km 100 m＋5 km 740 m
　＝8 km 840 m
⇨ (세미가 더 걸어야 하는 거리)
　　＝(공원의 둘레)－(세미가 걸은 거리)
　　＝8 km 840 m－1 km 850 m
　　＝6 km 990 m

확인 13 (3) □＋(□＋5 cm 2 mm)＝24 cm,
　　□＋□＝24 cm－5 cm 2 mm
　　　　　＝18 cm 8 mm
　9 cm 4 mm＋9 cm 4 mm＝18 cm 8 mm
　이므로 □＝9 cm 4 mm입니다.
　따라서 짧은 끈의 길이는 9 cm 4 mm입니다.

확인 14 24 mm＝2 cm 4 mm
긴 철사의 길이를 □라 하면 짧은 철사의 길이는
□－2 cm 4 mm입니다.
□＋(□－2 cm 4 mm)＝20 cm,
□＋□＝20 cm＋2 cm 4 mm
　　　＝22 cm 4 mm
11 cm 2 mm＋11 cm 2 mm＝22 cm 4 mm
이므로 □＝11 cm 2 mm입니다.
따라서 긴 철사의 길이는 11 cm 2 mm입니다.

확인 15 18 mm＝1 cm 8 mm
짧은 끈의 길이를 □라 하면 긴 끈의 길이는
□＋1 cm 8 mm입니다.
□＋(□＋1 cm 8 mm)＝42 cm,
□＋□＝42 cm－1 cm 8 mm
　　　＝40 cm 2 mm
20 cm 1 mm＋20 cm 1 mm＝40 cm 2 mm
이므로 □＝20 cm 1 mm입니다.
따라서 짧은 끈의 길이는 20 cm 1 mm이고,
긴 끈의 길이는 20 cm 1 mm＋1 cm 8 mm
＝21 cm 9 mm입니다.

확인 16 짧은 리본의 길이를 □라 하면 긴 리본의 길이는
□＋□입니다.
□＋(□＋□)＝99 cm 6 mm,
33 cm 2 mm＋33 cm 2 mm＋33 cm 2 mm
＝99 cm 6 mm이므로 □＝33 cm 2 mm입니다.
따라서 짧은 리본의 길이는 33 cm 2 mm입니다.

확인 17 (1) (오늘 오후 3시부터 3일 후 오후 3시까지의
　　　시간)=24×3=72(시간)
　　(2) (72시간 동안 빨라지는 시간)
　　　=2×72=144(초) ⇨ 2분 24초
　　(3) (3일 후 오후 3시에 이 시계가 가리키는 시각)
　　　=오후 3시+2분 24초=오후 3시 2분 24초

확인 18 (오늘 오후 10시부터 4일 후 오후 10시까지의
　　시간)=24×4=96(시간)
　　(96시간 동안 늦어지는 시간)
　　=5×96=480(초) → 8분
　　⇨ (4일 후 오후 10시에 이 시계가 가리키는 시각)
　　　=오후 10시−8분=오후 9시 52분

확인 19 (오늘 오전 8시 30분부터 3일 후 오후 1시 30분
　　까지의 시간)=24+24+24+5=77(시간)
　　(77시간 동안 늦어지는 시간)
　　=6×77=462(초) → 7분 42초
　　⇨ (3일 후 오후 1시 30분에 이 시계가 가리키는
　　　시각)=오후 1시 30분−7분 42초
　　　=오후 1시 22분 18초

확인 20 도희와 시우의 시계는 1시간마다 4+4=8(초)씩
　　차이가 납니다.
　　40÷8=5이므로 두 시계가 처음으로 40초 차이
　　가 나는 때는 5시간 후입니다.
　　⇨ 오전 11시+5시간=오후 4시

예제 6 (2) 1200은 100이 12개인 수이므로 1200 m는
　　100 m의 12배입니다.
　　따라서 군함조가 100 m를 6초에 가는 빠르
　　기로 1 km 200 m를 간다면 걸리는 시간은
　　6×12=72(초) → 1분 12초입니다.

확인 21 15 cm=150 mm
　　150은 10이 15개인 수이므로 150 mm는
　　10 mm의 15배입니다.
　　따라서 달팽이가 10 mm를 5초에 가는 빠르기
　　로 15 cm를 간다면 걸리는 시간은
　　5×15=75(초) → 1분 15초입니다.

예제 7 (1) 뉴욕이 1월 2일 오후 11시일 때, 서울의 시각
　　　(1월 3일 오후 1시)을 나타내면 다음과 같습
　　　니다.
　　　2일 오후 11시 $\xrightarrow{12시간}$ 3일 오전 11시 $\xrightarrow{2시간}$ 3일 오후 1시
　　　따라서 서울은 뉴욕보다 12+2=14(시간)
　　　더 빠릅니다.
　　(2) 5월 7일 오후 5시 20분=5월 7일 17시 20분
　　　⇨ (서울의 시각)
　　　　=(뉴욕의 시각)+14시간
　　　　=5월 7일 17시 20분+14시간
　　　　=5월 7일 31시 20분
　　　　=5월 8일 오전 7시 20분

확인 22 맨체스터가 11월 15일 오후 11시 30분일 때,
　　서울의 시각(11월 16일 오전 8시 30분)을 나타
　　내면 다음과 같습니다.
　　15일 오후 11시 30분 $\xrightarrow{1시간}$ 16일 오전 12시 30분
　　$\xrightarrow{8시간}$ 16일 오전 8시 30분
　　서울은 맨체스터보다 1+8=9(시간) 더 빠릅니다.
　　11월 22일 오후 4시=11월 22일 16시
　　⇨ (서울의 시각)=(맨체스터의 시각)+9시간
　　　=11월 22일 16시+9시간
　　　=11월 22일 25시=11월 23일 오전 1시

140~143쪽　MASTER 심화 변형 문제

1 승호, 300 m　　　　**2** 2시 57분 22초
3 풀이 참조, 1시간 10분 41초
4 38 cm 4 mm　　　**5** 8분 30초
6 1시간 52분 10초　　**7** 1 km 200 m
8 2 km 300 m
9 풀이 참조, 오전 11시 45분 49초
10 36분　　　　　　　**11** 5 cm
12 2시간 30분

1 승호가 걸은 거리는 3 km 100 m이고, 지나가 걸은
　거리는 700 m+700 m+700 m+700 m
　=2800 m=2 km 800 m입니다.
　따라서 3 km 100 m>2 km 800 m이므로 승호가
　3 km 100 m−2 km 800 m=300 m 더 긴 거리
　를 걸었습니다.

2 줄넘기 연습을 끝낸 시각은 3시 7분 15초이고,
줄넘기 연습을 한 시간은 593초=9분 53초입니다.
⇨ (줄넘기 연습을 시작한 시각)
 =(줄넘기 연습을 끝낸 시각)
  −(줄넘기 연습을 한 시간)
 =3시 7분 15초−9분 53초
 =2시 57분 22초

3 예 총 기록은 도착 시각에서 출발 시각을 빼면 되므로
오전 11시 6분 23초−오전 8시=3시간 6분 23초
입니다.」❶
자전거 기록은 총 기록에서 수영 기록과 달리기 기록을 빼면 되므로
3시간 6분 23초−50분 48초−1시간 4분 54초
=2시간 15분 35초−1시간 4분 54초
=1시간 10분 41초입니다.」❷

채점 기준
❶ 총 기록 구하기
❷ 자전거 기록 구하기

4 (두 번째로 긴 색 테이프의 길이)
 =16 cm−3 cm 2 mm=12 cm 8 mm
(가장 짧은 색 테이프의 길이)
 =12 cm 8 mm−3 cm 2 mm=9 cm 6 mm
⇨ (이어 붙인 색 테이프의 전체 길이)
  =16 cm+12 cm 8 mm+9 cm 6 mm
  =38 cm 4 mm

5 (역을 지나는 데 걸리는 시간의 합)
 =2분 30초+2분 30초+2분 30초=7분 30초
(정차한 시간의 합)=30초+30초=60초=1분
⇨ (첫 번째 역을 출발하여 네 번째 역에 도착하는
 데 걸리는 시간)=7분 30초+1분=8분 30초

6 오후 5시 44분 27초는 17시 44분 27초입니다.
(낮의 길이)=(해가 진 시각)−(해가 뜬 시각)
  =17시 44분 27초−6시 40분 32초
  =11시간 3분 55초
(밤의 길이)=24시간−(낮의 길이)
  =24시간−11시간 3분 55초
  =12시간 56분 5초
⇨ (낮의 길이와 밤의 길이의 차)
  =12시간 56분 5초−11시간 3분 55초
  =1시간 52분 10초

7 마트에서 놀이공원까지의 거리를 □라 하면 은우네
집에서 마트까지의 거리는 □+800 m입니다.
□+(□+800 m)=3 km 200 m,
□+□=3 km 200 m−800 m=2 km 400 m
1 km 200 m+1 km 200 m=2 km 400 m이므
로 □=1 km 200 m입니다.
따라서 은우가 더 가야 하는 거리는 1 km 200 m입
니다.

8 (㉮ 도로의 가로수 사이의 간격의 수)
 =6−1=5(군데)
(㉮ 도로의 길이)
 =250+250+250+250+250
 =1250(m) → 1 km 250 m
(㉯ 도로의 가로수 사이의 간격의 수)
 =8−1=7(군데)
(㉯ 도로의 길이)
 =150+150+150+150+150+150+150
 =1050(m) → 1 km 50 m
⇨ (㉮와 ㉯ 도로의 길이의 합)
  =1 km 250 m+1 km 50 m=2 km 300 m

9 예 집에서 출발하여 공원을 지나 기차역까지 가는 데
걸리는 시간은 37분 54초+46분 17초
=1시간 24분 11초입니다.」❶
따라서 오후 1시 10분은 13시 10분이므로 집에서
늦어도 13시 10분−1시간 24분 11초
=11시 45분 49초에 출발해야 합니다.」❷

채점 기준
❶ 집에서 출발하여 공원을 지나 기차역까지 가는 데 걸리는 시간 구하기
❷ 집에서 늦어도 오전 몇 시 몇 분 몇 초에 출발해야 하는지 구하기

10 분 단위의 숫자의 합이 가장 클 때는 59분으로
5+9=14입니다.
따라서 숫자의 합이 처음으로 15가 되는 때는
1시 59분입니다.
⇨ 1시 59분−1시 23분=36분

11 가장 짧은 막대의 길이를 □라 하면 두 번째로 짧은 막대의 길이는 □+8 mm,
가장 긴 막대의 길이는 □+16 mm입니다.
□+(□+8 mm)+(□+16 mm)
$\quad$=17 cm 4 mm,
□+□+□=17 cm 4 mm−16 mm−8 mm
$\qquad\qquad$=15 cm
5 cm+5 cm+5 cm=15 cm이므로 □=5 cm입니다.
따라서 가장 짧은 막대의 길이는 5 cm입니다.

12 정호와 소희의 시계는 하루에 14+6=20(분)씩 차이가 나므로 일주일에 20×7=140(분) 차이가 납니다.
오전 8시부터 오후 8시까지 12시간 동안 10분 차이가 나므로 두 시계가 가리키는 시각의 차는
140분+10분=150분=2시간 30분입니다.

144~145쪽   CHALLENGE 최고수준 문제

1 5시 28분 12초   **2** 20분
3 2초   **4** 54분 45초
5 35분   **6** 1분 20초

1 (어제 달리기를 한 시간)
$\quad$=4시 20분 23초−3시 46분 25초=33분 58초
(오늘 달리기를 한 시간)
$\quad$=1시간 28분 32초−33분 58초=54분 34초
⇨ (오늘 달리기를 끝낸 시각)
$\quad\quad$=4시 33분 38초+54분 34초=5시 28분 12초

2 비법 PLUS +
(버스가 출발하는 간격의 수)=(출발한 버스의 수)−1

오후 1시−오전 9시=13시−9시=4시간
(버스가 출발하는 간격의 수)=13−1=12(번)

4시간 동안 12번	⇨	1시간 동안 3번	=	60분 동안 3번	⇨	20분 동안 1번

따라서 버스는 20분 간격으로 출발한 것입니다.

3 (5일 동안 늦어진 시간)=10시−9시 56분=4분
5일은 24×5=120(시간)입니다.

120시간에 4분	⇨	30시간에 1분	=	30시간에 60초	⇨	1시간에 2초

따라서 1시간에 2초씩 늦어진 셈입니다.

4 거울에 비친 현재 시각은 3시 35분 15초이므로 수민이가 버스 정류장에 도착하는 시각은
3시 35분 15초+50분=4시 25분 15초입니다.
따라서 수민이는 버스가 출발하기까지
5시 20분−4시 25분 15초=54분 45초를 기다려야 합니다.

5 비법 PLUS +
집에서 영화관에 갈 때 걸린 시간을 □분이라 하면 영화관에서 집으로 올 때 걸린 시간은 (□+7)분입니다.

오후 2시 17분=14시 17분
(영화관에 갔다가 오는 데 걸린 전체 시간)
=14시 17분−11시 40분=2시간 37분
(집에서 영화관에 갈 때와 영화관에서 집으로 올 때 걸린 이동 시간의 합)
=2시간 37분−1시간 20분=1시간 17분=77분
집에서 영화관에 갈 때 걸린 시간을 □분이라 하면 영화관에서 집으로 올 때 걸린 시간은 (□+7)분이므로 □+(□+7)=77, □+□=77−7=70,
35+35=70이므로 □=35입니다.
따라서 집에서 영화관에 갈 때 걸린 시간은 35분입니다.

6 비법 PLUS +
어떤 길을 선택해도 가장 짧은 길은 가로와 세로의 칸 수가 각각 같습니다.

6 cm 2 mm=62 mm
개미가 빵이 있는 곳까지 가는 가장 짧은 거리는 가로로 5칸, 세로로 3칸 간 거리와 같습니다.
⇨ 62+62+62+62+62+60+60+60
$\quad\quad$5칸 $\qquad\qquad$ 3칸
$\quad$=490(mm) → 49 cm
개미는 7 cm를 8초 동안 가므로 49 cm를 가는 데 8×7=56(초)가 걸립니다.
7 cm를 갈 때마다 4초 동안 쉬고, 49÷7=7이므로 49 cm를 가는 동안 7−1=6(번) 쉽니다.
→ 4×6=24(초)
따라서 개미가 빵이 있는 곳까지 가장 빨리 가면
56+24=80(초) → 1분 20초가 걸립니다.

146쪽   초성으로 맞히는 세계 수도

뉴델리

6 분수와 소수

148~149쪽 CHECK 핵심 문제

1 예 / 9분의 2

2 예

3 ㉡

4 예

5 0.4 m / 0.6 m

6 $\dfrac{4}{13}$, $\dfrac{7}{13}$

7 3칸

8 ㉢, ㉣, ㉡, ㉠

9 3개

10 $\dfrac{1}{3}$

11 7.2 cm

12 0.4

---

1 전체를 똑같이 9로 나눈 것 중의 2만큼 색칠합니다.
$\dfrac{2}{9}$는 9분의 2라고 읽습니다.

2 모양과 크기가 같도록 전체를 6으로 나누고, 나눈 것 중의 4만큼 색칠합니다.

3 ㉠ 0.5 cm=5 mm ⇨ 3.5 cm=3 cm 5 mm
㉡ 1 cm=10 mm ⇨ 65 cm=650 mm
㉢ 1 mm=0.1 cm ⇨ 49 mm=4.9 cm
따라서 길이의 관계를 잘못 나타낸 것은 ㉡입니다.

4 부분 $\dfrac{2}{6}$는 단위분수 $\dfrac{1}{6}$이 2개이므로 전체를 완성하려면 $\dfrac{1}{6}$을 4개 더 그려야 합니다.

5 1조각은 1 m를 똑같이 10으로 나눈 것 중의 1이므로 0.1 m입니다.
• 인혜가 사용한 리본의 길이: 0.1 m가 4개
⇨ 0.4 m
• 현서가 사용한 리본의 길이: 0.1 m가 6개
⇨ 0.6 m

6 분모가 같은 분수는 분자가 클수록 더 큰 분수이므로 분자가 3보다 크고 8보다 작아야 합니다.
⇨ $\dfrac{4}{13}$, $\dfrac{7}{13}$

7 $\dfrac{8}{15}$은 전체를 똑같이 15로 나눈 것 중의 8이므로 전체 15칸 중 8칸을 색칠해야 합니다.
⇨ 5칸이 색칠되어 있으므로 8−5=3(칸)을 더 색칠해야 합니다.

8 ㉠ $\dfrac{1}{10}$=0.1이 38개인 수: 3.8
㉡ 0.1이 44개인 수: 4.4
㉢ 0.1이 51개인 수: 5.1
㉣ 4와 0.9만큼인 수: 4.9
⇨ 5.1>4.9>4.4>3.8
　 ㉢　 ㉣　 ㉡　 ㉠

9 소수점 왼쪽에 있는 수가 같으므로 소수점 오른쪽에 있는 수의 크기를 비교하면 □<4입니다.
⇨ □ 안에 들어갈 수 있는 수는 1, 2, 3으로 모두 3개입니다.

10 만들 수 있는 단위분수: $\dfrac{1}{9}$, $\dfrac{1}{5}$, $\dfrac{1}{3}$
⇨ $\dfrac{1}{3}$>$\dfrac{1}{5}$>$\dfrac{1}{9}$이므로 만들 수 있는 가장 큰 단위분수는 $\dfrac{1}{3}$입니다.

11 (볼펜의 길이)=9 cm 4 mm=94 mm
(연필의 길이)=94−22=72(mm) → 7.2 cm

12 (남은 와플의 조각 수)=10−4−2=4(조각)
남은 와플은 전체를 똑같이 10조각으로 나눈 것 중의 4조각이므로 전체의 $\dfrac{4}{10}$=0.4입니다.

확인 1 (1) 예 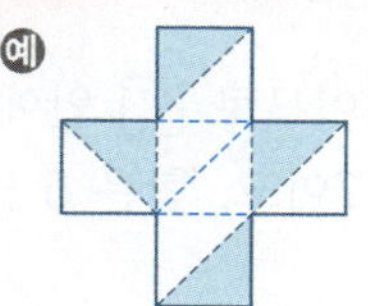　　(2) $\dfrac{4}{10}$ / 0.4

확인 2 $\dfrac{5}{10}$ / 0.5　　　**확인 3** $\dfrac{4}{10}$ / 0.4

확인 4 2.5

확인 5 (1) 0.4컵 / 0.7컵　(2) 아버지

확인 6 혜영

확인 7 태연, 찬우, 정수, 민희

확인 8 위인전　　　**확인 9** (1) 작습니다　(2) 4개

확인 10 3개　　　**확인 11** 26

확인 12 9, 10　　　**확인 13** (1) 7.9　(2) 5개

확인 14 4개　　　**확인 15** 18

확인 16 4, 5　　　**확인 17** (1) 9.7　(2) 9.6

확인 18 0.4　　　**확인 19** 7.3 / 2.6

확인 20 10개

확인 21 (1) 5조각　(2) 1조각　(3) $\dfrac{1}{7}$

확인 22 $\dfrac{3}{10}$　　　**확인 23** $\dfrac{3}{12}$

확인 24 $\dfrac{2}{8}$

확인 25 (1) 0.5, 0.9　(2) 0.6, 0.7, 0.8

확인 26 0.5, 0.7　　　**확인 27** 5개

확인 28 6.2, 7.1

예제 8 (1) 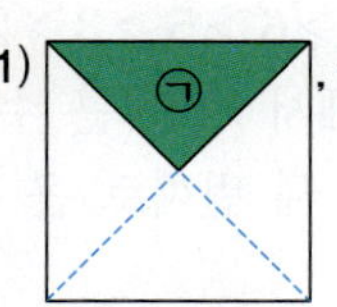 ㉠, $\dfrac{1}{4}$　(2) 예 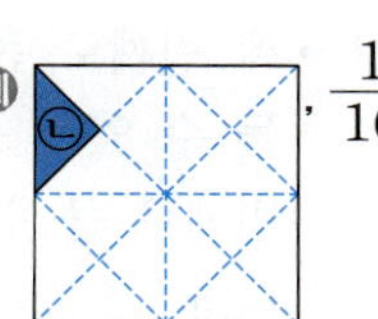 ㉡, $\dfrac{1}{16}$

확인 29 $\dfrac{1}{8}$ / $\dfrac{1}{16}$

예제 9 (1) 3 mm　(2) 1시간

확인 30 20일

확인 1 (1) 도형을 색칠한 작은 삼각형 1개의 크기로 똑같이 나눕니다.

(2) 색칠한 부분은 전체를 똑같이 10으로 나눈 것 중의 4이므로 분수로 나타내면 $\dfrac{4}{10}$이고, 소수로 나타내면 0.4입니다.

확인 2 도형을 색칠한 작은 삼각형 1개의 크기로 똑같이 나눕니다. 색칠한 부분은 전체를 똑같이 10 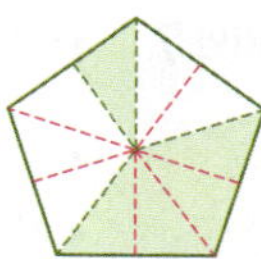 으로 나눈 것 중의 5이므로 분수로 나타내면 $\dfrac{5}{10}$ 이고, 소수로 나타내면 0.5입니다.

확인 3 도형을 똑같이 5로 나누었으므로 선을 더 그어 다시 똑같이 10으로 나눕니다. 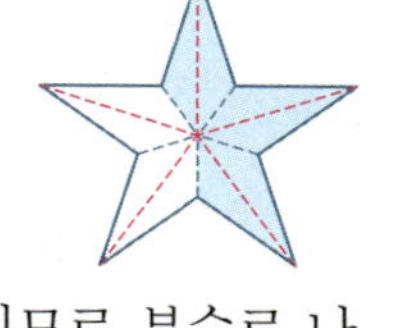 색칠하지 않은 부분은 전체를 똑같이 10으로 나눈 것 중의 4이므로 분수로 나타내면 $\dfrac{4}{10}$이고, 소수로 나타내면 0.4입니다.

확인 4

도형을 각각 똑같이 2로 나누었으므로 선을 더 그어 다시 각각 똑같이 10으로 나눕니다. 일부만 색칠한 도형은 도형을 똑같이 10으로 나눈 것 중의 5이므로 $\dfrac{5}{10}$=0.5입니다. 따라서 색칠한 부분은 2와 0.5만큼이므로 2.5 입니다.

확인 5 (1) 윤희: $\dfrac{4}{10}$컵=0.4컵, 동생: $\dfrac{7}{10}$컵=0.7컵

(2) 1.6>1.2>0.7>0.4이므로 주스를 가장 많
　　아버지　어머니　동생　윤희
이 마신 사람은 아버지입니다.

확인 6 명진: $\dfrac{9}{10}$ m=0.9 m, 혜영: $\dfrac{3}{10}$ m=0.3 m

⇨ 0.3<0.7<0.8<0.9이므로 가장 짧은 철사
　혜영　민성　규리　명진
를 가지고 있는 사람은 혜영입니다.

다른 풀이 규리: 0.8 m=$\dfrac{8}{10}$ m, 민성: 0.7 m=$\dfrac{7}{10}$ m

⇨ $\dfrac{3}{10}<\dfrac{7}{10}<\dfrac{8}{10}<\dfrac{9}{10}$이므로 가장 짧은 철사를 가
　혜영　민성　규리　명진
지고 있는 사람은 혜영입니다.

정답과 풀이

확인 7
- 민희: $\dfrac{5}{10}$ m$=0.5$ m
- 정수: 0.1 m가 13개 → 1.3 m
- 찬우: 1 m와 0.6 m만큼 → 1.6 m
- ➡ $\underline{1.8}>\underline{1.6}>\underline{1.3}>\underline{0.5}$
  태연　찬우　정수　민희

확인 8
- 만화책: $\dfrac{8}{10}$ cm$=0.8$ cm
- 수학책: 7 mm$=0.7$ cm
- 소설책: 0.1 cm가 21개 → 2.1 cm
- ➡ $\underline{0.7}<\underline{0.8}<\underline{0.9}<\underline{1.2}<\underline{2.1}$이므로 두
  수학책　만화책　동화책　위인전　소설책
  께가 동화책보다 두껍고 소설책보다 얇은 책
  은 위인전입니다.

확인 9 (2) $5<\square<10$이므로 $\square$ 안에 들어갈 수 있는
수는 6, 7, 8, 9로 모두 4개입니다.

확인 10 분모가 8인 분수를 $\dfrac{\square}{8}$라 하면 $\dfrac{3}{8}<\dfrac{\square}{8}<\dfrac{7}{8}$
이므로 분자의 크기를 비교하면 $3<\square<7$입니다.
- ➡ $\square$ 안에 들어갈 수 있는 수는 4, 5, 6으로 모
  두 3개입니다.

확인 11 단위분수는 분모가 작을수록 더 큰 분수이므로
분모의 크기를 비교하면 $4<\square<9$입니다.
- ➡ $\square$ 안에 들어갈 수 있는 수는 5, 6, 7, 8이므
  로 합은 $5+6+7+8=26$입니다.

확인 12 ㉠ 분모가 같으므로 분자의 크기를 비교하면
$7<\square<11$입니다.
- ➡ $\square$ 안에 들어갈 수 있는 수는 8, 9, 10입
  니다.
㉡ 분자가 같으므로 분모의 크기를 비교하면
$8<\square<11$입니다.
- ➡ $\square$ 안에 들어갈 수 있는 수는 9, 10입니
  다.
따라서 $\square$ 안에 공통으로 들어갈 수 있는 수는
9, 10입니다.

확인 13 (2) $7.3<7.\square<7.9$이므로 $\square$ 안에 들어갈 수
있는 수는 4, 5, 6, 7, 8로 모두 5개입니다.

확인 14 0.1이 62개인 수는 6.2이고, 6과 0.7만큼인 수
는 6.7입니다.
- ➡ 6.2보다 크고 6.7보다 작은 ■.▲ 형태의 소수
  는 6.3, 6.4, 6.5, 6.6으로 모두 4개입니다.

확인 15 5와 $\dfrac{4}{10}(=0.4)$만큼인 수는 5.4이고, 0.1이 58개
인 수는 5.8입니다.
- ➡ $5.4<5.\square<5.8$이므로 $\square$ 안에 들어갈 수
  있는 수는 5, 6, 7이고, 합은 $5+6+7=18$
  입니다.

확인 16
- 0.1이 16개인 수는 1.6이므로 $1.2<1.\square<1.6$
  에서 $\square$ 안에 들어갈 수 있는 수는 3, 4, 5입니다.
- 3과 $\dfrac{3}{10}(=0.3)$만큼인 수는 3.3이므로
  $3.3<3.\square<3.7$에서 $\square$ 안에 들어갈 수 있는
  수는 4, 5, 6입니다.
- ➡ $\square$ 안에 공통으로 들어갈 수 있는 수는 4, 5
  입니다.

확인 17 (1) 가장 큰 소수를 만들려면 앞에서부터 차례대
로 큰 수를 놓아야 합니다.
- ➡ $9>7>6>2$이므로 만들 수 있는 소수
  중에서 가장 큰 수는 9.7입니다.
(2) 만들 수 있는 소수 중에서 가장 큰 수가 9.7
이므로 두 번째로 큰 수는 9.6입니다.

확인 18 가장 작은 소수를 만들려면 앞에서부터 차례대
로 작은 수를 놓아야 합니다.
- ➡ $0<3<4<8$이므로 만들 수 있는 소수 중에
  서 가장 작은 수는 0.3이고, 두 번째로 작은
  수는 0.4입니다.

확인 19
- 세 번째로 큰 수: $7>6>5>3>2$이므로 만
  들 수 있는 소수 중에서 가장 큰 수는 7.6, 두
  번째로 큰 수는 7.5, 세 번째로 큰 수는 7.3입
  니다.
- 세 번째로 작은 수: $2<3<5<6<7$이므로 만
  들 수 있는 소수 중에서 가장 작은 수는 2.3,
  두 번째로 작은 수는 2.5, 세 번째로 작은 수는
  2.6입니다.

확인 20 만들 수 있는 소수 중에서 7보다 큰 수는 ■.▲
에서 ■가 8 또는 9인 소수입니다.
- ■가 8인 소수: 8.1, 8.2, 8.4, 8.5, 8.9 ➡ 5개
- ■가 9인 소수: 9.1, 9.2, 9.4, 9.5, 9.8 ➡ 5개
따라서 만들 수 있는 소수 중에서 7보다 큰 수는
모두 $5+5=10$(개)입니다.

확인 **21** (1) 민재가 먹고 남은 빵은 $7-2=5$(조각)입니다.

(2) 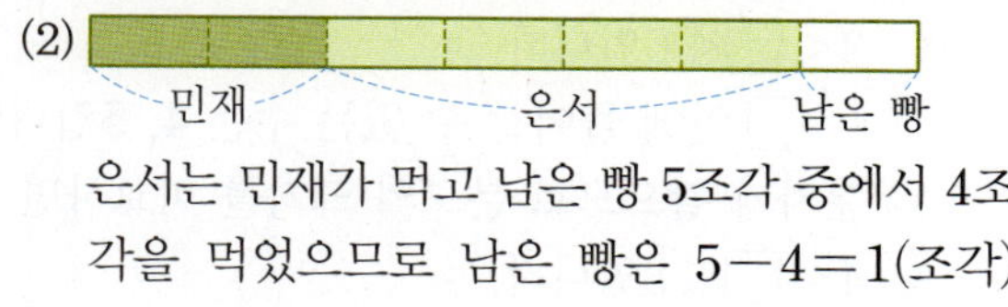

은서는 민재가 먹고 남은 빵 5조각 중에서 4조각을 먹었으므로 남은 빵은 $5-4=1$(조각)입니다.

(3) 민재와 은서가 먹고 남은 빵은 전체를 똑같이 7조각으로 나눈 것 중의 1조각이므로 처음에 있던 빵의 $\dfrac{1}{7}$입니다.

확인 **22**

노란색	파란색
	남은 도화지

도화지 전체를 똑같이 10칸으로 나눈 것 중에서 노란색으로 칠한 부분은 4칸이고, 파란색으로 칠한 부분은 3칸입니다.

⇨ 노란색과 파란색을 칠하고 남은 도화지는
$10-4-3=3$(칸)이므로 도화지 전체의 $\dfrac{3}{10}$입니다.

확인 **23**

옥수수 / 양파 / 고추 / 아무것도 심지 않은 부분

밭 전체를 똑같이 12칸으로 나눈 것 중에서 옥수수를 심은 부분은 6칸, 양파를 심은 부분은 1칸, 고추를 심은 부분은 2칸입니다.

⇨ 아무것도 심지 않은 부분은
$12-6-1-2=3$(칸)이므로 밭 전체의 $\dfrac{3}{12}$입니다.

확인 **24** 피자 한 판을 똑같이 8조각으로 나눈 것 중에서 주호가 먹은 피자는 3조각이고, 동생에게 준 피자는 1조각, 누나에게 준 피자는 $1\times2=2$(조각)입니다.

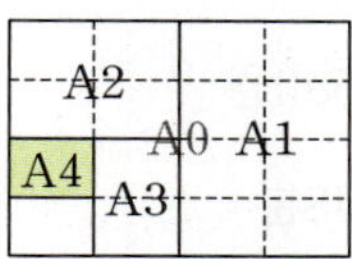

⇨ 주호에게 남은 피자는 $8-3-1-2=2$(조각)이므로 처음에 있던 피자 한 판의 $\dfrac{2}{8}$입니다.

확인 **25** (2) 0.5보다 크고 0.9보다 작은 0.▲ 형태의 소수는 0.6, 0.7, 0.8입니다.

확인 **26** $\dfrac{3}{10}$은 0.3이고, 0.1이 8개인 수는 0.8입니다.
0.3보다 크고 0.8보다 작은 ■.▲ 형태의 소수 중에서 ▲가 홀수인 수는 0.5, 0.7입니다.

확인 **27** $\dfrac{1}{10}=0.1$이 55개인 수는 5.5이고, 6과 0.2만큼인 수는 6.2입니다.
5.5보다 크고 6.2보다 작은 ■.▲ 형태의 소수는 5.6, 5.7, 5.8, 5.9, 6.1로 모두 5개입니다.

확인 **28** ■.▲ 형태의 소수 중에서 ■＋▲＝8인 경우는 0.8, 1.7, 2.6, 3.5, 4.4, 5.3, 6.2, 7.1입니다.
이 중에서 6보다 크고 9보다 작은 소수는 6.2, 7.1입니다.

예제 **8** (1) ㉠ 조각은 전체를 똑같이 4로 나눈 것 중의 1이므로 칠교판 전체의 $\dfrac{1}{4}$입니다.

(2) ㉡ 조각은 전체를 똑같이 16으로 나눈 것 중의 1이므로 칠교판 전체의 $\dfrac{1}{16}$입니다.

확인 **29** 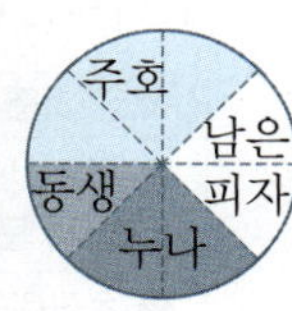

⇨ A3 용지는 A0 용지를 똑같이 8로 나눈 것 중의 1이므로 A0 용지의 $\dfrac{1}{8}$입니다.

⇨ A4 용지는 A0 용지를 똑같이 16으로 나눈 것 중의 1이므로 A0 용지의 $\dfrac{1}{16}$입니다.

예제 **9** (1) 아래로 자라는 고드름은 6분에 $0.2\,\text{cm}=2\,\text{mm}$씩 자라고, 위로 자라는 역고드름은 6분에 $0.1\,\text{cm}=1\,\text{mm}$씩 자라므로 두 고드름 사이의 거리는 6분에 $2+1=3(\text{mm})$씩 가까워집니다.

(2) 6분 동안 3 mm씩 가까워지면 60분 동안 $30\,\text{mm}=3\,\text{cm}$ 가까워지므로 두 고드름이 만나 얼음 기둥이 되는 때는 1시간 후입니다.

확인 30 담쟁이덩굴의 줄기는 2일에 0.8 cm＝8 mm씩, 나팔꽃의 줄기는 2일에 0.1 cm＝1 mm씩 자라므로 두 줄기 끝 사이의 거리는 2일에 8＋1＝9(mm)씩 가까워집니다.
따라서 20일 동안 90 mm＝9 cm 가까워지므로 담쟁이덩굴과 나팔꽃의 줄기 끝이 만나는 때는 20일 후입니다.

3 ㉠ 분모가 같으므로 분자의 크기를 비교하면
$3<\square<6$입니다.
⇨ $\square$ 안에 들어갈 수 있는 수는 4, 5입니다.
㉡ 분자가 같으므로 분모의 크기를 비교하면
$4<\square<8$입니다.
⇨ $\square$ 안에 들어갈 수 있는 수는 5, 6, 7입니다.
따라서 $\square$ 안에 공통으로 들어갈 수 있는 수는 5입니다.

4 분자가 7인 분수를 $\dfrac{7}{\blacksquare}$이라 하면 $\dfrac{7}{17}<\dfrac{7}{\blacksquare}<\dfrac{7}{14}$입니다.
분자가 같은 분수는 분모가 작을수록 더 큰 분수이므로 분모의 크기를 비교하면 $14<\blacksquare<17$입니다.
⇨ 분모 $\blacksquare$는 짝수인 16이므로 조건에 알맞은 분수는 $\dfrac{7}{16}$입니다.

5 $\dfrac{7}{10}=0.7$, $\dfrac{8}{10}=0.8$, $\dfrac{9}{10}=0.9$
⇨ $0.2<0.3<0.5<0.7<0.8<0.9<1<1.1$

6 예 남은 초콜릿의 양이 더 적은 사람이 초콜릿을 더 많이 먹은 것입니다.
성은이가 먹고 남은 초콜릿의 양은 전체의 $\dfrac{1}{9}$이고, 영희가 먹고 남은 초콜릿의 양은 전체의 $\dfrac{1}{11}$입니다. ❶
$\dfrac{1}{11}<\dfrac{1}{9}$이므로 초콜릿을 더 많이 먹은 사람은 영희입니다. ❷

채점 기준
❶ 성은이와 영희가 먹고 남은 초콜릿의 양은 각각 전체의 얼마인지 분수로 나타내기
❷ 초콜릿을 더 많이 먹은 사람 구하기

166~171쪽　MASTER 심화 변형 문제

1 6.6 cm	**2** 3배
3 5	**4** $\dfrac{7}{16}$
5 $\dfrac{7}{10}$, 0.5, $\dfrac{8}{10}$	**6** 풀이 참조, 영희
7 7.1 cm	**8** 5개
9 풀이 참조, 6, 7	**10** $\dfrac{3}{57}$
11 $\dfrac{1}{8}$	**12** 580원
13 하나, 혜원, 다은	**14** 48분
15 풀이 참조, 38.9	**16** 18분
17 $\dfrac{4}{9}$	**18** 28 km

1 6 cm 5 mm＝65 mm, 5 cm 8 mm＝58 mm이고, 66＞65＞58이므로 가장 긴 변의 길이는 66 mm＝6.6 cm입니다.

2 남은 찰흙은 전체를 똑같이 12로 나눈 것 중의 12－3＝9이므로 전체의 $\dfrac{9}{12}$입니다.
$\dfrac{3}{12}$은 $\dfrac{1}{12}$이 3개, $\dfrac{9}{12}$는 $\dfrac{1}{12}$이 9개이므로 남은 찰흙은 사용한 찰흙의 9÷3＝3(배)입니다.

7 25 cm＝250 mm, 9.4 cm＝94 mm, 8 cm 5 mm＝85 mm이므로
(연정이와 승현이가 사용하고 남은 끈의 길이)
＝250－94－85＝71(mm)입니다.
⇨ 71 mm＝7.1 cm

8 만들 수 있는 ■.▲ 형태의 소수는 0.3, 0.4, 0.6, 3.4, 3.6, 4.3, 4.6, 6.3, 6.4입니다.

이 중에서 $\frac{5}{10}=0.5$보다 크고 5보다 작은 소수는 0.6, 3.4, 3.6, 4.3, 4.6이므로 모두 5개 만들 수 있습니다.

9 ⓐ 0.1이 57개인 수는 5.7이고, 8과 0.6만큼인 수는 8.6입니다.」❶

$5.7<\square.7$에서 $5<\square$이고, $\square.7<8.6$에서 $\square=8$이면 $8.7>8.6$이므로 $\square<8$입니다.

따라서 $5<\square<8$이므로 $\square$ 안에 들어갈 수 있는 수는 6, 7입니다.」❷

> **채점 기준**
> | |
> |---|
> | ❶ 0.1이 57개인 수와 8과 0.6만큼인 수를 각각 소수로 나타내기 |
> | ❷ $\square$ 안에 들어갈 수 있는 수 모두 구하기 |

10 분자가 3이므로 분모가 될 수 있는 수는 57 또는 75입니다.

$\frac{3}{57}$과 $\frac{3}{75}$은 분자가 3으로 같으므로 분모가 작을수록 더 큰 분수입니다.

따라서 만들 수 있는 가장 큰 분수는 $\frac{3}{57}$입니다.

11 ♪가 2개 모이면 ♩, ♩가 2개 모이면 ♩, ♩가 2개 모이면 ♩와 음의 길이가 같으므로 음의 길이를 그림으로 나타내면 다음과 같습니다.

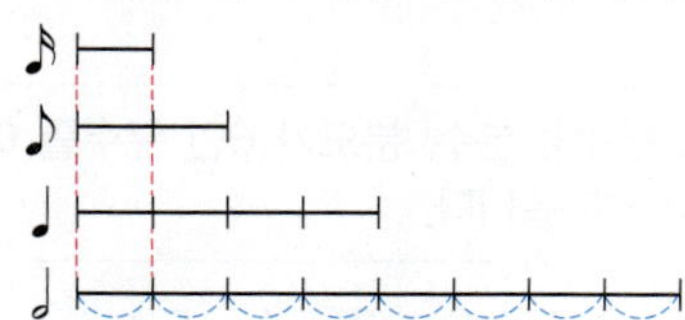

➡ ♪의 음의 길이는 ♩의 음의 길이의 $\frac{1}{8}$입니다.

12 • 5.6 cm=56 mm이고 56÷7=8이므로 5.6 cm는 7 mm의 8배입니다.

➡ (㉮ 철사 5.6 cm의 값)=50×8=400(원)

• 8.1 cm=81 mm이고 81÷9=9이므로 8.1 cm는 9 mm의 9배입니다.

➡ (㉯ 철사 8.1 cm의 값)=20×9=180(원)

따라서 내야 하는 금액은 400+180=580(원)입니다.

13 다은, 혜원, 하나가 사용한 털실의 양을 각각 분수로 나타내면 $\frac{2}{7}$, $\frac{5}{10}$, $\frac{8}{10}$이므로 남은 털실의 양을 각각 분수로 나타내면 $\frac{5}{7}$, $\frac{5}{10}$, $\frac{2}{10}$입니다.

➡ $\underset{하나}{\frac{2}{10}}<\underset{혜원}{\frac{5}{10}}<\underset{다은}{\frac{5}{7}}$

14 탄 양초의 길이는 전체 길이를 똑같이 11로 나눈 것 중의 11-1=10이므로 처음 양초의 길이의 $\frac{10}{11}$만큼입니다.

$\frac{10}{11}$은 $\frac{1}{11}$이 10개, $\frac{5}{11}$는 $\frac{1}{11}$이 5개이므로 $\frac{10}{11}$만큼 타는 데 걸린 시간은 $\frac{5}{11}$만큼 타는 데 걸린 시간의 2배입니다.

➡ 24×2=48(분)

15 ⓐ 소수점 왼쪽에 있는 수는 0부터 시작하여 2씩 커지는 규칙이고, 소수점 오른쪽에 있는 수는 1, 3, 5, 7, 9가 반복되는 규칙입니다.」❶

따라서 20번째 소수의 소수점 왼쪽에 있는 수는 2×19=38이고, 소수점 오른쪽에 있는 수는 9이므로 38.9입니다.」❷

> **채점 기준**
> | |
> |---|
> | ❶ 소수의 규칙 찾기 |
> | ❷ 20번째 소수 구하기 |

16 남은 거리는 전체 거리를 똑같이 14로 나눈 것 중의 14-5=9이므로 전체 거리의 $\frac{9}{14}$입니다.

$\frac{5}{14}$는 $\frac{1}{14}$이 5개이므로 공원의 $\frac{1}{14}$만큼 도는 데 10÷5=2(분)이 걸립니다.

따라서 $\frac{9}{14}$는 $\frac{1}{14}$이 9개이므로 남은 거리를 도는 데 2×9=18(분)이 걸립니다.

17

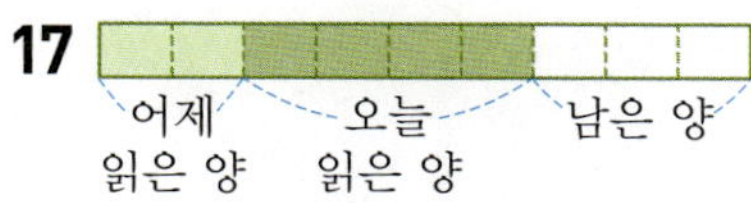

전체의 $\frac{1}{3}$은 전체를 똑같이 9로 나눈 것 중의 3입니다.

따라서 오늘 읽은 양은 전체를 똑같이 9로 나눈 것 중의 9-2-3=4이므로 전체의 $\frac{4}{9}$입니다.

18 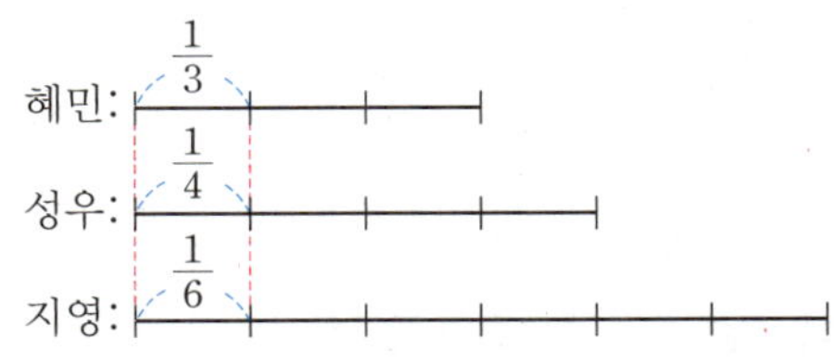

남은 거리 4 km는 전체 거리의 $\dfrac{2}{14}$이고, $\dfrac{2}{14}$는 $\dfrac{1}{14}$이 2개이므로 전체 거리의 $\dfrac{1}{14}$은 $4 \div 2 = 2$ (km)입니다.

➡ 학교에서 박물관까지의 거리는 $2 \times 14 = 28$ (km)입니다.

172~173쪽 CHALLENGE 최고수준 문제

1 $\dfrac{10}{12}$, $\dfrac{9}{12}$, $\dfrac{7}{11}$	**2** 지영
3 20개	**4** $\dfrac{6}{12}$
5 $\dfrac{1}{8}$	**6** 13

1 ㉠은 1을 똑같이 12로 나눈 것 중의 7이므로 $\dfrac{7}{12}$입니다.

분모가 12로 같은 분수끼리 비교하면 $\dfrac{10}{12} > \dfrac{9}{12} > \dfrac{7}{12}$이고, 분자가 7로 같은 분수끼리 비교하면 $\dfrac{7}{11} > \dfrac{7}{12} > \dfrac{7}{13} > \dfrac{7}{14}$입니다.

따라서 ㉠이 나타내는 분수보다 더 큰 분수는 $\dfrac{10}{12}$, $\dfrac{9}{12}$, $\dfrac{7}{11}$입니다.

2 비법 PLUS +

혜민, 성우, 지영이가 읽은 책의 양을 그림으로 나타내어 비교합니다. 이때, 전체의 길이를 같게 하는 것이 아니라 한 칸의 길이를 같게 하여 전체 길이를 비교해야 합니다.

세 사람이 읽은 책의 양을 그림으로 나타내면 다음과 같습니다.

혜민: $\dfrac{1}{3}$
성우: $\dfrac{1}{4}$
지영: $\dfrac{1}{6}$

➡ 전체 길이가 책의 전체 쪽수를 나타내므로 전체 쪽수가 가장 많은 책은 지영이의 책입니다.

---

3 소수 ■.▲에서 ■가 3, 4, 5, 6일 때 ▲가 될 수 있는 수를 알아봅니다.

- ■가 3일 때, ▲가 될 수 있는 수: 9 → 1개
- ■가 4일 때, ▲가 될 수 있는 수: 1, 2, 3, 5, 6, 7, 8, 9 → 8개
- ■가 5일 때, ▲가 될 수 있는 수: 1, 2, 3, 4, 6, 7, 8, 9 → 8개
- ■가 6일 때, ▲가 될 수 있는 수: 1, 2, 3 → 3개

➡ $1 + 8 + 8 + 3 = 20$(개)

4 비법 PLUS +

색칠하지 않은 부분의 크기를 분수로 나타낸 후 도형 전체의 크기를 생각합니다.

색칠한 부분의 크기는 정사각형 1개의 크기의 $\dfrac{6}{9}$이므로 정사각형 ㉮, ㉯의 색칠하지 않은 부분의 크기는 각각 정사각형 1개의 크기의 $\dfrac{3}{9}$입니다.

도형 전체를 똑같이 $3 + 6 + 3 = 12$로 나누어 그림으로 나타내면 다음과 같습니다.

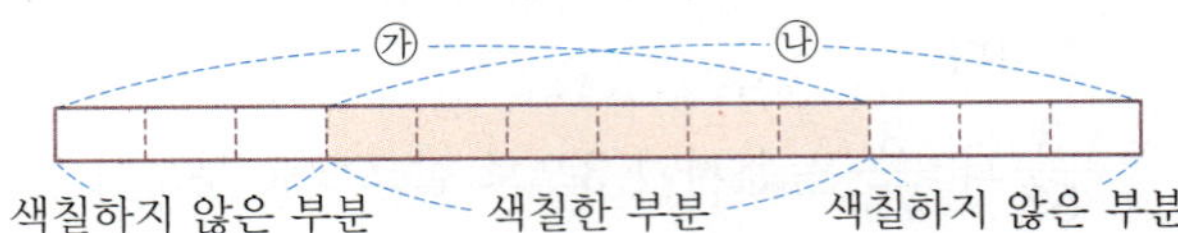

➡ 색칠한 부분의 크기는 도형 전체 크기의 $\dfrac{6}{12}$입니다.

5

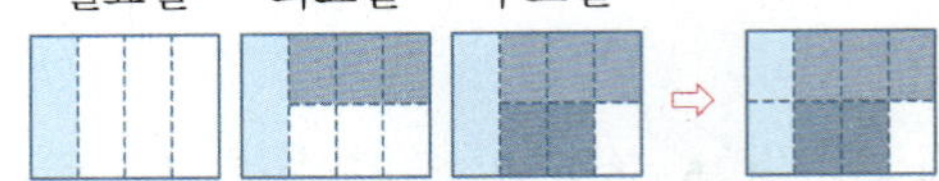

남은 케이크는 전체를 똑같이 8로 나눈 것 중의 1이므로 전체의 $\dfrac{1}{8}$입니다.

6 비법 PLUS +

분모가 2인 분수, 분모가 4인 분수, 분모가 6인 분수를 어떤 규칙으로 늘어놓았는지 알아봅니다.

$$\left(\dfrac{1}{2}\right), \left(\dfrac{1}{4}, \dfrac{2}{4}, \dfrac{3}{4}\right), \left(\dfrac{1}{6}, \dfrac{2}{6}, \dfrac{3}{6}, \dfrac{4}{6}, \dfrac{5}{6}\right), \cdots$$
(1개)　　(3개)　　(5개)

분모가 2, 4, 6, ...인 분수가 각각 1개, 3개, 5개, ... 놓이는 규칙입니다.

$1 + 3 + 5 + 7 + 9 = 25$이므로 26번째 분수는 분모가 $11 + 1 = 12$이고, 분자는 1입니다.

➡ $12 + 1 = 13$

174쪽 초성으로 맞히는 세계 수도

암스테르담

교과서 발행사가 만든
11,694개 학교에서 사용하는 비상 교과서
검증된 학습법으로
직접 쓰고 그리고 말하는 개뼈노트 업로드 74만 건 돌파!

까먹지 않는
진짜 공부를 만드는
비상교육 온리원 초등

업계 유일! 전과목 그룹형 라이브 화상수업
특허* 받은 메타인지 학습법으로 오래 기억되는 공부
초등 베스트셀러 교재 독점 강의 제공

10일간 전 과목 전학년
0원 무제한 학습!
무료체험 알아보기

비상교육 온리원 ▼
문의 1588-6563 | www.only1.co.kr

대표전화 1544-0554
주소 경기도 과천시 과천대로2길 54(갈현동, 그라운드브이)
협의 없는 무단 복제는 법으로 금지되어 있습니다.